信息产业核心关键技术
自主创新出版工程

实时操作系统应用开发技术

基于轻量级鸿蒙与RISC-V的编程实践

杨勇　王宜怀／主编
张伟　樊琼星　张建／副主编

实时操作系统是嵌入式人工智能与物联网终端的重要工具。本书以面向物联网领域的国产轻量级鸿蒙 LiteOS 实时操作系统为蓝本，以 RISC-V 架构 CH32V303 微控制器为载体，结合配套的 AHL-CH32V303-WiFi 开发板，从应用开发视角出发，阐述了实时操作系统的线程、调度机制、延时函数、事件、消息队列、信号量、互斥量等基本知识要素，重点讲解了实时操作系统下的程序设计方法。在原理层面，本书以"知其然且了解其所以然"为目标，单独用一章篇幅，通过在内核代码中注入显示输出的方式，对 LiteOS 的底层机制进行简明剖析。全书共 8 章，分别为实时操作系统与线程的基础知识、LiteOS 第一个样例工程、LiteOS 下应用程序的基本要素、LiteOS 中的同步与通信、底层驱动构件、RTOS 下的程序设计方法、初步理解 LiteOS 的调度原理、基于 WiFi 通信的物联网应用开发等。附录 A 及附录 B 分别给出了 LiteOS 在 CH32V303 上的移植方法和升级方法，附录 C 为金葫芦 AHL-CH32V303-WiFi 用户手册。

随书附赠精心设计的、与书中内容紧密结合的实验套件，可用于完成附录中的实验。本书免费提供电子资源，内含软硬件资料、实验源程序等。电子资源下载方法详见前言。

本书面向高等学校人工智能、物联网工程、计算机、电子信息、自动化等相关专业本科生及应用开发工程师，也可作为实时操作系统应用开发的培训用书。

图书在版编目（CIP）数据

实时操作系统应用开发技术：基于轻量级鸿蒙与 RISC-V 的编程实践 / 杨勇，王宜怀主编. -- 北京：机械工业出版社，2025. 9. -- ISBN 978-7-111-79061-7

Ⅰ. TN929. 53

中国国家版本馆 CIP 数据核字第 2025JY6217 号

机械工业出版社（北京市百万庄大街 22 号　邮政编码 100037）
策划编辑：李馨馨　　　　　　　　责任编辑：李馨馨　侯　颖
责任校对：卢文迪　马荣华　景飞　　责任印制：刘　媛
三河市国英印务有限公司印刷
2025 年 9 月第 1 版第 1 次印刷
184mm×260mm · 16 印张 · 385 千字
标准书号：ISBN 978-7-111-79061-7
定价：89.00 元（含开发板 1 块）

电话服务　　　　　　　　　　网络服务
客服电话：010-88361066　　　机　工　官　网：www.cmpbook.com
　　　　　010-88379833　　　机　工　官　博：weibo.com/cmp1952
　　　　　010-68326294　　　金　书　网：www.golden-book.com
封底无防伪标均为盗版　　　　机工教育服务网：www.cmpedu.com

序 Foreword

OpenHarmony 是由开放原子开源基金会（OpenAtom Foundation）孵化及运营的开源项目，目标是面向全场景、全连接、全智能时代、基于开源的方式，搭建一个智能终端设备操作系统的框架和平台。目前在 2024 开放原子开发者大会暨首届开源技术学术大会上，开源鸿蒙操作系统 5.0 Release 版本正式发布。目前以开源鸿蒙为底座的生态设备数量突破 10 亿。

轻量级鸿蒙 LiteOS 实时操作系统于 2015 年推出，专为物联网领域设计。作为开源鸿蒙的重要组成部分，LiteOS 服务于智能制造等应用场景，特别适合低功耗、低内存、低成本的物联网设备。它具有高效、灵活和安全等特点，并支持多种芯片架构和设备类型。

轻量级鸿蒙 LiteOS 是面向微控制器类应用的嵌入式人工智能与物联网终端的重要工具，具有调度、延时函数、事件、消息队列、信号量、互斥量等基本要素，为应用开发提供了基础功能。然而，要真正发挥 LiteOS 在应用开发中的作用，开发者必须掌握其基本要素。

本书基于开源鸿蒙 LiteOS，结合沁恒微电子的青稞 RISC-V MCU CH32V303 微控制器，构建了通用嵌入式计算机（GEC）：AHL-CH32V303-WiFi 硬件平台。通过具体实例，阐述 LiteOS 中的线程、调度、延时函数、事件、消息队列、信号量、互斥量等基本知识要素，并介绍了 RTOS 下的程序设计方法。应用实例部分通过 WiFi 通信构建物联网系统，帮助读者理解如何将这些知识应用到实际开发中。原理部分通过源码剖析并结合 printf 输出至工具计算机屏幕，清晰展示运行原理，帮助读者更好地理解每个过程的内在机制。

本书的特点在于，应用部分展示了轻量级鸿蒙 LiteOS 内核驻留于 BIOS 内的实现方式，User 程序基于此开发，符合实际应用场景。每个实例设计简明扼要，直观体现运行原理，便于应用开发者通过参考实例，快速编写自己的应用。在原理部分，源码中的 printf 语句输出实时信息，结合 BIOS 支持的串口功能，可以直接在开发环境中查看运行过程，为理解系统原理提供了直观帮助。此外，书中的应用实例基于 AHL-CH32V303-WiFi 开发板，提供了完整的"终端-云侦听-人机交互系统"物联网开发过程，帮助读者在此基础上轻松开发自己的物联网应用系统。

这本书不仅适合嵌入式开发人员和物联网应用开发者，也为教学和实际应用开发提供了丰富的资源与实践参考。

本书的主要作者杨勇先生和王宜怀先生在嵌入式系统与物联网领域有着深厚的积累，凭借多年的研究与实践经验，精心设计了软硬件系统，并将硬件系统嵌入书中，便于读者直接应用。这种结合理论与实践的方式，为教学和应用开发提供了有益的尝试与探索。希望本书的出版，能够为轻量级鸿蒙 LiteOS 的普及与应用推广贡献力量，助力更多开发者在物联网领域实现创新与突破。

杨兵强

深圳开鸿数字产业发展有限公司高级副总裁

前言 Preface

实时操作系统（RTOS）是面向微控制器类应用的嵌入式人工智能与物联网终端的重要工具。它的种类繁多，但是其共性是一致的，就是基于多线程编程，由内核负责任务调度，线程之间或线程与中断服务例程之间通过通信机制协同工作。虽然不同的 RTOS 在性能及对外接口函数等方面有一定的差异，但均包含调度机制、延时函数、事件、消息队列、信号量、互斥量等基本要素。学习 RTOS 通常有两个目标：一是学会在 RTOS 场景下进行基本应用程序的开发；二是在掌握应用编程的前提下，理解其运行原理，进行深度开发。本书基于第一个目标撰写，仅用一章对原理进行高度概括，达到"知其然且知其所以然"的目的，服务于应用程序开发。

RTOS 种类繁多，有国外的也有国产的、有收费的也有免费的、有带有持续维护升级的也有依赖爱好者更新升级的，初学者常面临选择困惑。学习 RTOS 必须以一个具体的系统为蓝本，不同 RTOS 的应用方法及原理高度相似，故掌握其共性是学习的关键，这样才能达到举一反三的效果。需要特别说明的是，学习的目的是为了应用，在应用时避免陷入收费陷阱，优先选择开源或商业友好的方案。

本书推荐的国产轻量级鸿蒙 LiteOS 是华为于 2015 年开始推出的面向物联网领域的实时操作系统，作为开源鸿蒙的有效组成部分，应用于智能制造领域。本书以轻量级鸿蒙 LiteOS 为蓝本，以沁恒微电子 CH32V303 微控制器（RISC-V 架构）构建的 AHL-CH32V303-WiFi 通用嵌入式计算机（GEC）作为硬件载体，阐述了 RTOS 中的线程、调度机制、延时函数、事件、消息队列、信号量、互斥量等基本知识要素，详细讲解了 RTOS 下的程序设计方法，并对 LiteOS 的调度原理进行了简要剖析。需要说明的是，为了做到通俗易懂，书中的一些表述不那么严谨，但贴近应用编程的需求。

为降低 RTOS 的学习门槛，本书创新性地将 LiteOS 集成于 BIOS 固件中，构建起简捷高效的开发架构。在此基础上开展应用开发实践，不仅显著提升编译链接效率，更符合嵌入式应用开发的特点。书中通过基于 WiFi 通信的物联网系统实例，帮助读者掌握 RTOS 在实际场景中的应用方法。在原理解析方面，采用源码级剖析，利用 printf 函数将内核运行状态输出至工具计算机，以直观呈现 LiteOS 的运行机制，力求让读者既能掌握操作方法，又能理解底层逻辑。考虑到 RTOS 原理的复杂性，本书作为应用型教材，在确保核心原理清晰易懂的前提下，将侧重点放在服务应用编程实践上，帮助读者快速上手并灵活运用所学知识。

本书由杨勇、王宜怀主编，张伟、樊琼星、张建副主编，蒋建武、王进、施连敏参加了编写工作。

本书提供了电子资源，内含软硬件资料、实验源程序等。电子资源下载方法如下：

方法一　在公网搜索"苏州大学嵌入式学习社区"官网，在"教材"→"轻量级鸿蒙教材"栏目中下载。

方法二　登录机械工业出版社教育服务网（www.cmpedu.com）免费注册，审核通过后下载。

方法三　联系编辑索取（微信：18515917506，电话：010-88379753）。

方法四　联系作者团队索取（微信：wyhwyh011）。

本书面向高等学校人工智能、物联网工程、计算机、电子信息、自动化等相关专业本科生及应用开发工程师，也可作为实时操作系统应用开发的培训用书。

编　者

目 录 Contents

序
前言
第1章 实时操作系统与线程的基础知识 ········· 1
1.1 实时操作系统的基本含义 ············ 1
　1.1.1 无操作系统与实时操作系统 ········ 1
　1.1.2 实时操作系统与非实时操作系统 ··· 2
1.2 RTOS 中的基本概念 ··············· 3
　1.2.1 线程与调度的基本含义 ········· 3
　1.2.2 内核类其他基本概念 ··········· 4
　1.2.3 线程类其他基本概念 ··········· 5
1.3 线程的三要素、四种状态及三种基本形式 ··············· 7
　1.3.1 线程的三要素：线程函数、线程堆栈、线程描述符 ········ 7
　1.3.2 线程的四种状态：终止态、阻塞态、就绪态和激活态 ········ 8
　1.3.3 线程的三种基本形式：单次执行、周期执行、资源驱动 ········ 9
1.4 本章小结 ··········· 11
习题 ··············· 11

第2章 LiteOS 第一个样例工程 ········· 12
2.1 LiteOS 简介 ············ 12
　2.1.1 LiteOS 概述 ············ 12
　2.1.2 LiteOS 的基本特点 ········· 12
　2.1.3 下载与更新 LiteOS 源码 ······· 13
2.2 软硬件开发平台 ··········· 13
　2.2.1 下载网上电子资源 ········· 13
　2.2.2 硬件平台：AHL-CH32V303-WiFi ··· 13
　2.2.3 AHL-CH32V303-WiFi 开发板的测试 ··············· 15
　2.2.4 软件平台：金葫芦集成开发环境 ··· 16
2.3 LiteOS 的第一个样例工程 ······· 17
　2.3.1 样例程序的功能 ··········· 18

　2.3.2 工程框架设计原则 ··········· 18
　2.3.3 NOS 工程框架 ············ 18
　2.3.4 LiteOS 工程框架 ··········· 21
2.4 本章小结 ··········· 25
习题 ··············· 25

第3章 LiteOS 下应用程序的基本要素 ··············· 26
3.1 中断的基本概念及 CH32V303 中断向量表 ··············· 26
　3.1.1 中断的基本概念及处理过程 ······· 26
　3.1.2 CH32V303 中断向量表及中断向量号宏定义 ············ 28
3.2 时钟嘀嗒与延时函数 ··········· 29
　3.2.1 时钟嘀嗒 ··········· 29
　3.2.2 延时函数 ··········· 30
3.3 调度策略 ··············· 30
　3.3.1 调度基础知识 ··········· 30
　3.3.2 LiteOS 中使用的调度策略 ······· 31
　3.3.3 LiteOS 中的固有线程 ········· 32
3.4 LiteOS 中的线程状态迁移说明 ······· 32
3.5 本章小结 ··········· 33
习题 ··············· 34

第4章 LiteOS 中的同步与通信 ········· 35
4.1 RTOS 中同步与通信的基本概念 ····· 35
　4.1.1 同步的含义与通信手段 ········· 35
　4.1.2 同步类型 ··········· 36
4.2 事件 ··············· 37
　4.2.1 事件的含义及应用场合 ········· 37
　4.2.2 事件的常用函数 ··········· 37
　4.2.3 事件的编程实例 ··········· 38
4.3 消息队列 ··········· 42
　4.3.1 消息队列的含义及应用场合 ······· 42
　4.3.2 消息队列的常用函数 ········· 42
　4.3.3 消息队列的编程实例 ········· 43

4.4 信号量 ·· 47
　4.4.1 信号量的含义及应用场合 ········ 48
　4.4.2 信号量的常用函数 ·················· 48
　4.4.3 信号量的编程实例 ·················· 49
4.5 互斥量 ·· 51
　4.5.1 互斥量的含义及应用场合 ········ 52
　4.5.2 互斥量的常用函数 ·················· 52
　4.5.3 互斥量的编程实例 ·················· 53
4.6 本章小结 ·· 55
习题 ·· 56

第5章 底层驱动构件 ···························· 57
5.1 嵌入式构件概述 ································ 57
　5.1.1 使用构件的必要性 ·················· 57
　5.1.2 构件的基本概念 ······················ 57
　5.1.3 嵌入式开发中构件的分类 ········ 58
　5.1.4 构件的基本特征与表现形式 ···· 58
5.2 底层驱动构件的设计原则与方法 ····· 59
　5.2.1 底层驱动构件设计的基本原则 ······ 60
　5.2.2 底层驱动构件设计要点分析 ···· 61
　5.2.3 底层驱动构件封装规范概要 ···· 62
　5.2.4 封装的前期准备：公共要素 ···· 63
5.3 底层驱动构件设计与测试举例 ········ 64
　5.3.1 GPIO 构件 ······························ 64
　5.3.2 UART 构件 ····························· 68
　5.3.3 Flash 构件 ······························· 74
　5.3.4 ADC 构件 ································ 77
　5.3.5 PWM 构件 ······························ 83
5.4 外部设备构件设计实例 ···················· 87
　5.4.1 printf 构件的使用格式 ············ 87
　5.4.2 嵌入式 printf 构件说明 ··········· 88
　5.4.3 printf 构件编程实例 ················ 88
5.5 算法构件设计实例 ···························· 90
　5.5.1 冒泡排序算法构件 ·················· 90
　5.5.2 队列构件 ································· 92
5.6 本章小结 ·· 97
习题 ·· 97

第6章 RTOS 下的程序设计方法 ······ 98
6.1 程序稳定性问题 ································ 98
　6.1.1 稳定性的基本要求 ·················· 98
　6.1.2 看门狗与定期复位的应用 ········ 99
　6.1.3 临界区的处理 ························ 102
6.2 ISR 设计、线程划分及优先级安排
　　 问题 ·· 102
　6.2.1 ISR 设计的基本要求 ············· 102
　6.2.2 线程划分的基本原则 ············· 103
　6.2.3 线程优先级安排问题 ············· 103
6.3 利用信号量解决并发与资源共享
　　 问题 ·· 104
　6.3.1 并发与资源共享问题 ············· 104
　6.3.2 应用实例 ······························· 105
6.4 优先级反转问题 ······························ 109
　6.4.1 优先级反转问题的出现 ········· 109
　6.4.2 LiteOS 中避免优先级反转问题的
　　　　方法 ····································· 111
6.5 本章小结 ·· 114
习题 ·· 115

第7章 初步理解 LiteOS 的调度原理 ·······
··· 116
7.1 理解 RTOS 所需的相关基础知识 ····· 116
　7.1.1 CPU 内部寄存器及 RISC-V 中的主要寄
　　　　存器 ····································· 116
　7.1.2 C 语言概述 ··························· 119
　7.1.3 RTOS 内核常用数据结构 ······ 129
　7.1.4 汇编语言概述 ······················· 131
　7.1.5 编译连接流程 ······················· 134
7.2 LiteOS 的启动流程分析 ·················· 135
　7.2.1 芯片启动到 main 函数之前的运行
　　　　过程 ····································· 135
　7.2.2 LiteOS 启动流程解析 ············ 139
　7.2.3 SW 中断服务例程 ················· 158
　7.2.4 LiteOS 启动过程小结 ············ 163
7.3 LiteOS 中的时钟嘀嗒剖析 ·············· 164
　7.3.1 时钟嘀嗒的建立与使用 ········· 164
　7.3.2 延时函数的调度机制分析 ······ 167
7.4 LiteOS 中的事件与消息队列的触发
　　 过程分析 ·· 169
　7.4.1 事件的触发过程 ···················· 169
　7.4.2 消息队列的触发过程 ············· 172

7.5 LiteOS 中的信号量与互斥量的触发
　　过程分析 ………………………… 175
　　7.5.1 信号量 ……………………… 175
　　7.5.2 互斥量 ……………………… 178
7.6 本章小结 ………………………… 182
习题 ………………………………… 182

第8章 基于 WiFi 通信的物联网应用
　　开发 …………………………… 183

8.1 WiFi 应用开发概述 …………… 183
　　8.1.1 WiFi 概述 ………………… 183
　　8.1.2 WiFi 通信过程与应用开发相关的
　　　　基础概念 ………………… 183
　　8.1.3 物联网应用开发所面临的问题及
　　　　解决思路 ………………… 187
　　8.1.4 金葫芦 WiFi 开发套件简介 …… 188
8.2 WiFi 应用架构及通信基本过程 … 189
　　8.2.1 建立 WiFi 应用架构的基本
　　　　原则 ……………………… 189
　　8.2.2 终端、信息邮局与人机交互系统的
　　　　基本定义 ………………… 189
　　8.2.3 基于信息邮局初步了解 WiFi 基本
　　　　通信流程 ………………… 190
8.3 终端及云侦听模板的适应性修改 … 191
　　8.3.1 了解终端程序中的通信接口
　　　　信息 ……………………… 191
　　8.3.2 了解云侦听程序的通信接口
　　　　信息 ……………………… 192
　　8.3.3 运行自己的终端程序 ……… 194
　　8.3.4 运行自己的云侦听程序并连接
　　　　终端 ……………………… 195
　　8.3.5 新增一个物理量的方法 …… 197
　　8.3.6 了解数据入库过程 ………… 199

8.4 运行 Web 网页 ………………… 202
　　8.4.1 运行 Web 源码访问终端数据 …… 203
　　8.4.2 在实时数据界面增加控制按钮 … 205
　　8.4.3 在 Web 网页程序中找到对应
　　　　物理量 …………………… 207
8.5 运行微信小程序 ………………… 209
　　8.5.1 下载并安装微信开发者工具 … 209
　　8.5.2 打开微信小程序源码 ……… 210
　　8.5.3 运行微信小程序观察终端实时
　　　　数据 ……………………… 211
　　8.5.4 在实时数据界面增加按钮 …… 213
　　8.5.5 在微信小程序中找到对应
　　　　物理量 …………………… 214
8.6 远程更新终端程序 ……………… 216
　　8.6.1 远程更新概述 ……………… 216
　　8.6.2 远程更新操作过程 ………… 217
8.7 本章小结 ………………………… 219
习题 ………………………………… 219

附录 A LiteOS 在 CH32V303 上的
　　移植方法 ……………………… 220

A.1 下载 LiteOS 的最新版源码 …… 220
A.2 将 LiteOS 最新源码加入 NOS
　　工程中 …………………………… 220
A.3 对源代码进行修改 ……………… 221
A.4 移植后测试 ……………………… 232

附录 B LiteOS 的升级方法 …… 234

B.1 下载 V3.0.6-LTS 版本源代码 …… 234
B.2 对源代码进行修改 ……………… 234

附录 C 金葫芦 AHL-CH32V303-WiFi
　　用户手册 ……………………… 238

参考文献 ……………………………… 247

第1章 实时操作系统与线程的基础知识

在嵌入式应用产品开发过程中,需要根据项目需求、主控芯片的资源状况、软件可移植性要求等因素,选择一种合适的实时操作系统作为嵌入式软件设计载体。特别是随着嵌入式人工智能与物联网的发展,对嵌入式软件可移植性的要求不断提升,基于实时操作系统的应用程序开发也将更加普及。从知识体系构建角度来看,掌握基于实时操作系统的应用程序开发技术已成为嵌入式软件开发人员必备的核心能力。本书将围绕实时操作系统下的应用程序的设计方法展开详细阐述。

作为全书的开篇,本章将从通用定义出发,简要阐述实时操作系统的基本含义,说明线程与调度的基本含义及相关专业术语,介绍线程的三要素、四种状态及三种基本形式。通过本章的学习,读者能够对实时操作系统的基本概念有一个初步的认识,为后续在实时操作系统下进行应用编程实践和理解系统运行原理奠定基础。

1.1 实时操作系统的基本含义

学习基于实时操作系统的编程技术可以从了解实时操作系统的基本含义与核心功能开始。本节首先简要对比无操作系统下与实时操作系统下的程序运行流程,通过分析二者的区别帮助读者初步了解实时操作系统的核心功能;随后,进一步探讨实时操作系统与非实时操作系统的本质区别。

1.1.1 无操作系统与实时操作系统

1. 无操作系统下的程序运行流程

在嵌入式系统开发中,既可以不使用操作系统,也可以根据资源情况选用实时操作系统或非实时操作系统。嵌入式系统的全称是嵌入式计算机系统,它是不以计算机形态出现的"计算机"。这类计算机隐含在各类智能化产品之中,在如工业控制系统、冰箱、月球车、手机等这些产品中,凭借计算机程序发挥核心作用。应用于嵌入式系统的处理器被称为嵌入式处理器。嵌入式处理器按其应用范围可以分为电子系统智能化方向的微控制器和计算机应用延伸方向的应用处理器两大类。微控制器(Microcontroller Unit,MCU)主要面向测控领域、家用电器、汽车电子等场景,应用处理器则主要应用于平板计算机、智能手机等设备。一般来说,微控制器的硬件资源小于应用处理器的硬件资源。

在无操作系统(No Operating System,NOS)的嵌入式系统中,系统复位后,会首先进行系统时钟、堆栈、中断向量、内存变量及部分硬件模块等的初始化工作,然后进入一个"无限循环"状态。在这个无限循环中,中央处理器(Central Processing Unit,CPU)一般根据全局变量的值来决定执行各种功能程序(类似后面要介绍的线程),这是第一条系统运行路线。若发生中断，系统会立即响应中断并执行中断服务例程（Interrupt Service Routines，ISR），这是第二条系统运行路线。执行完ISR，程序将返回中断发生处继续执行。从操作系统调度的视角来理解，NOS中的主程序可以被简单地理解为"调度者"，它类似于实时操作系统的内核，这个内核负责调度其他"线程"。

2. 实时操作系统下的程序运行流程

实时操作系统（Real Time Operation System，RTOS）是面向工业控制等对实时性要求较高领域的智能化产品的一种系统软件。从进程角度来说，它属于单进程多线程系统，RTOS内核负责线程的调度。

基于RTOS的程序运行也存在两条路线：一条是线程线，一条是中断线。在RTOS下编程，通常会将一个较大的工程分解成几个独立的较小的工程（被称为线程或任务），调度者（RTOS内核）依据预设的调度策略控制这些线程的执行时间和顺序；中断线与NOS情况类似，若发生中断，会立即暂停当前线程的执行去响应中断服务例程，执行完ISR返回中断处继续原线程的执行。

3. RTOS的基本功能

RTOS是一段包含在目标代码中的程序。系统复位后首先执行它，用户开发的其他应用程序（线程）都建立在RTOS之上。RTOS为每个线程建立一个可执行的环境，实现线程间、ISR与线程间的事件或消息的传递；区分线程执行的优先级，管理内存，维护时钟及中断系统，并协调多个线程对同一个I/O设备的调用等。简而言之，RTOS的基本功能有线程管理与调度、线程间的同步与通信、存储管理、时间管理、中断管理等。

这里对RTOS功能的描述较为抽象，建议读者学习完第1.2、1.3节线程概念及第2章的实践内容后，再回顾本节内容，届时对RTOS能提供哪些服务就有更清晰的认识。

4. RTOS的应用场合

一个具体的嵌入式系统产品是否需要使用操作系统、使用何种操作系统，必须根据系统的具体要求做出合理的决策，这就依赖于开发者对系统需求的精准把握和所具备的操作系统知识。判断是否使用操作系统，可以从以下几个方面来考虑。

1）系统是否复杂到一定需要使用一个操作系统？
2）硬件是否具备足够的资源支撑这个操作系统的运行？
3）是否需要并行运行多个较复杂的线程？线程间是否需要进行实时交互？
4）应用层软件的可移植性能否得到更好的保证？

若决定使用操作系统，还要进一步考虑选择实时操作系统还是非实时操作系统。此外，还要从性能、熟悉程度、是否免费、是否有产品使用许可、是否会出现收费陷阱等方面考虑。

本书以轻量级鸿蒙LiteOS为蓝本阐述实时操作系统的应用技术，这是一款面向工业智能化及物联网领域的国产开源的实时操作系统。

1.1.2 实时操作系统与非实时操作系统

操作系统（Operating System，OS）是一套用于管理计算机硬件与软件资源的程序，属于计算机系统软件。个人计算机（Personal Computer，PC）系统的硬件一般由主机、显示器、键盘、鼠标等组成。操作系统则负责提供这些硬件设备的驱动管理，以及用户软件进程管理、存储管理、文件系统、安全机制、网络通信及用户界面等功能。这类操作系统通常称为桌面操作系统，主要有 Windows、macOS、Linux 等。

嵌入式操作系统是一种运行在嵌入式微型计算机上的系统软件。一般情况下，它固化到微控制器、应用处理器内的非易失存储体中。它具有一般操作系统的基本功能，负责嵌入式系统的软硬件资源分配、线程调度、同步机制、中断处理等工作。

嵌入式操作系统有实时与非实时之分。一般情况下，资源较丰富的应用处理器所使用的嵌入式操作系统，对实时性要求不高，更关注功能实现，应用于这类系统中的操作系统就是非实时操作系统，如 Android、iOS、Linux 等。而以微控制器为核心的嵌入式系统，如工业控制设备、军事设备、航空航天设备等，大多对实时性要求较高，期望在较短的确定时间内完成特定的系统功能或中断响应，应用于这类系统中的操作系统就是实时操作系统，如轻量级鸿蒙 LiteOS、RT-Thread、FreeRTOS、MQX、μC/OS 等。

与一般运行于 PC 或服务器上的通用操作系统相比，RTOS 的显著特点是"实时性"。一般的通用操作系统（如 Window、Linux 等）大都从"分时操作系统"发展而来。在单 CPU 条件下，分时操作系统的主要运行方式是：将 CPU 的运行时间分为多个时间段，平均分配给多个线程，线程轮流运行一段时间，或者说让线程独占 CPU 一段时间，循环往复直至任务完成。这种操作系统注重所有线程的平均响应时间，而较少关注单个线程的响应时间；对于单个线程来说，更注重每次执行的平均响应时间，而非某次特定执行的响应时间。在 RTOS 中，则要求能"立即"响应外部事件请求。这里的"立即"是相对于一般操作系统而言，指在更短的时间内响应外部事件。与通用操作系统不同，RTOS 注重的不是系统的平均表现，而是要求每个实时线程在最坏情况下都能满足其实时性要求。也就是说，RTOS 注重的是个体表现，更准确地讲是个体最坏情况下的表现。

1.2 RTOS 中的基本概念

在 RTOS 中，线程与调度是两个最重要的概念。本节首先阐述这两个概念，然后介绍 RTOS 的其他相关术语，简单地将其分为内核类与线程类。理解这些基本概念与术语是学习 RTOS 的关键一环。这里的内核是指 RTOS 的核心组成部分，是由 RTOS 厂商提供的程序；而线程则是指应用程序设计者编写的程序，它在内核的调度下运行。

1.2.1 线程与调度的基本含义

线程与调度是 RTOS 中两个不可分割的重要基本概念，透彻地理解它们对 RTOS 的学习至关重要。

1. 线程的基本含义

线程是 RTOS 中最重要的概念之一。在 RTOS 下，将一个复杂的嵌入式应用工程按一定规则分解成一个个功能清晰的小工程，设定各个小工程的运行规则后交给 RTOS 管理，这就是基于 RTOS 编程的基本思想。这一个个小工程被称为线程（Thread），RTOS 对这些线程的管理称为调度（Scheduling）。

要给 RTOS 中的线程下一个准确而完整的定义并非易事，可以从线程调度、软件设计、占用 CPU 等不同视角理解线程。

1）从线程调度视角来理解，RTOS 中的线程是一个功能清晰的小程序，是 RTOS 调度的基本单元。

2）从软件设计视角来理解，在使用 RTOS 进行应用软件设计时，需要根据具体应用划分出独立的、相互作用的程序集合，这样的程序集合即为线程，每个线程都被赋予一定的优先级。

3）从 CPU 运行视角来理解，非严格描述来说，在单 CPU 下，任何一个时刻只能有一个线程占用 CPU，或者说，任何一个时刻 CPU 只能运行一个线程。RTOS 内核的关键功能是以合理的方式为系统中的每个线程分配时间（即调度），使之得以运行。

实际上，在特定的 RTOS 中，线程可能被称为任务（Task）或其他名词。表述虽有差异但本质相同，不必花过多精力追究其精确语义，因为学习 RTOS 的关键在于掌握线程设计方法、理解调度过程、提高编程鲁棒性、明晰底层驱动原理，特别是增强程序的规范性、可移植性与可复用性，提升嵌入式系统的实际开发能力等。要真正理解与掌握基于 RTOS 的嵌入式软件开发，需要从线程的状态、优先级、调度、同步等方面深入学习，后续章节将详细阐述。

2. 调度的基本含义

在多线程系统中，RTOS 内核（Kernel）负责管理线程，包括为每个线程分配 CPU 时间，以及负责线程间的通信。而调度就是决定该轮到哪个线程运行了，这是内核最重要的职责。例如，一台晚会有小品、相声、唱歌、诗朗诵等节目，而舞台只有一个，在晚会过程中导演会指挥每个节目什么时间进行候场、什么时间上台进行表演，以及表演多长时间等，这个过程就可以看作导演对各个独立的节目进行调度，通过导演的调度各个节目有序演出，观众得以欣赏一台精彩的晚会。

每个线程根据其重要程度被赋予一定的优先级。不同的调度算法对 RTOS 的性能有较大影响，一般的 RTOS 多采用基于优先级的调度。优先级调度算法的核心思想是：总是让处于就绪态中优先级最高的线程先运行。

1.2.2 内核类其他基本概念

RTOS 一般由内核与扩展部分组成，内核最主要的功能是线程调度，扩展部分最主要的功能是提供应用程序编程接口（Application Programming Interface，API）。在 RTOS 场景下编程时，芯片启动过程先运行的一段程序代码即为 RTOS 内核。内核的功能为用户线程开辟运行环境，并准备好对线程进行调度。内核类其他基本概念主要有时钟节拍、代码临界段、不可抢占型内核与可抢占型内核、实时性及 RTOS 实时性指标等。

1. 时钟节拍

时钟节拍，有时也直接译为时钟嘀嗒（Clock Tick），它是特定的周期性中断。该中断由定时器产生，其作用是帮助内核判断是否有更高优先级的线程已进入就绪状态。

2. 代码临界段

代码临界段也称为临界区，是指运行时不可分割的代码。一旦这部分代码开始执行，则不允许任何中断打扰。为确保临界段代码顺利执行，在进入临界段之前要关闭中断，并且在临界段代码执行完后应立即开启中断。

3. 不可抢占型内核与可抢占型内核

不可抢占型内核（Non-Preemptive Kernel），要求每个线程主动放弃 CPU 的使用权。不可抢占型调度算法也称为合作型多线程，各个线程彼此合作共享一个 CPU。但异步事件还是由中断服务来处理，中断服务可使高优先级的线程由挂起态变为就绪态，但中断服务结束后，CPU 的使用权还是回到原来被中断了的那个线程，直到该线程主动放弃 CPU 的使用权，新的高优先级的线程才能获得 CPU 的使用权。

当系统响应时间至关重要时，必须使用可抢占型内核（Preemptive Kernel）。在可抢占型内核中，一个正在运行的线程可以被打断，从而让另一个优先级更高且处于就绪态的线程运行。如果是中断服务子程序使高优先级的线程进入就绪态，中断完成时，被中断的线程被挂起，优先级高的线程开始运行。大部分 RTOS 内核属于可抢占型内核，轻量级鸿蒙 LiteOS 内核也是可抢占型的。

4. 实时性及 RTOS 实时性指标

实时性可以理解为系统在规定时间内的反应能力，RTOS 的实时性包括硬实时和软实时。硬实时要求在规定的时间内必须完成操作，这一特性在操作系统设计阶段就需予以保证。通常，将具有优先级驱动的、时间确定性的、可抢占调度的 RTOS 系统称为硬实时系统。软实时则没有那么严格的要求，只要按照线程的优先级，尽可能快地完成操作即可。

RTOS 追求的是调度的实时性、响应时间的可确定性，以及系统的高度可靠性。评价一个 RTOS 通常可以从线程调度、中断延迟、内存开销等方面来衡量。

（1）线程调度的时间指标

线程调度的主要时间指标有调度延时与线程切换时间。调度延时是指一个线程由就绪态到开始运行所经历的时间。线程切换时间是指当某个线程因某种原因退出运行时，RTOS 保存其运行现场信息，并将其插入相应列表，依据一定的调度算法重新选择一个新线程使之投入运行，这一过程所需的时间。线程切换时间越短，表明 RTOS 的性能越高。

（2）中断禁止时间与中断延迟时间

中断是一种用于通知 CPU 发生异步事件的硬件机制。CPU 一旦识别出一个中断，会先保存线程上下文，然后跳至中断服务例程（ISR）执行，处理完这个中断后，一般返回到中断前的程序处继续运行。中断禁止时间是指当 RTOS 运行在核心态或执行某些系统调用时，不会因为外部中断的到来而立即执行中断服务例程，只有当 RTOS 重新回到用户态时才响应外部中断请求，这一过程所需的最长时间。中断延迟时间是指从系统确认中断开始，直到执行中断服务例程第一条指令为止，整个处理过程所需要的时间。中断禁止时间越短，中断延迟时间也越短，系统的实时性就越高。

（3）最小内存开销

最小内存开销是指 RTOS 在运行用户程序时所需要的最小内存空间大小。在嵌入式系统设计过程中，由于成本限制，嵌入式系统产品内存的配置通常较小，而在有限的内存空间内不仅要装载 RTOS，还要装载用户程序。因此，最小内存开销是 RTOS 的一个重要指标，这也是 RTOS 设计与其他操作系统设计的显著区别之一。

1.2.3 线程类其他基本概念

这里归纳线程类其他基本概念主要有线程的上下文及线程切换、线程优先级、线程间通信、资源等。

1. 线程的上下文及线程切换

线程的上下文是指某一时间点 CPU 内部寄存器的内容。当多线程内核决定运行其他线程时，会将正在运行线程的上下文保存到线程自己的堆栈中。完成入栈工作以后，再将下一个将要运行线程的上下文，从其线程堆栈中重新载入 CPU 的寄存器，进而开始下一个线程的运行，这一过程叫作线程切换或上下文切换。其中，"上下文"对应的英文单词是"context"，这个词具有场景、语境、来龙去脉等含义。以 CPU 内部的程序计数器（PC）为例，它的内容表示下一条将要执行指令的地址。当从一个线程切换到另一个线程运行时，当前的 PC 值必须被保存起来，然后从另一个线程的堆栈中读取该线程暂停运行时保存的 PC 值，并将其重新载入 CPU 的 PC 中，此时，CPU 便开始运行这个新的线程，实现了线程切换。当然，CPU 中的堆栈寄存器、标志寄存器，以及用于数据缓存的一些寄存器也有类似的保存与恢复过程，以实现线程运行场景的完全切换。

2. 线程优先级

在多线程系统中，每个线程都被赋予一个优先级，RTOS 会根据线程的优先级等因素进行线程调度。一般情况下，优先级高的线程先运行。

- 优先级驱动：在多线程系统中，正在运行的线程总是优先级最高的线程。在任何时刻，CPU 总是分配给优先级最高的线程。
- 优先级反转：是指一个线程等待比它优先级低的线程释放资源而被阻塞的现象。在编程时必须注意该问题。
- 优先级继承：是一种用来解决优先级反转问题的技术。当优先级反转发生时，RTOS 内核会临时提高较低优先级线程的优先级，以匹配较高优先级线程的优先级，从而促使较低优先级线程尽快执行并释放较高优先级线程所需的资源。目前，大多数商用操作系统都支持优先级继承技术。

3. 线程间通信

线程间通信是指线程之间进行信息交换，其作用是实现线程间的同步及数据传输。其中，同步是指根据线程间的合作关系，协调不同线程的执行顺序。线程间通信的主要方式有事件、消息队列、信号量、互斥量等。有关线程间通信及优先级反转、优先级继承、资源、共享资源与互斥等概念将在后续章节中详细阐述。

4. 资源

RTOS 中的资源是指任何被线程所占用的实体，它可以是输入/输出设备（如显示器），也可以是一个变量、结构或数组等。

涉及资源的主要概念有共享资源、互斥与死锁等。

共享资源是指可以被一个以上线程使用的资源。为了防止数据被破坏，每个线程在使用共享资源时，必须独占资源，即实现互斥访问。

互斥是用于控制多线程对共享资源进行顺序访问的一种同步机制。在多线程应用中，当两个或多个线程同时访问同一资源时，会引发访问冲突，而互斥机制能确保它们依次访问共享资源，避免发生冲突。

死锁是指两个或两个以上的线程无限期地互相等待对方释放其所占资源的现象。死锁产生的必要条件有 4 个，即资源的互斥访问、资源的不可抢占、资源的请求保持，以及线程的循环等待。解决死锁问题的关键是破坏产生死锁的任一必要条件，例如规定所有资源仅在线程运行时才进行分配，其他任意状态都不可分配，以破坏其资源请求保持特性。

1.3 线程的三要素、四种状态及三种基本形式

从源代码的形式来看，线程就是完成一定功能的函数，但并不是所有的函数都能被称为线程。只有当一个函数配备了线程描述符及线程堆栈时，它才可以被称为线程，才能够被调度运行。本节首先介绍线程的三要素，即线程函数、线程堆栈、线程描述符；随后阐述线程的四种状态，即终止态、阻塞态、就绪态和激活态；最后说明线程的基本形式，即单次执行、周期执行、资源驱动。

1.3.1 线程的三要素：线程函数、线程堆栈、线程描述符

从线程的存储结构来看，线程由三个部分组成：线程函数、线程堆栈、线程描述符。这就是线程的三要素。其中，线程函数是实现线程具体功能的程序；每个线程都拥有自己独立的线程堆栈，用于保存线程在被调度时的上下文信息及线程内部使用的局部变量；线程描述符是关联了线程属性的程序控制块，记录着线程的各项属性。下面来展开做进一步阐述。

1. 线程函数

线程对应一段完成特定功能的函数代码，即线程函数。从代码层面来看，线程函数与普通函数并无本质区别，经编译链接生成机器码之后，一般存储于 Flash 区域。但是从线程自身视角来看，它认为 CPU 就是属于它自己的，意识不到其他线程的存在。线程函数并非供其他函数直接调用的，而是由 RTOS 内核调度运行。要使线程函数能够被 RTOS 内核调度运行，必须将线程函数进行"登记"，包括设定优先级、设置线程堆栈大小、给线程编号等。否则，当多个线程需要运行时，RTOS 内核将无法确定运行顺序。由于任一时刻只能有一个线程在运行（处于激活态），当 RTOS 内核调度新线程运行时，原运行线程就会退出激活态。此时，CPU 由处于激活态的线程独占，从这个角度来讲，线程函数与无操作系统（NOS）中的"main"函数性质相似，一般被设计为"永久循环"来讲，模拟线程一直在运行、始终独占处理器的状态。但也有一些特殊性，将在后续章节中讨论。

2. 线程堆栈

线程堆栈是独立于线程函数之外的 RAM 区域，是按照"先进后出"策略组织的一段连续存储空间，是 RTOS 线程概念的重要组成部分。在 RTOS 中，被创建的每个线程都有自己私有的堆栈空间，用于保存线程运行过程中的局部变量、函数调用时的返回地址等参数变量，以及线程上下文等。

为了深入理解线程堆栈保存上下文的作用，这里需要进一步说明"线程上下文"的概念。在多线程系统中，每个线程都将 CPU 寄存器视为自身所有，当线程运行时，若 RTOS 内核决定切换线程，会将当前 CPU 状态保存在该线程的堆栈中，当该线程再次被调度运行时，就会从该线程的堆栈中恢复 CPU 状态，实现线程无缝衔接运行。

在系统资源充裕的情况下，可分配尽量多的堆栈空间，可以是 K 数量级的（例如常用的 1K）；但若是系统资源受限，则需要根据线程的执行内容精确计算所需堆栈大小。线程堆栈的管理及使用由系统负责，对于用户而言，只要在创建线程时指定其大小即可。

3. 线程描述符

线程被创建时，系统会为每个线程生成一个唯一的线程描述符（Task Descriptor，TD），它相当于线程在 RTOS 中的一个"身份证"，供 RTOS 管理和查询线程信息使用。在不同的操作系统中，该概念名称不同但含义相同，如在轻量级鸿蒙 LiteOS 中被称为线程控制块（Thread Control Block，TCB），在 μC/OS 中被称作任务控制块（Task Control Block，TCB），在 Linux 中被称为进程控制块（Process Control Block，PCB）。线程函数只有配备了相应的线程描述符才能被 RTOS 调度，未配备线程描述符的函数代码就只是通常意义上的函数，是不会被 RTOS 内核调度的。

多个线程的线程描述符以链表的形式存储于 RAM 中。每个线程描述符包含指向前一个节点的指针、指向后一个节点的指针、线程状态、线程优先级、线程堆栈指针、线程函数指针（指向线程函数）等字段，RTOS 内核通过线程描述符实现线程的管理与调度。

在 RTOS 中，一般情况下使用列表来维护线程描述符。例如，在轻量级鸿蒙 LiteOS 中，阻塞列表用于存放因等待某个信号而暂停运行的线程描述符，延时阻塞列表用于存放因调用延时函数而暂停运行的线程，就绪列表则按优先级高低存放待运行的线程。在 RTOS 内核调度线程时，可以通过就绪列表的头节点遍历链表，获取就绪列表上所有线程描述符的信息。

1.3.2 线程的四种状态：终止态、阻塞态、就绪态和激活态

RTOS 中的线程一般有四种状态，分别为终止态、阻塞态、就绪态和激活态。在线程被创建后的任一时刻，其所处的状态一定是四种状态之一。

1. 线程状态的基本含义

1）终止态（Terminated，Inactive）：线程已经完成或被删除，不再需要使用 CPU。

2）阻塞态（Blocked）：又称"挂起态"。线程因等待特定时间或条件而暂未准备好执行，不能被激活。当等待时间结束或条件满足时，该线程转为就绪态。阻塞态线程的描述符存放于等待列表或延时列表中。

3）就绪态（Ready）：线程已经准备好执行，但因其优先级等于或低于当前激活的线程而尚未获得 CPU 的使用权，一旦获取 CPU 即可进入激活态。就绪态线程的描述符存放于就绪列表中。

4）激活态（Active，Running）：又称"运行态"，此时线程正在运行中，拥有 CPU 的使用权。

如果一个激活态线程转为阻塞态，RTOS 将执行线程切换操作，从就绪列表中选择优先级最高的线程进入激活态。如果有多个具有相同优先级的线程处于就绪态，则按先进先出（First in First out，FIFO）策略，就绪列表中的首个线程先被激活。

在一些操作系统中，还定义了"中断态"和"休眠态"。对于被中断的线程，RTOS 通常将其归为就绪态；而休眠态是指该线程的相关资源虽然仍驻留在内存中，但并不会被 RTOS 调度，本质上属于一种终止的状态。

2. 线程状态之间的转换

RTOS 线程的四种状态是动态转换的，转换过程有的由系统调度自动完成，有的用户调用某个系统函数触发，还有的在特定条件满足后实现。线程的四种状态转换关系如图 1-1 所示。

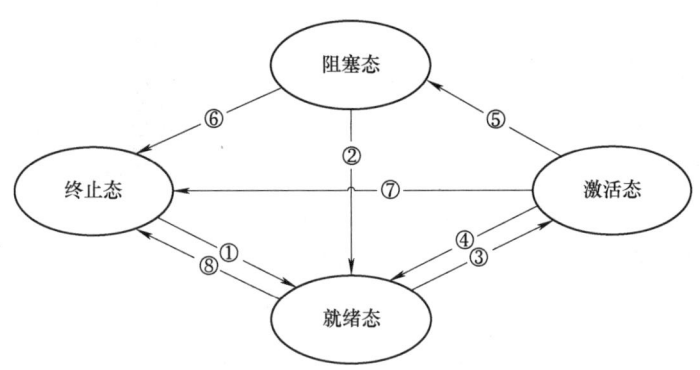

图 1-1 线程状态之间的转换

1）终止态转为就绪态（①）：当线程准备重新运行时，会根据线程的优先级进入就绪态。

2）阻塞态转为就绪态（②）：当阻塞条件解除时，例如中断服务或其他线程释放了该线程等待的信号量，或者延时列表中的线程达到唤醒时刻，线程将重新进入就绪状态。

3）就绪态转为激活态（③）：就绪线程通过调度获得了 CPU 资源进入运行状态，也可以通过直接调用函数进入激活态。

4）激活态转为就绪态、阻塞态。激活态转为就绪态（④）：可能由于正在执行的线程被高优先级线程抢占、时间片轮询调度策略下时间片耗尽，或者被外部事件中断。激活态转为阻塞态（⑤）：通常因为正在执行的线程等待信号量、事件或 I/O 资源等。

5）阻塞态、激活态、就绪态转为终止态。阻塞态、激活态、就绪态转为终止态，如图 1-1 中的⑥，下同，及⑦、⑧，处于阻塞态、激活态和就绪态的线程，可以根据需要调用相关函数而直接进入终止态。

1.3.3 线程的三种基本形式：单次执行、周期执行、资源驱动

线程函数一般分为两个部分：初始化部分和线程体部分。初始化部分实现变量的定义、初始化，以及设备的打开等；线程体部分则负责完成该线程的核心功能。线程的一般结构如下：

```
void  thread_a ( uint32_t  initial_data )
{
      //初始化部分
      //线程体部分
}
```

线程的基本形式主要有单次执行线程、周期执行线程和资源驱动线程三种。下面介绍它们的结构特点。

1. 单次执行线程

单次执行线程是指在创建后只会被执行一次，执行完毕后就会被销毁或阻塞的线程。其线程函数结构如下：

```
void  thread_a ( uint32_t initial_data )
{
```

```
//初始化部分
//线程体部分
//线程函数销毁或阻塞
}
```

单次执行线程由三部分组成：线程函数初始化、线程函数执行及线程函数销毁或阻塞。初始化部分包括变量的定义和赋值，以及打开需要使用的设备等操作；第二部分是线程函数的执行，即该线程的基本功能实现；第三部分是线程函数的销毁或阻塞，即调用线程销毁或者阻塞函数将自己从线程列表中删除。销毁与阻塞的区别在于，销毁除了停止线程的运行外，还会回收该线程占用的所有资源，如堆栈空间等；而阻塞只是将线程描述符中的状态设置为阻塞。

2. 周期执行线程

周期执行线程是指需要按照一定周期执行的线程。其线程函数结构如下：

```
void  thread_a ( uint32_t initial_data )
{
    //初始化部分
    ...
    //线程体部分
    while(1)
    {
        //循环体部分
    }
}
```

初始化部分同单次执行线程一样，包括变量的定义和赋值，以及打开需要使用的设备等操作。与单次执行线程不一样的地方在于，周期执行线程的函数体内存在一个永久循环部分，由于该线程需要按照一定周期执行，该线程内一般会包含如延时函数、等待事件、等待消息等代码，将自己放入相应的阻塞列表中，等到条件满足时，重新进入就绪态。

3. 资源驱动线程

除了上面介绍的两种线程类型外，还有一种线程形式，那就是资源驱动线程。这里的资源主要指信号量、事件等线程通信与同步方法。这种类型的线程比较特殊，它是操作系统特有的线程类型，因为只有在操作系统下才会出现资源的共享使用问题，同时也引出了操作系统中的另一个主要问题，那就是线程同步与通信。该线程与周期驱动线程的不同在于，它的执行时间不确定，只有当它所等待的资源可用时，才会转入就绪态，否则就会被加入等待列表中。事件驱动线程函数结构如下：

```
void  thread_a (uint32_t initial_data)
{
    //初始化部分
    ...
    while(1)
    {
        //调用等待资源函数
        //线程体部分
    }
}
```

初始化部分和线程体部分与之前两个类型的线程类似，主要区别就是在线程体执行之前会调用等待资源函数，以等待资源实现线程体部分的功能。

综上所述，在这三种线程基本形式中，周期执行线程和资源驱动线程从本质上来讲可以归结为一类，即资源驱动线程。因为时间也是操作系统的一种资源，只不过时间是一种特殊的资源，其特殊性在于该资源是整个操作系统的实现基础，系统中大部分函数都依赖时间这一资源，所以在分类时将周期执行线程单独作为一类。

1.4 本章小结

在 RTOS 下编程与在 NOS 下编程相比有显著优点，这个优点就是 RTOS 中有个调度者，它能指挥和协调各个线程的运行，这样，编程者可以把一个大工程分解成一个个小工程，交由 RTOS 管理，这符合软件工程的基本原理。

线程是 RTOS 中最重要的概念之一。在 RTOS 下，把一个复杂的嵌入式应用工程按一定规则分解成一个个功能清晰的小工程，然后设定各个小工程的运行规则，再交给 RTOS 管理，这就是基于 RTOS 编程的基本思想。这一个个小工程被称为线程，RTOS 对这些线程的管理被称为调度。可以分别从线程调度、软件设计、占用 CPU 等不同视角来理解线程。调度就是以合理的方式为每个线程分配运行时间。

一个函数只有在配备其线程描述符及线程堆栈的情况下，才可以被称为线程，才能够被调度运行。线程一般有四种状态，分别为终止态、阻塞态、就绪态和激活态。线程有三种基本形式，分别是单次执行形式、周期执行形式及资源驱动形式。

习 题

1. 简述在无操作系统下程序的运行流程和在 RTOS 下程序的运行流程。
2. 简述线程与调度的基本含义。
3. 简述线程上下文的含义及作用。
4. RTOS 实时性指标主要有哪些？如何提高 RTOS 的实时性。
5. 线程有哪四种基本状态。在火车站安检情景下乘客有以下四种状态，请给出与线程四个状态的对应关系。
  1）乘客在广场上。
  2）乘客到安检区排队。
  3）乘客正在进行安检。
  4）乘客忘记带身份证，无法进行安检。
6. 列举生活中的场景，类比线程的四种状态并描述其转换过程。

第 2 章 LiteOS 第一个样例工程

学习 RTOS 时,需要选定一款芯片作为基础平台,按照"分门别类,各有归处"的原则,从搭建无操作系统框架开始,逐步构建 RTOS 工程框架,并实现几个最简单线程的运行。通过这一过程,可以直观理解线程被调度运行的基本原理,为后续深入学习 RTOS 程序设计奠定基础。本章将介绍 LiteOS 的工程框架,并给出一个样例工程。

2.1 LiteOS 简介

LiteOS 是当前应用非常广泛的国产嵌入式实时操作系统。本节首先概述 LiteOS,随后阐述其基本特点,最后说明 LiteOS 源码的下载与更新方式。

2.1.1 LiteOS 概述

LiteOS 是华为公司于 2015 年推出的一款轻量级开源实时操作系统,它专为低功耗、低内存、低成本的物联网设备设计,具有高效、灵活、安全等特点,支持多种芯片架构和设备类型。LiteOS 提供了丰富的开发工具和软件库,方便开发人员快速构建稳定、可靠的物联网应用程序。自推出以来,LiteOS 历经多次版本迭代优化,已成为嵌入式领域的重要操作系统之一,被广泛应用于智能家居、个人穿戴、车联网、城市公共服务、制造业等领域。

本书以 LiteOS 为蓝本,采用以 RISC-V 架构的沁恒微电子 CH32V303 微控制器构建的通用嵌入式计算机(General Embedded Computer,GEC)作为硬件载体,系统阐述 RTOS 中的线程、调度机制、延时函数、事件、消息队列、信号量、互斥量等基本知识要素,介绍 RTOS 下的程序设计方法,并简要解析 LiteOS 的运行原理。

2.1.2 LiteOS 的基本特点

LiteOS 支持多种处理器架构,具备全面的安全性和多样的连接选项,非常适合嵌入式系统和物联网领域的应用。LiteOS 的主要特点及选择理由可以归纳为以下四点。

1)开源免费且具备社区支持。遵循 BSD-3 开源许可协议[⊖],可以放心地用于商业和个人项目。开发者可以在华为官网免费下载源码,且有一个活跃的社区持续提供支持与功能更新,助力问题解决。

2)浅显易懂,方便移植。LiteOS 主要采用 C 语言编写,代码结构简捷且高效,适用于低资源消耗的环境。LiteOS 的设计注重模块化,方便开发者根据具体需求添加或移除功能,而且它支持广泛的处理器架构,包括但不限于 ARM Cortex-M 和 RISC-V,这增强了其跨平台

⊖ BSD-3 开源许可协议允许自由使用、修改和再分发软件,但要求在使用原始代码时保留原始版权声明、免责声明和许可协议。

移植性。

3）可裁剪性强。针对资源受限的设备和应用场景，可通过方便易用的工具，将基础内核体积裁剪至10KB以内。同时，还允许开发者根据具体需求对系统功能进行静态裁剪，精准匹配应用，使系统更加轻量、高效，从而为各种应用场景提供可靠的解决方案。

4）资源占用小、功耗低。相较于Linux操作系统，LiteOS体积小、成本低、功耗低、启动快，同时还具有实时性高、资源占用小等特点，非常适用于各种资源受限（如成本、功耗限制等）的场合。

2.1.3 下载与更新LiteOS源码

自华为在2015年开始推出第一个版本后，LiteOS不断升级和更新，功能不断完善。本书使用的是OpenHarmony LiteOS-M3.0版本。若读者后期在有需要的情况下，想要更新工程中的LiteOS版本，可以从华为官网下载需要的OpenHarmony LiteOS-M内核版本，通过覆盖对应文件夹完成更新。需要说明的是，本书第7章之前均将LiteOS驻留在BIOS中，在User工程中启动并进行应用编程。第7章则不使用BIOS中的LiteOS程序，而是将源码放入User工程，方便用户自主更新。从网上下载的LiteOS源码包含应用程序样例、基础软硬件服务子系统集、配置脚本、说明文档等文件，具体更新方法见附录A。

2.2 软硬件开发平台

学习和应用实时操作系统离不开硬件与开发环境。为了更好地学习LiteOS实时操作系统，本书使用苏州大学嵌入式实验室研发的硬件系统与开发环境。硬件系统是以沁恒微电子的CH32V303芯片为核心的通用嵌入式计算机AHL-CH32V303-WiFi，软件系统是金葫芦集成开发环境AHL-GEC-IDE。本书例程也兼容沁恒微电子的集成开发环境MounRiver Studio。本节首先介绍本书配套电子资源，随后介绍软硬件平台。

2.2.1 下载网上电子资源

本书配套网上电子资源AHL-CH32V303-LiteOS，下载方式为：在公网搜索"苏州大学嵌入式学习社区"官网，通过"教材"→"轻量级鸿蒙教材"路径获取。内含所有文档资料、硬件原理图、源程序及常用软件工具等，具体见表2-1。

表2-1 网上电子资源AHL-CH32V303-LiteOS内容索引

文 件 夹	主 要 内 容
01-Document	文档文件夹（AHL-CH32V303用户手册、参考等）
02-Hardware	硬件文件夹（硬件资源电子文档）
03-Software	软件文件夹（各章样例源程序，按章进行编号）
04-Tool	工具文件夹（编程实践中可能使用到的软件工具）

2.2.2 硬件平台：AHL-CH32V303-WiFi

1. 为什么需要硬件平台？

嵌入式软件开发与PC软件开发的一个显著区别在于，它需要一个交叉编译和调试环境。工程的编辑和编译所使用的软件通常在 PC 上运行,而编译生成的嵌入式软件的机器码文件则需要通过写入工具下载到目标机上运行。由于主机和目标机的体系结构存在差异,从而增加了嵌入式软件开发的难度。因此,选择合适的开发套件对学习与开发十分关键。

学习 RTOS 应基于实际硬件系统,在具备基本硬件的条件下,不建议读者使用仿真平台进行学习。所谓"仿真"不真,存在局限性,无法达到实际学习目标。实际上,随着技术的不断发展和芯片制造成本的下降,市面上已经出现价格低廉且功能十分强大的 RTOS 硬件学习平台。

2. 金葫芦 WiFi 开发套件的硬件资源

金葫芦 WiFi 开发套件 AHL-CH32V303-WiFi 的硬件部分主要部件有:5V 转 3.3V 电源芯片、三色灯、沁恒出品的 CH32V303RCT6 微控制器和 TTL 串口-USB 芯片,以及乐鑫科技推出的 ESP8684H2 WiFi 模块。AHL-CH32V303-WiFi 正面集成了最小系统,反面为 WiFi 模块电路(见图 2-1)。用户只需自行配置一根标准的 Type-C 数据线即可进行实时操作系统实践,也可实现基于 WiFi 通信的物联网实践。

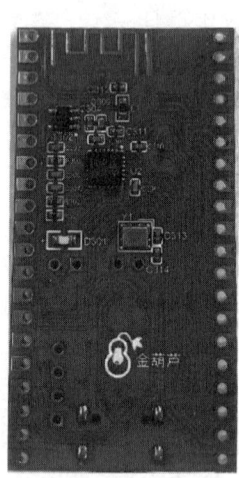

图 2-1　AHL-CH32V303-WiFi 的正反面

金葫芦 WiFi 开发套件的硬件设计目标是:将 MCU、通信模组、MCU 硬件最小系统等集成在一个 SOC 片上,能够满足大部分终端产品的设计需求。软件方面的设计目标是:出厂时预装硬件检测程序(含基本输入/输出系统 BIOS 及基本用户程序),直接供电即可运行程序,实现联网通信功能;硬件驱动按规范设计好并固化于 BIOS,同时提供静态连接库及工程模板("葫芦"),可节省大量开发时间;此外,还给出人机交互系统(HCI)的工程模板和实例,并开源全部用户级源代码,可以实现快速应用开发。

本书配套该硬件,旨在让读者不仅可以基于该硬件系统学习面向物联网开发的轻量级鸿蒙 LiteOS,还可以进行物联网的基本实践。

3. AHL-CH32V303-WiFi 开发板的特点

本书介绍的用于 RTOS 学习的 AHL-CH32V303-WiFi 开发套件,主要特点如下。

1)核心芯片。核心芯片为 64 引脚 LQFP 封装的 CH32V303RCT6 芯片。内置 256KB Flash(共 128 个扇区)、64KB SRAM,集成了 SysTick、GPTM、串口、A/D、D/A、I^2C、SPI 等功能模块。

2）硬件功能。开发套件由硬件最小系统、红绿蓝三色灯、触摸按键、温度传感器、两路 TTL-USB 等构成，并引出所有 MCU 引脚。其中，"三色灯"部件内含蓝、绿、红三个发光二极管（俗称"小灯"），这三个小灯的正极过 1kΩ 电阻连接电源正极，负极分别与 MCU 的三个引脚相连。具体引脚连接信息可参考电子资源中样例工程"03-Software\CH02\LiteOS-Frame"中的 05_UserBoard\User.h 文件，该文件对所有用户使用的硬件引脚进行宏定义，符合嵌入式软件设计规范。

3）Type-C 接口。开发套件的硬件扩展底板上还有一个 Type-C 接口。实际上，它是两路 TTL 串口，默认它与 PC 进行串行通信，只需将普通的 Type-C 线的 USB 端连接 PC 的 USB 口，另一端连接硬件底板上的 Type-C 接口，即可实现程序串口下载，也支持通过 printf 输出进行跟踪调试。printf 输出的字符信息将显示在 PC 的串口工具界面，方便嵌入式程序的调试。

4）可扩展应用。AHL-CH32V303-WiFi 开发套件不仅适用于 LiteOS 实时操作系统的学习，还可通过板上的开放式外围引脚，外接其他接口模块进行创新性实验。

此外，读者若使用自有硬件平台，也可参考本书的工程框架，完成对应硬件平台下的工程搭建与组织。

2.2.3　AHL-CH32V303-WiFi 开发板的测试

附录 C 给出了"金葫芦 AHL-CH32V303-WiFi 用户手册"。

可以通过以下简单步骤验证 AHL-CH32V303-WiFi 开发板硬件是否正常。出厂时，电子资源中的"03-Software\CH02\AHL-CH32V303-WiFi-UE"工程机器码已下载到该嵌入式计算机，只需给它供电，程序即可运行。具体步骤如下。

步骤 1：使用标准 Type-C 数据线⊖为主板供电。将 Type-C 数据线的小端连接主板，另外一端连接通用计算机的 USB 接口。

步骤 2：观察蓝灯是否闪烁。开发板正面有一个集成红、绿、蓝三色一体的小灯。若蓝灯闪烁，表明板子硬件基本正常。若蓝灯不闪烁，可查看板子反面代表 WiFi 模块电源的绿灯，若绿灯不亮，需检查 PC 和数据线是否正常给开发板供电。

步骤 3：配置移动热点的网络信息。在计算机接入公网的情况下，进行如下操作。①在 Windows 界面左下角的搜索栏中输入"移动热点"四个字，并按<Enter>键，进入设置中的"移动热点"界面；②单击"编辑"按钮，在弹出的"编辑网络信息"界面中，将网络名称、密码和频段分别设置为 AHL-CH32V303-WiFi、12345678、2.4GHz，完成后单击"保存"按钮，确保与终端程序搜索的 WiFi 热点信息相匹配。完成后的界面如图 2-2 所示。

步骤 4：打开移动热点。单击图 2-2 中的 ✕ ⬤ 按钮，即可打开移动热点（WiFi 热点）。耐心等待几秒钟后，开发板将自动连接 WiFi。连接成功会在界面下方出现已经连接的 WiFi 终端的设备名称、分配的 IP 地址及物理地址（即 MAC 地址），如图 2-3 所示。

至此，已经完成了初步的准备工作，确定了开发板硬件及 WiFi 通信正常，为后续学习奠定了基础。

⊖ Type-C 数据线于 2014 年面市，是基于 USB 3.1 标准的接口数据线，具有正反盲插特性，可承受高达 1 万次的反复插拔，目前已被广泛应用，例如华为手机所使用的数据线。此类数据线需读者自行准备。

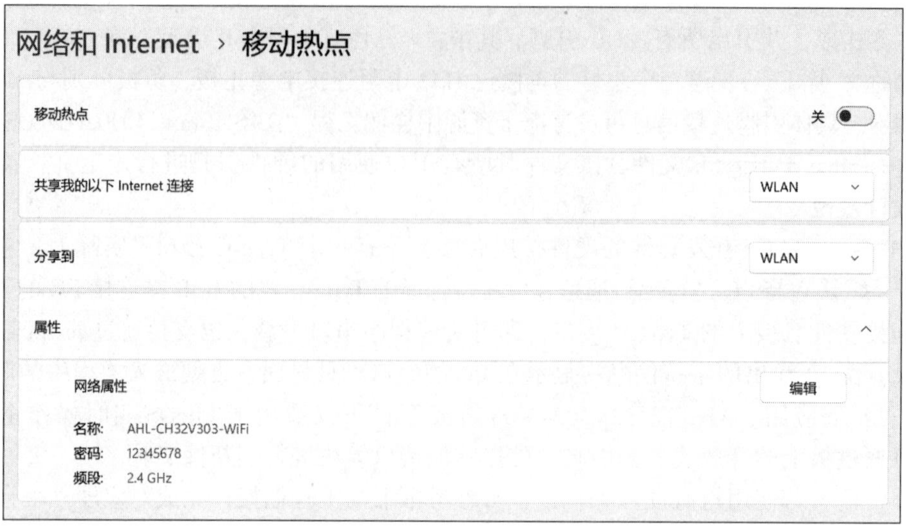

图 2-2　在 PC 中配置移动热点

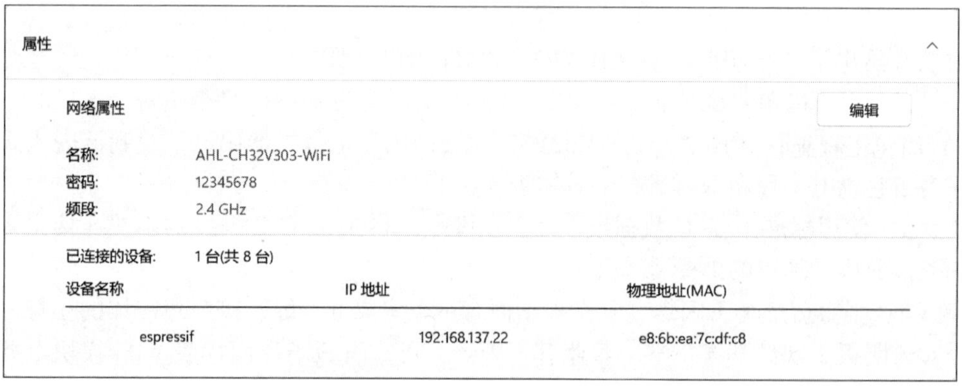

图 2-3　开发板连接热点后的显示界面

2.2.4　软件平台：金葫芦集成开发环境

目前，大多数嵌入式集成开发环境（Integrated Development Environment，IDE）是基于 Eclipse 架构⊖开发的。本书使用的 IDE 主要有两种：苏州大学嵌入式实验室推出的 AHL-GEC-IDE 与沁恒微电子推出的 MounRiver Studio。本书给出的基于 CH32V303 的程序实例兼容 AHL-GEC-IDE 与 MounRiver Studio。建议优先使用 AHL-GEC-IDE，必要时，可利用 AHL-GEC-IDE 的"外接软件"菜单，将 MounRiver Studio 作为外接软件使用。

1. AHL-GEC-IDE

AHL-GEC-IDE 下载方式：在公网搜索"苏州大学嵌入式学习社区"官网，通过"金葫芦专区"→"AHL-GEC-IDE"路径下载。

⊖　Eclipse 架构最初由 IBM 提出，2001 年贡献给开源社区，是一种可扩展的开发平台框架。

该集成开发环境是苏州大学嵌入式实验室于 2018 年开始逐步推出的免费嵌入式集成开发环境,其优点是操作简单、功能实用,并能兼容多个芯片公司的常用开发环境及厂家工程模板。它集成了 GNU 编译器、汇编器等工具,面向通用嵌入式计算机(GEC)开发,具有编辑、编译、程序下载、printf 打桩调试等功能,为设计人员提供了一个简捷易用的嵌入式开发工具。

AHL-GEC-IDE 与其他常用开发环境相比,具有如下特点。

1)常用开发环境兼容性强。对于 CH32V303 芯片,可兼容 MounRiver Studio 开发环境;对于 TI 芯片,可兼容 CCS(Code Composer Studio)开发环境;对于 NXP 芯片,可兼容 KDS(Kinetis Design Studio)开发环境。

2)支持串口下载调试。基于 BIOS 与 User 框架,支持通过串口进行下载调试,无须其他烧录工具。User 程序下载后立即执行,可使用类似于 PC 编程的 printf 输出调试语句,跟踪程序运行过程,提示信息即时显示在 PC 屏幕的文本框中,使得嵌入式编程与 PC 编程过程几乎一致。

3)灵活的外接软件功能。可自行外接其他软件,并在菜单栏中直接打开运行,便于功能集成与开发应用。

4)丰富的内置工具。在程序调试过程中,可以通过串口实现对存储器某个区域的读取和修改,支持对 Flash、RAM 区域的数据读出;还可以直接通过软件内置的串口工具,观察串口输出情况,不需要借助其他外部串口工具。

5)简化工程配置。当工程文件中有新增的文件或文件夹时,在其他开发环境中,需要通过工程配置操作将其纳入工程,而在 AHL-GEC-IDE 中,默认工程下级文件夹为工程编译所需,无须额外设置。此外,自动支持 C 语言、汇编语言等,在该 AHL-GEC-IDE 环境下,通过自行识别,可直接编译 C 语言或者汇编语言工程,无须对编译器进行选择。

6)强大的可扩展功能。AHL-GEC-IDE 除具备一般开发的基本功能(如导入工程、编辑、查找和替换、程序编译和烧写等)外,还提供了很多扩展功能。例如,支持远程更新,当目标芯片配置好相应的远程通信硬件后,在 AHL-GEC-IDE 开发环境中可以实现通过 NB-IoT、2G、4G 等无线方式实现远程的程序更新;支持动态命令,可将机器码下载到特定的 Flash 区域直接运行,实现命令的动态扩充。

2. MounRiver Studio

MounRiver Studio 是一款针对 RISC-V/ARM 双核 MCU 的免费嵌入式集成开发环境,可在 MounRiver 官网下载。MounRiver Studio 基于 GNU Eclipse 深度开发,提供了包含定制版工具链、宏汇编、链接器、调试器、下载器等在内的完整开发资源,为设计人员提供了一个简单易用的开发平台,具有编辑、编译和调试等功能。本书提供的例程兼容 AHL-GEC-IDE 与 MounRiver Studio。

2.3 LiteOS 的第一个样例工程

为了更好地理解 RTOS 下的编程逻辑,本节将针对同一程序功能,分别通过 NOS 工程和 LiteOS 工程进行编程实现。通过这种对比,读者能更直观地了解不使用 RTOS 与使用 RTOS 的区别。同时,使读者尽快接触实例程序,达到"用中学,学中用"的目的。

2.3.1 样例程序的功能

样例程序的硬件是红、绿、蓝三色一体的发光二极管（小灯），由三个 GPIO 引脚控制其亮暗。

软件控制红灯每 5s、绿灯每 10s、蓝灯每 20s 变化一次，对外表现为三色灯的合成色。经过分析，其实际效果如图 2-4 所示，即开始为暗，然后依次变化为红、绿、黄（红+绿）、蓝、紫（红+蓝）、青（蓝+绿）、白（红+蓝+绿），周而复始。

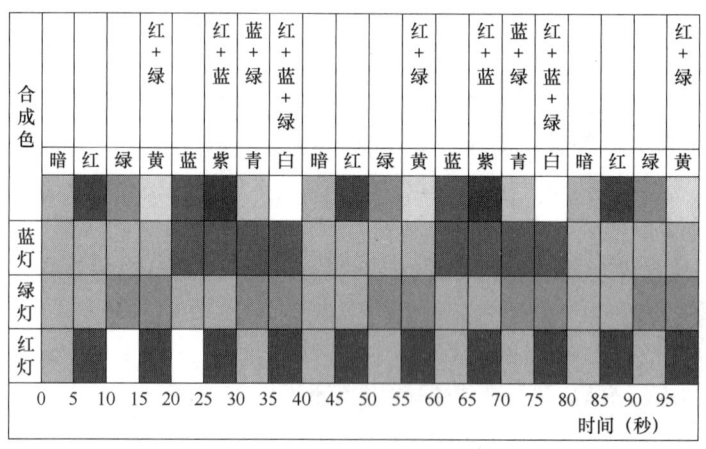

图 2-4 样例程序功能

2.3.2 工程框架设计原则

良好的工程框架是编程工作的重要一环，构建一个组织合理、易于理解的嵌入式软件工程框架需要进行深入的思考与规划。

所谓工程框架是指工程内文件夹的命名、文件的存放位置、文件内容的组织规则。就如同建筑作品与画作，工程框架是整个工程的核心骨架，它并不负责具体功能模块的实现，而是通过层级化的结构设计，明确工程所需的文件夹、各文件夹中的文件构成，以及每个文件的功能定位等。

因此，工程框架设计应遵循"分门别类，各有归处"的基本原则。首先建立主工程文件夹，再根据功能模块划分、内容定位，建立相应的子文件夹。

在实际应用中，许多工程存在框架混乱的问题。例如，下级文件夹命名不规范、文件内容定位不清晰、文件包含冗余的样例工程等，这些问题不仅增加了学习和理解的难度，也不符合软件工程的规范性要求。甚至，在一些机构给出的底层驱动中，混杂了不少操作系统相关内容，违背了底层驱动设计独立于上层软件的基本设计要求。一旦更换操作系统，这些驱动将无法复用，给应用开发带来巨大的迁移成本和维护难题。

2.3.3 NOS 工程框架

基于 NOS 的样例工程"03-Software \ CH02\ NOS-Frame"⊖，支持通过 AHL-GEC-IDE 和

⊖ 工程文件夹带有日期信息，以便区分最新版本。

MounRiver Studio 打开。

1. NOS 工程框架的树形结构

表 2-2 列出了无操作系统（No Operating System，NOS）工程框架的树形结构。

表 2-2　NOS 工程框架的树形结构

文 件 夹	说　　明
01_Doc	文档文件夹：文档作为工程必备要素，是软件工程的基本要求
02_CPU	CPU 文件夹：存放由 ARM 提供给 MCU 厂家的 CPU 相关文件
03_MCU	MCU 文件夹：含有 linker_file、startup、MCU_drivers 三个子文件夹
04_GEC	GEC 文件夹：保留通用嵌入式计算机（GEC）概念相关内容
05_UserBoard	用户板文件夹：存放硬件接线信息文件 User.h 及外设驱动程序
06_AlgorithmComponent	算法构件文件夹：含有与硬件无关的算法构件
07_AppPrg	应用程序文件夹：应用程序核心编程区域

各文件夹功能说明如下。

1）MCU 文件夹。该文件夹用于存放链接文件、MCU 启动文件及底层驱动构件，分别置于 linker_file、startup、MCU_drivers 三个子文件夹中。linker_file 文件夹内的链接文件存储了芯片存储器的基本信息；startup 文件夹存储芯片的启动文件；MCU_drivers 存放与 MCU 硬件直接相关的底层驱动构件。

2）用户板文件夹。开发者基于选定的 MCU 设计硬件板（即用户板）时，需将 LCD、传感器、开关等外设的驱动程序（即外部设备构件）放置于此。这些构件一般依赖 MCU 底层驱动实现功能。

3）应用程序文件夹。该文件夹包含总头文件（includes.h）、中断服务例程源程序文件（isr.c）、主程序文件（main.c）等，这些文件是工程开发人员进行编程的主要对象。总头文件 includes.h 是 isr.c 及 main.c 使用的头文件，包含用到的构件、全局变量声明、宏定义等。中断服务例程文件 isr.c 是编写的中断处理函数。主程序文件 main.c 是应用程序启动后的总入口，main 函数即在该文件中实现，在 main 函数中包含了一个永久循环，对具体事务过程的操作几乎都添加在该主循环中。应用程序的执行有两条独立的路径：一条是主循环运行线，在 main.c 文件中实现；另一条是中断处理线，在 isr.c 文件中响应。若存在操作系统，则可在 main.c 中启动操作系统调度器。

4）编译输出还会产生 Debug 文件夹，含有编译链接生成的 .elf、.hex、.list、.map 等文件。

- .elf 文件：可执行与可链接格式（Executable and Linkable Format，ELF）文件，最初由 UNIX 系统实验室（UNIX System Laboratories，USL）作为应用程序二进制接口（Application Binary Interface，ABI）的一部分制定和发布的。其最大特点在于有比较广泛的适用性，通用的二进制接口定义使之可以平滑地移植到多种不同的操作系统环境上。使用 UltraEdit 软件工具可查看 .elf 文件内容。
- .hex（Intel HEX）文件：十六进制机器码文件，是由一行行符合 Intel HEX 文件格式的文本所构成的 ASCII 文本文件。在 Intel HEX 文件中，每一行包含一个 HEX 记录，这些记录由对应机器语言码（含常量数据）的十六进制编码数字组成。

- .list 文件：列表文件，提供了函数编译后，机器码与源代码的对应关系，用于程序分析。
- .map 文件：映像文件，提供了查看程序、堆栈设置、全局变量和常量等存放的地址信息。.map 文件中给出的地址在一定程度上是动态分配的（由编译器决定），随工程的修改而变动。

2. NOS 样例工程运行测试

编译样例工程后，通过 Type-C 线连接 AHL-CH32V303-WiFi 与 PC。在 AHL-GEC-IDE 中选择"下载"→"串口更新"命令，单击"连接 GEC"按钮建立通信，导入编译生成的 .hex 文件。单击"一键自动更新"按钮，将程序下载到目标板上，程序将自动运行，此过程可能会遇到诸如设备连接不上等问题，解决办法参见附录 C。随后，观察 AHL-CH32V303-WiFi 开发板上三色灯的闪烁情况，若与图 2-5 所示的情况一致，则表示运行正确。

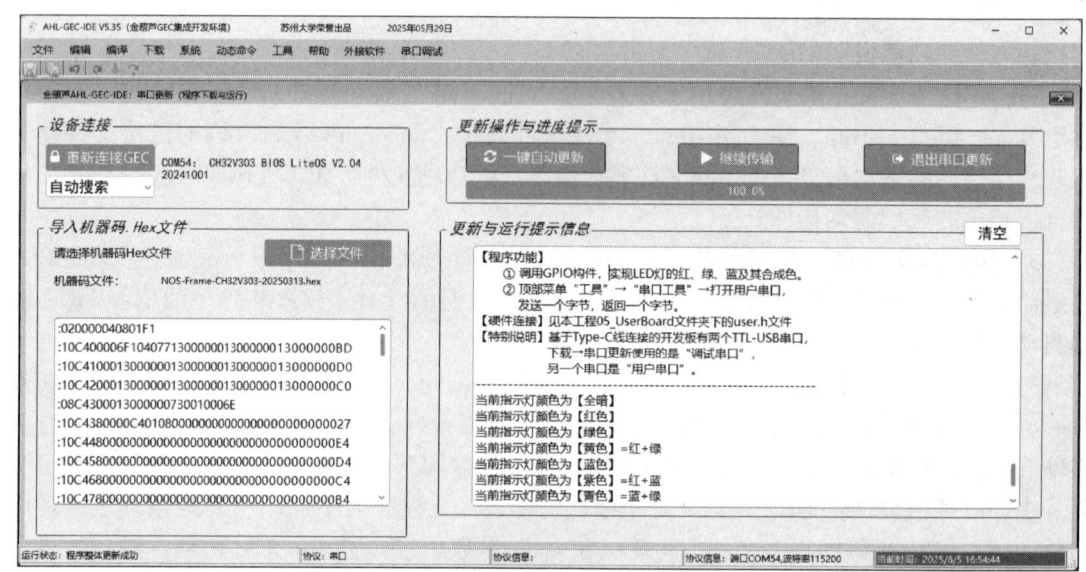

图 2-5　NOS 样例工程测试结果

3. NOS 样例工程的 main 函数及 isr 函数

工程执行包含两条逻辑路径：一条是主循环线，为了衔接操作系统概念，可称为线程线；另一条为中断线。它们分别对应 main.c 中的 while(1) 循环，以及 isr.c 中的中断服务例程这两个部分。

线程线（主程序）：程序通过计数变量 mCount 控制三色灯的显示状态，实现全暗、红色、绿色、黄色（＝红+绿）、蓝色、紫色（＝红+蓝）、青色（＝绿+蓝）、白色（＝红+绿+蓝）的持续循环，同时通过串口输出灯的状态信息。

中断线：当串口接收到字节数据时触发中断，在 isr.c 的串口中断服务例程中完成数据接收与回传。

完整源码请参见样例工程。

2.3.4 LiteOS 工程框架

基于 LiteOS 的样例工程见电子资源 "..\03-Software\CH02\LiteOS-Frame",支持通过 AHL-GEC-IDE 和 MounRiver Studio 打开。

1. LiteOS 工程框架的树形结构

LiteOS 工程框架与 NOS 工程框架在整体结构上基本一致,但在细节和功能实现上存在显著差异,具体如下。

1)文件扩展与功能增强。在工程的 05_UserBoard 文件夹中增加了 Os_Self_API.h、Os_United_API.h 等文件。其中,Os_Self_API.h 头文件给出了 LiteOS 对外接口函数 API,涵盖事件、消息队列等核心功能,实际函数代码驻留于 BIOS 中;Os_United_API.h 头文件定义了 RTOS 的统一对外接口,目的是实现不同 RTOS 应用程序的可移植,包含了 RTOS 核心功能的基础函数集合。

该框架各文件夹分工明确:01 文档文件夹用于存放工程相关的电子文档,记录重要信息与开发备忘;02 文件夹针对同一内核保持不变;03 文件夹存放面向芯片的驱动,使用时放入 MCU_drivers 文件夹,并在 05 文件夹的 User.h 中包含其头文件即可;04 文件夹是为通用嵌入式计算机而设置,实现 BIOS 与 User 的独立编译与衔接;05 文件夹作为用户硬件接口可根据实际需求调整;06、07 文件夹则确保在功能不变、资源满足的条件下,可以在各个芯片与环境下复用,达到可移植、可复用的目的。

2)线性函数声明。在工程的 "..\07_AppPrg\includes.h" 文件中,给出了线程函数的声明:

```
//线程函数声明
void    thread_auto();
void    thread_redlight();
void    thread_greenlight();
void    thread_bluelight();
```

3)操作系统启动。在工程的 "..\07_AppPrg\main.c" 文件中,给出了操作系统的启动:

```
// ============================================================
//文件名称:main.c(应用工程主函数)
//框架提供:苏大嵌入式(sumcu.suda.edu.cn)
//版本更新:201911-202306
//功能描述:见本工程的 ..\01_Doc\Readme.txt
//移植规则:【固定】
// ============================================================
#define GLOBLE_VAR          //【固定】includes.h 定义的全局变量—处声明多处使用
#include "includes.h"       //【固定】包含总头文件

//main.c 使用的内部函数声明处--------------------------------------

//主函数,一般情况下可以认为程序从此开始运行(实际上有启动过程)----------
int main(void)
{
    printf("main 开始:启动实时操作系统...\r\n\r\n");
    OS_start(thread_auto);
}   //main 函数(结尾)
```

4）自启动线程机制。工程的 07_AppPrg 文件夹中的 threadauto_appinit.c 是自启动线程文件，包含 thread_auto 函数。在 RTOS 启动过程中，该函数转换为线程，并作为上述主函数中调用的 OS_start 函数的入口参数。thread_auto 线程（即自启动线程）在操作系统启动后立即运行，其作用是将同文件夹中的其他三个文件中的函数创建为线程，从而被调度运行。

5）多线程并行执行。工程的 07_AppPrg 文件夹中的 thread_bluelight.c、thread_greenlight.c、thread_redlight.c 三个文件分别定义了蓝灯线程、绿灯线程、红灯线程函数。这些函数在被转换为线程后，可被视为独立运行的模块，在内核调度下并行执行，实现将一个大工程拆解成三个独立运行的小工程。

2. LiteOS 样例工程运行测试

测试过程可参照 NOS 工程样例。测试时可以观察到，三色灯随时间的变化与图 2-4 一致，下载后的运行提示如图 2-6 所示。通过实际测试能够直观体会到 NOS 下编程与 RTOS 下编程的异同点，进而理解 RTOS 如何为用户程序设计提供服务。

图 2-6　LiteOS 样例工程测试结果

3. LiteOS 的启动

在该样例工程中，共创建了 5 个线程，见表 2-3。

表 2-3　样例工程线程一览表

归　属	线　程　名	执行函数	优　先　级	线程功能	中文含义
内核	main_thread	thread_auto	9	创建其他线程	自启动线程
	idle	无	31	空闲线程	空闲线程
用户	thd_redlight	thread_redlight	15	红灯以 5s 为周期闪烁	红灯线程
	thd_greenlight	thread_greenlight	15	绿灯以 10s 为周期闪烁	绿灯线程
	thd_bluelight	hread_bluelight	15	蓝灯以 20s 为周期闪烁	蓝灯线程

执行 OS_start(thread_auto) 函数实现 LiteOS 的启动。该启动函数的核心作用是初始化系统资源，并按设定逻辑依次创建自启动线程（thread_auto）和空闲线程（idle）。其中，

thread_auto 函数的源码在本工程中直接给出,而 idle 线程代码被驻留在 BIOS 中,在第 7 章初步理解 LiteOS 中将对其源码进行详细解析。

4. 自启动线程的执行过程

(1) 自启动线程功能概要

自启动线程首先被内核调度运行,其过程概要如下。

1) 在自启动线程中依次创建红灯线程、绿灯线程和蓝灯线程。红灯线程实现红灯每 5s 闪烁一次,绿灯线程实现绿灯每 10s 闪烁一次,蓝灯线程实现蓝灯每 20s 闪烁一次。创建完这些用户线程之后自启动线程终止执行。

2) 此时,在就绪列表中剩下红灯线程、绿灯线程、蓝灯线程和空闲线程这四个线程。

3) 由于就绪列表中优先级最高的线程是 thread_redlight,它将优先被激活运行。thread_redlight 线程每隔 5s 控制一次红灯的亮暗状态,当该线程调用系统服务 delay_ms 执行延时操作时,调度系统会暂时剥夺该线程对 CPU 的使用权,将该线程从就绪列表中移出,并将该线程的定时器放入延时列表中。

4) 系统开始依次调度执行 thread_greenlight 线程和 thread_bluelight 线程。同样根据延时时长将线程从就绪列表中移出,并将线程的定时器放到延时列表中。

5) 当这三个线程的定时器都被放到延时列表时,就绪列表中只剩下空闲线程,此时空闲线程会得到运行。

从工作原理来看,调度切换基于每 1ms 时钟嘀嗒中断。在该中断服务例程中,系统会检查延时列表中的线程定时器是否到期,若有线程的定时器到期,则将其从延时列表移出,并放回就绪列表中。由于到期线程的优先级大于空闲线程的优先级,会抢占空闲线程的 CPU 使用权,通过上下文切换重新激活,再次得到运行。这些工作属于 RTOS 内核机制,应用层面开发者只需了解即可。在本样例工程中,时钟嘀嗒中断相关程序属于 LiteOS 内核,代码被驻留于 BIOS 中,在第 7 章将展示其中断服务例程,此处先做初步了解。

由于蓝、绿、红三个小灯在物理上对外表现为一盏灯,所以样例工程运行时的对外显示效果应与图 2-4 一致(与 NOS 样例工程运行效果相同)。

(2) 自启动线程部分源码解析

这里对部分源码进行解析,旨在帮助读者初步认识自启动线程的工作机制,为后续学习奠定基础。

自启动线程的运行函数 thread_auto 主要负责全局变量初始化、外设初始化、创建其他用户线程、启动用户线程等工作,它在 07_AppPrg\threadauto_appinit.c 文件中定义。

1) 创建用户线程。在 threadauto_appinit.c 文件中,首先创建了三个用户线程,即红灯线程 thd_redlight、蓝灯线程 thd_bluelight 和绿灯线程 thd_greenlight,它们的堆栈空间均设置为 1024B,优先级都设置为 15[⊖],时间片设置为 20 个时钟嘀嗒。

```
thd_redlight=thread_create("redlight",          //线程名称
                    (void*)thread_redlight,     //线程入口函数
                    NULL,                       //线程参数
                    1024,                       //线程堆栈空间
```

⊖ LiteOS 中优先级的数值范围是 0~31,数值越小表示优先级越高。

```
                        15,                    //线程优先级
                        20);                   //线程轮询调度的时间片
    thd_greenlight = thread_create("greenlight",(void *)thread_greenlight,NULL,
1024,15,20);
    thd_bluelight=thread_create("bluelight",(void *)thread_bluelight,NULL,1024,
15,20);
```

2) 启动用户线程。在 07_AppPrg 文件夹下的 thread_redlight.c、thread_bluelight.c 和 thread_greenlight.c 三个文件中,分别定义了 thread_redlight、thread_bluelight 和 thread_greenlight 三个用户线程执行函数。这三个用户线程执行函数在定义形式上与普通函数无异,但是在使用上不是作为子函数被调用,而是由 LiteOS 进行调度执行。并且,这三个用户线程执行函数均包含一个无限循环,执行过程由 LiteOS 动态分配 CPU 的使用权。

```
    thread_startup(thd_redlight);       //启动红灯线程
    thread_startup(thd_greenlight);     //启动绿灯线程
    thread_startup(thd_bluelight);      //启动蓝灯线程
```

5. 红灯、绿灯、蓝灯线程函数

根据 LiteOS 样例程序的功能需求,设计了红灯 thd_redlight、蓝灯 thd_bluelight 和绿灯 thd_greenlight 三个小灯闪烁线程,分别对应工程 07_AppPrg 文件夹下的 thread_redlight.c、thread_bluelight.c 和 thread_greenlight.c 这三个文件。

小灯闪烁线程首先将小灯初始设置为暗,然后在 while(1) 永久循环体内,通过 delay_ms 函数实现延时,每隔指定的时间间隔切换灯的亮暗状态。这里的 delay_ms 延时操作并非停止其他操作的空跑等待,而是让出 CPU 控制权,在延时期间,线程被放入延时列表中,RTOS 可以调度执行其他线程。下面给出红灯线程函数 thread_redlight 的具体实现代码,蓝灯线程函数 thread_bluelight 和绿灯线程函数 thread_greenlight 与红灯线程函数 thread_redlight 类似,读者可自行分析。

```
//=================================================================
//函数名称:thread_redlight
//函数返回:无
//参数说明:无
//功能概要:每5s红灯反转
//内部调用:无
//=================================================================
void thread_redlight()
{
    //定义小灯状态数值,记录不同颜色状态
    char *lightstate[8]={"【全暗】","【红色】","【绿色】",
                        "【黄色】=红+绿","【蓝色】","【紫色】=红+蓝",
                        "【青色】=蓝+绿","【白色】=红+蓝+绿"};
    static uint8_t i=0;              //定义静态变量用于计数,记录当前小灯状态索引
    gpio_init(LIGHT_RED,GPIO_OUTPUT,LIGHT_OFF);
    while(1)
    {
        printf("当前指示灯颜色为%s\r\n",lightstate[i]);
        delay_ms(5000);              //延时5s
        gpio_reverse(LIGHT_RED);     //反转红灯状态
```

```
            i=i+1;
            if(i>=8)   i=0;
      }
}
```

2.4 本章小结

学习 RTOS 的重要方式就是实践，在实践中体会其基本机制。而要进行实践，必须依托软硬件基础平台，本章介绍的硬件平台 AHL-CH32V303 及软件平台 AHL-GEC-IDE，不仅可以满足 RTOS 学习与实践的基本要求，还适用于实际产品开发。

良好的工程组织是软件工程的基本要求，也是实现代码可移植、可复用、可维护的重要保证。构建工程框架应遵循"分门别类，各有归处"的基本原则，确保一级子文件夹的名称和结构保持稳定，使新增内容有序归类。同时，保证 NOS 下与 RTOS 下工程中一级子文件夹名称统一，为实际应用开发提供规范的标准化模板。

本章实例只用到了 RTOS 的延时函数，但通过三个线程的并发运行，可以直观感受到延时函数与机器码空延时的本质区别，RTOS 延时函数会主动让出 CPU 的使用权，使得 CPU 在延时期间可以执行其他线程，有效提升了系统资源利用率。在第 7 章将对这种延时机制做更深入的分析。

习　题

1. 简述工程框架的定义、作用和工程框架设计的基本原则。
2. 阅读 NOS 框架下 main.c 主函数，根据程序运行流程画出 main.c 主函数流程图。
3. 针对本章样例，简述在 LiteOS 框架下，各个线程的执行过程。从运行过程角度，比较一下 NOS 工程与 LiteOS 工程。
4. 简述在 RTOS 下，delay_ms 延时函数的作用。
5. 参照本章 LiteOS 工程框架，编制一个交通灯控制程序，时间参数自定。
6. 思考一下，在本章 LiteOS 工程框架中，若把红灯线程中的延时函数改为机器码指令空延时，会出现什么情况。若能保证原来的效果，如何编程？

第 3 章　LiteOS 下应用程序的基本要素

对应用程序设计而言，LiteOS 是一种工具，是为应用程序服务的，它不应该成为应用开发的负担。若想充分发挥其效能，就必须熟练掌握该工具的基本使用方法。而掌握 LiteOS 的关键，在于深入理解中断系统、时钟嘀嗒、延时函数、调度策略、线程优先级和常用列表等 LiteOS 下应用程序开发的基本要素。

3.1　中断的基本概念及 CH32V303 中断向量表

前面多次提到过，LiteOS 下应用程序的运行有两条路线：一条是线程线，可包含多个线程，由内核调度运行；另一条是中断线，线程被某种中断打断后，转去运行中断服务例程（ISR），执行完毕后返回原处继续运行，通常情况大多如此。因此，梳理归纳中断的基本概念及处理过程，有助于理解 LiteOS 下程序的运行逻辑。

3.1.1　中断的基本概念及处理过程

中断是一种程序运行机制，用来打断当前正在运行的程序，并且保存当前 CPU 状态（CPU 内部寄存器的值），转而去运行一个中断服务例程，执行结果后恢复 CPU 到中断之前的状态，使原程序得以继续运行。

1. 中断的基本概念

（1）中断与异常的基本含义

异常（Exception）是 CPU 强行从正在执行的程序切换到某些内部或外部条件所要求的处理线程上去。这些线程的优先级高于 CPU 正在执行的程序。引起异常的外部条件通常来自外围设备、硬件断点请求、访问错误和复位等；引起异常的内部条件通常涉及指令执行异常（如除数为 0）、不对界错误、违反特权级规则和跟踪调试等。在一些文献中，把硬件复位和硬件中断都归类为异常，将硬件复位看作一种具有最高优先级的异常，而把来自 CPU 外围设备的强行线程切换请求称为中断（Interrupt），软件层面表现为将程序计数器（PC）指针被强行指向中断服务例程入口地址执行。由于 CPU 对复位、中断、异常的处理流程相似，本书随后在谈及这个处理过程时统称为中断。

（2）中断源、中断服务例程、中断向量号与中断向量表

可以触发 CPU 产生中断的外部器件被称为中断源。当中断产生并被响应后，CPU 会暂停当前正在执行的程序，并在栈中保存当前 CPU 的状态（即 CPU 内部寄存器的值），随后转去执行中断服务例程，执行结束后，恢复中断之前的状态，使原程序得以继续执行。CPU 响应中断后转去执行的程序被称为中断服务例程（Interrupt Service Routine，ISR）。

一个 CPU 通常可以识别多个中断源，为每个中断源分配的编号称为中断向量号，一般

采用连续编号，例如 $0,1,\cdots,n$。当第 $i(i=0,1,\cdots,n)$ 个中断发生时，需要找到与之相对应的 ISR，本质上是获取其中断服务例程的首地址。为了便于查找，通常把各个中断服务例程的首地址存储在一段连续的内存区域中⊖，并按照中断向量号顺序排列，这个连续存储区域被称为中断向量表。这样，一旦知道发生中断的中断向量号，就可以迅速地在这个表的对应位置取出相应的中断服务例程首地址，把这个首地址赋给程序计数寄存器（PC），从而跳转执行 ISR。ISR 的返回语句不同于一般子函数的返回语句，它是中断返回语句，中断返回时，CPU 从栈中恢复 CPU 中断前的状态，并返回原程序处继续运行。

从数据结构角度看，中断向量表是一个指针数组，存储各个 ISR 的首地址。通常情况下，在程序编写过程中，中断向量表按中断向量号从小到大的顺序填写 ISR 的首地址，不可遗漏。即使某个中断暂不使用，也需要在中断向量表对应项中填入默认的 ISR 首地址。这是因为中断向量表是连续存储区，与连续的中断向量号一一对应。默认 ISR 仅包含直接返回语句，没有任何额外功能，其作用不仅是填充未用中断向量表项，还能为意外触发的未用中断提供处理路径（最好为直接返回原处），确保程序稳定运行。

（3）中断优先级、可屏蔽中断和不可屏蔽中断

在进行 CPU 设计时，一般会定义中断源的优先级。若 CPU 在程序执行过程中，有两个以上中断同时发生，则优先级高的中断优先得到响应；若正在运行低优先级的中断服务例程，高优先级中断可以打断其执行，反之则不行。

根据中断是否可以通过程序设置的方式进行屏蔽，可分为可屏蔽中断和不可屏蔽中断两种。可屏蔽中断是指可通过程序设置的方式决定是否响应该中断。在微型计算机中，大部分中断是可屏蔽中断。不可屏蔽中断是指不能通过程序方式关闭的中断。在微型计算机中，此类中断较为少见。

2. 中断处理的基本过程

中断处理的基本过程主要包括中断请求、中断检测、中断响应和处理等。

（1）中断请求

当某一中断源需要 CPU 为其服务时，会向 CPU 发出中断请求信号（一种电信号）。中断控制器获取中断源硬件设备的中断向量号⊖，并依据识别的中断向量号，将对应硬件模块的中断状态寄存器中的"中断请求位"置位，以便告知 CPU 发生了何种中断请求。

（2）中断检测

对于具有指令流水线的 CPU，在指令流水线的译码或者执行阶段进行异常识别。若检测到异常，则强行中止后面尚未到达该阶段的指令。对于在指令译码阶段检测到的异常，以及与执行阶段有关的指令异常来说，由于引起的异常与指令本身无关，指令并没有得到正确执行，所以该类异常保存的程序计数器（PC）值是指向引发该异常的指令，以便于异常返回后重新执行。而对于中断和跟踪异常（异常与指令本身有关），CPU 在执行完当前指令后才进行识别和检测，故该类异常保存的 PC 值指向要执行的下一条指令。

一般而言，可以理解为 CPU 在每条指令执行结束时，会检查是否有中断请求或者系统

⊖ 本书使用的微处理器的地址总线为 32 位，即每个中断处理程序的首地址需要 4B。
⊖ 设备与中断向量号可以不是一一对应的，如果一个设备可以产生多种不同中断，允许有多个中断向量号。

是否满足异常条件。为此，多数 CPU 专门在指令周期中设置了中断周期。在中断周期内，CPU 将会检测系统中是否有中断请求信号。若有中断请求信号，CPU 将暂停当前执行的程序（线程），转而响应中断请求；若系统中没有中断请求信号，则继续执行当前程序（线程）。

(3) 中断响应和处理

中断响应过程是由系统自动完成的，对于用户来说是透明的操作。中断响应过程一般分为两步：第一步，CPU 查找中断源所对应的中断模式是否允许产生中断，若中断模块允许中断，则响应该中断请求，中断响应的过程要求 CPU 保存当前环境的"上下文"（Context）于栈中⊖；第二步，通过中断向量号在中断向量表中找到对应的 ISR 首地址，转而去执行 ISR。

3.1.2　CH32V303 中断向量表及中断向量号宏定义

对于一个具体的微控制器芯片，需要通过其数据手册了解它能够识别哪些中断源、各中断源的编号，以及厂家启动文件中列出的默认中断服务例程名称等，为后续的中断编程奠定基础。

1. CH32V303 微控制器的中断向量表

中断向量表一般位于芯片工程的启动文件中。以下是工程 03_MCU\startup 文件夹下的芯片启动文件 startup_ch32v30x.S 中的中断向量表内容。

```
        .section    .init,"ax",@progbits
        .global     _start
        .align      1
_start:
        J           handle_reset
        .word 0x00000013
        .word 0x00000013
        ...
        .word 0x00100073
        .section    .vector,"ax",@progbits
        .align      1
_vector_base:
        .option norvc;
        .word       _start
        .word       0
        .word       NMI_Handler
        ...
        .word       SysTick_Handler
        .word       0
        .word       SW_handler
```

⊖ 在中断处理术语中，可简单地理解"上下文"为 CPU 内部寄存器，因为中断发生后，CPU 在中断服务例程中会使用这些寄存器，所以需要在 ISR 运行之前或其头部，将 CPU 内部寄存器数据保存至指定的 RAM 地址（即栈）中，在中断结束之前或中断结束之后，再将该 RAM 地址中的数据恢复到 CPU 内部寄存器中，从而使中断前后程序的"执行现场"保持一致。在 ISR 运行前自动压栈、中断结束后自动出栈，属于硬件行为；在 ISR 头部手动压栈、中断结束前手动出栈，属于软件操作。

```
            .word   0
            ...
            .word   WWDG_IRQHandler
            ...
            .word   USART1_IRQHandler
            ...
```

其中,"J handle_reset"为复位后程序跳转执行的入口;".word"代表默认的中断服务例程,由于在程序中不存在具体的函数实现,也就不存在相应的函数地址。因此一般在启动文件内,会采用弱定义的方式,将默认未实例化的 ISR 的起始地址指向默认 ISR 首地址,这样就保证了所有的中断响应都有处理路径。在实际应用中,程序一旦重新声明,这个弱定义就会被取代。

```
        .weak   SW_Handler
        ...
        .weak   USART1_IRQHandler
```

2. CH32V303 微控制器的中断向量号宏定义

在工程 03_MCU\startup 文件夹下的芯片头文件 ch32v30x.h 中,对 CH32V303 中断向量号进行了宏定义,以便于编程时使用比较直观的宏名称,而不直接使用数字。宏定义采用模块名及中断请求(Interrupt Request)的缩写 IRQ 组合命名。

```
typedef enum IRQn
{
    NonMaskableInt_IRQn = 2,
    ...
    SysTick_IRQn = 12,
    ...
    USART1_IRQn = 53,
    ...
} IRQn_Type;
```

3.2 时钟嘀嗒与延时函数

了解时钟嘀嗒是理解调度的基础。LiteOS 中的延时函数会暂停当前线程的执行,从而使其他线程得以执行,它与 NOS 下的机器周期空跑实现的延时不同。相比之下,LiteOS 的线程调度对 CPU 的利用效率更高,能够支持多个任务并发执行。

3.2.1 时钟嘀嗒

时钟嘀嗒(Time Tick)是 LiteOS 中时间的最小度量单位,也是线程调度的基本时间单元,主要用于系统计时、线程调度等。这意味着,线程切换的时间间隔至少为一个时钟嘀嗒。时钟嘀嗒由硬件定时器产生,一般以毫秒(ms)为单位。CH32V303 内核含有一个 64 位加减计数器(SysTick 定时器),为了便于操作系统在芯片之间移植,LiteOS 通过对 SysTick 定时器编程产生时钟嘀嗒。在本版驻留于 BIOS 的 CH32V303 内核中,时钟嘀嗒设置为 1ms。

3.2.2 延时函数

1. LiteOS 下延时函数的基本内涵

在有操作系统的情况下，线程一般不采用原地空跑（空循环）的方式进行延时，因为该方式线程仍然占用 CPU 的使用权。而延时函数则能让线程在延时过程中让出 CPU 的使用权，操作系统通过延时列表管理延时线程，从而实现线程的延时功能。在 LiteOS 下，内核把暂时不需执行的线程插入延时列表，使其让出 CPU 的使用权，并重新进行线程调度。

LiteOS 提供了延时函数 osDelay，为增强代码的直观性与通用性，在 Os_United_API.h 头文件中，该函数被宏定义为 delay_ms。应用程序开发时使用 delay_ms，有助于提高应用程序的可移植性。例如，delay_ms(30) 代表延时 30 个时钟嘀嗒。该函数的基本原理是：执行该函数时，系统会将当前线程的定时器按其延时参数指定的时间插入到延时列表的相应位置。延时列表中的线程定时器按照延时时长从小到大排序，每一个线程控制块（TCB）都记录了自身所需的等待唤醒时间（该时间=线程本身的延时时间-所有前驱结点的等待时间）。在延时期间，线程释放 CPU 的使用权，内核可正常调度其他就绪线程。当延时时间到达时，线程进入就绪列表，等待 LiteOS 调度运行。

delay_ms 函数的基本流程如下（第 7.3 节将详细剖析）：①获取对内核数据区的访问权限；②获取当前线程描述符结构体指针；③根据设定的延时时间，将当前线程插入到延时列表的相应位置；④放弃 CPU 的使用权，由 LiteOS 内核进行线程调度。

2. 使用 LiteOS 延时函数的注意事项

使用 delay_ms 函数时需要注意以下两点。

第一，适用于对时间精度要求不高或者时间间隔较长的场景。delay_ms 函数的延时时长参数 millisec 以时钟嘀嗒为单位，在轻量级鸿蒙 LiteOS 中，1 个时钟嘀嗒等于 1ms，此时延时时长参数可直接理解为以 ms 为单位，实际延时与预期延时相等。但当 1 个时钟嘀嗒大于 1ms 时，且对延时精度要求较高（如延时时间不是时钟嘀嗒的整数倍）时，由于内核仅在每个时钟嘀嗒到来（即产生 SysTick 中断）时才会去检查延时列表，此时的实际延时与预期延时可能会有误差，最坏的情况下，误差接近一个时钟嘀嗒。所以，delay_ms 仅适用于对时间精度要求或时间间隔较长的场景。

第二，小于 1 个时钟嘀嗒的延时不适用 delay_ms 函数。若所需延时的时间小于 1 个时钟嘀嗒，则不建议使用 delay_ms 函数，可根据具体情况，采用变量循环空跑（NOP 指令）、插入汇编语言或探索其他更合理的方式来解决。

3.3 调度策略

调度是 LiteOS 中最重要概念之一，正是因为 LiteOS 中有调度，多线程才变得可能。线程调度策略直接影响应用系统的实时性。

3.3.1 调度基础知识

调度是内核的主要职责之一，其作用在于决定将哪一个线程投入运行、何时投入运行及运行多久，同时协调线程对系统资源的合理使用。对于系统资源极为有限的嵌入式系统来说，线程调度策略尤为重要，它直接影响着系统的实时性。

调度是一种资源分配指挥方式，存在多种调度策略。不同的调度策略会导致线程被投入运行的时刻有所差异。常用的调度策略主要有优先级抢占调度与时间片轮询调度等。下面介绍这两种调度策略的基本内涵。除这两种调度策略外，还有一种显式调度方式，即通过命令直接触发线程运行，不过该方式在 LiteOS 中很少被用到。

1. 优先级抢占调度

优先级抢占调度总是让就绪列表中优先级最高的线程先运行，对于优先级相同的线程，则采用先进先出（First In First Out，FIFO）的策略。

所谓优先级（Priority），是指计算机操作系统在处理多个线程（或中断）时，用于确定各个线程（或中断）获取系统资源优先顺序的参数。操作系统会根据各个线程（或中断）优先级的高低，来安排处理顺序。在 CH32V303 微控制器中，中断（异常）的优先级一般在 MCU 设计阶段就确定了，优先级编号越小表示中断（异常）的优先级越高，且高优先级中断（异常）可以抢占低优先级中断（异常）的执行。

基于优先级先进先出的调度策略，在实际运行时可分为以下三种情况。

第一种情况：设线程 B 的优先级高于线程 A，当线程 A 正在运行时，线程 B 进入就绪态（可能出现的情景：线程 A 创建了线程 B；线程 B 的延时到期；用户显式地调度线程 B；线程 B 获得等待的线程信号、事件、信号量或互斥量等），那么在下一个时钟嘀嗒中断发生时，调度系统会将 CPU 的使用权从线程 A 转移至线程 B，同时将线程 A 转入就绪态并放入就绪列表中。

第二种情况：当线程 A 被阻塞而主动放弃 CPU 的使用权时，调度系统会从当前就绪的线程中寻找优先级最高的线程，将 CPU 的使用权分配给它。

第三种情况：当存在多个同一优先级的线程都处于就绪态时，那么较早进入就绪态的线程将优先获得系统分配的一段固定时间片进行运行。

当出现以下任意一种情况时，当前线程将停止运行，并触发 CPU 调度。

第一种情况：线程调用阻塞功能函数（如等待线程信号、事件、信号量或互斥量等），处于激活态（运行态）的线程主动放弃 CPU 的使用权，同时被放入等待列表和阻塞列表中。

第二种情况：产生了一个比激活态（运行态）线程所能屏蔽的中断优先级更高的中断。

第三种情况：有更高优先级的线程进入就绪态。

在协调同一优先级下的多个就绪线程时，LiteOS 通常会引入时间片轮询调度机制，以实现多个同优先级线程共享 CPU。

2. 时间片轮询调度

时间片轮询（Round Robin，RR）调度策略同样会优先运行就绪列表中优先级最高的线程，不过，对于优先级相同的线程，采用时间片轮转的方式，即给相同优先级的线程分配固定的时间片，使其轮流使用 CPU。实际上，在采用 RR 调度时，不同优先级的线程是按照 FIFO 策略排列的，仅相同优先级的线程才会通过时间片轮询的方式进行调用。

3.3.2 LiteOS 中使用的调度策略

不同的操作系统所采用的线程调度策略有所区别，如 μC/OS 总是运行处于就绪态且优先级最高的线程。本书使用的 LiteOS-M 版本，目前主要采用优先级抢占式调度策略，其规则为：总是将 CPU 的使用权分配给当前就绪的、优先级最高且更早进入就绪态的线程。在该版本中，创建线程时设置的时间片参数实际并未使用，即使将所有线程的时间片大小设为 0，系统也不会进行时间片轮询调度。也就是说，若未出现优先级抢占或者线程阻塞的情况，正在运行的线程不会主动释放 CPU 使用权。反之，若存在基于时间片的轮询调度机制，当线程运行完规定的时间片后，系统会进行一次调度判断，若此时有同优先级的线程处于就绪态，则当前线程让出 CPU 的使用权，否则继续运行。

3.3.3 LiteOS 中的固有线程

在 LiteOS 中，固有线程包含自启动线程和空闲线程。其中，空闲线程的优先级为 31[⊖]，自启动线程的优先级为 9。具体内容在 2.3.4 小节的样例表中有详细展示。

1. 自启动线程

在内核启动之前，需创建一个自启动线程，以便内核启动后执行它，并由它来创建其他用户线程。当自启动线程被创建后，其状态为就绪态，并自动被放入就绪列表中。在 LiteOS 中，自启动线程的优先级为 9。由于在系统启动过程中，自启动线程需完成创建其他用户线程的任务，因此它的优先级必须要高于或等于其他用户线程的优先级，这样才能保证其他用户线程能被正常创建并运行。否则，若自启动线程的优先级低于它所创建的用户线程的优先级，那么在创建一个线程后，自启动线程会被抢占，导致无法继续创建其他用户线程。

2. 空闲线程

为了确保在内核无用户线程可执行时，CPU 仍能继续保持运行状态，LiteOS 安排了一个空闲线程，该线程不承担任何实际任务，始终保持就绪态，并常驻于就绪列表中。在 LiteOS 系统启动过程中，空闲线程被创建，其优先级为 31，是所有线程中优先级最低的。

3.4 LiteOS 中的线程状态迁移说明

在 1.3.2 小节中已经介绍过，在 LiteOS 中，线程有终止态、阻塞态、就绪态和激活态四种状态。在 LiteOS 中每一时刻总是有多个线程处于相同的状态，这就如同人们进入火车站一样，有多人在车站广场等待进入火车站，同时有多人在安检口排队等待安检，在广场的人和在安检口排队的人属于不同的队伍。操作系统会安排不同的内存空间放置处于不同状态的线程标识，对应处于就绪状态的线程放置在就绪列表中，LiteOS 会根据就绪列表对线程进行管理与调度。

1. 初始态转为就绪态

在 LiteOS 中，当线程初始化完成，将线程插入就绪列表，此时线程进入就绪态。就绪列表中的线程是即将运行的线程，随时准备被调度运行。

2. 就绪态转为激活态

就绪列表中的线程，按照优先级高低顺序及先进先出规则排列。当内核调度器确认哪个线程运行，则将该线程状态标志由就绪态改为激活态，线程会从就绪列表中被取出并执行。

⊖ 在 LiteOS 源码中，这个 31 是直接写入的，后续的优先级采用 "34-传入参数" 计算。

如果就绪列表中被恢复线程的优先级高于正在运行线程的优先级，则会发生线程切换，将该线程由就绪态变成激活态。另外，只有不处于阻塞态的线程才会被加入就绪列表，其何时被允许运行，由内核调度策略决定。

3. 激活态转为阻塞态

正在运行的线程发生阻塞（如挂起、延时、读信号量等）时，线程状态由激活态变成阻塞态，然后发生线程切换，运行就绪列表中剩余最高优先级的线程。

4. 阻塞态转为就绪态

阻塞的线程被恢复（如线程恢复、延时时间超时、读信号量超时或读到信号量等）后，此时被恢复的线程会被加入就绪列表，从而由阻塞态变成就绪态。

5. 就绪态转为阻塞态

线程在就绪态时若执行阻塞操作（如主动调用阻塞相关函数），其状态会由就绪态转变为阻塞态，该线程也会从就绪列表中删除，不再参与线程调度，直到该线程被恢复。

6. 激活态转为就绪态

当有更高优先级线程被创建或者恢复，会触发线程调度，此时就绪列表中最高优先级线程变为激活态，而原先正在运行的线程由激活态变为就绪态，并重新加入就绪列表中。

7. 激活态转为终止态

运行中的线程运行结束，线程状态由激活态变为终止态。

3.5 本章小结

本章介绍的 LiteOS 下应用程序的基本要素主要面向应用开发者，要理解 LiteOS 下程序运行的基本流程，这些基本要素是必须掌握的。

异常与中断在程序设计中发挥着特殊作用。在使用芯片进行编程时，开发者必须知道这个芯片在硬件上支持哪些异常与中断、触发中断的条件是什么，以及在何处进行中断服务例程的编程等。为使中断服务例程 isr.c 具有可移植性，在 user.h 头文件中对中断服务例程的名称进行了宏定义。

在 LiteOS 中，时钟嘀嗒是时间的最小度量单位，也是线程调度的基本时间单元，主要用于系统计时、线程调度等操作。线程切换至少要等待一个时钟嘀嗒。时钟嘀嗒由硬件定时器产生，一般以毫秒（ms）为单位，在 LiteOS 中，时钟嘀嗒默认设置为 1ms。

LiteOS 中的延时函数具有让出 CPU 使用权的功能。调用延时函数的线程将进入延时阻塞列表，当延时时间到达后，内核将其从延时阻塞列表中转移到就绪列表，等待被调度运行。不过，这种延时只适用于大于 1 个时钟嘀嗒的延时需求，更短的延时不能采用这种方式。

在 LiteOS 中，调度是内核的主要职责之一，它决定将哪一个线程投入运行、何时投入运行及运行多久。在编程过程中，只要线程进入就绪列表，就认为该线程已经运行，具体何时运行则由调度器确定。LiteOS 的基本调度策略有优先级抢占调度与时间片轮询调度等。优先级抢占调度就是让就绪列表中优先级最高的线程先运行，对于优先级相同的线程，则采用先进先出的策略。时间片轮询调度也是让就绪列表中优先级最高的线程先运行，而对于优先级相同的线程，则为其分配固定的时间片，使其共享 CPU 资源。

在 LiteOS 中，使用就绪列表管理就绪线程，同时定义了线程各个状态之间的转换规则及触发条件。

对应用程序设计来说，LiteOS 是一种工具，是为应用程序服务的。若想充分发挥其效能，开发者必须熟练掌握其使用方法。要想掌握 LiteOS 的使用方法，首先必须理解中断系统、时钟嘀嗒、延时函数、调度策略、线程优先级和常用列表等 LiteOS 下应用程序开发的基本要素。

习　题

1. 简述中断的基本概念和编程基本要点。
2. 以 CH32V303 微处理器为例，给出一个中断编程的具体实例。
3. 简述时钟嘀嗒的概念。第 2 章样例工程的时间嘀嗒是多少毫秒？
4. 简述 LiteOS 下延时函数的基本内涵和使用时的注意事项。
5. 简述 LiteOS 下的调度策略。
6. 通常情况下 LiteOS 中线程各个状态是如何进行转换的？

第 4 章　LiteOS 中的同步与通信

在 RTOS 中，每个线程作为独立的个体，由内核调度器进行调度运行。但是，线程之间不是完全不联系的，它们通过同步与通信建立联系。只有掌握同步与通信的编程方法，才能编写出功能完整的程序。RTOS 中主要的同步与通信手段包括事件与消息队列、信号量、互斥量等，它们是 RTOS 提供给应用编程的重要工具，也是 RTOS 下应用程序开发需要重点掌握的内容之一。在多线程工程中，还会涉及对共享资源的排他使用问题，RTOS 提供了信号量与互斥量来协调多线程下共享资源的排他使用，它们同样属于同步与通信范畴。本章将介绍事件、消息队列、信号量及互斥量的含义、应用场合、操作函数及编程举例，关于 RTOS 的运行机制将在第 7 章介绍。

4.1　RTOS 中同步与通信的基本概念

在百米比赛起点，运动员等待发令枪响，一旦枪响，运动员立即起跑，这就是一种同步现象。当一个人采摘苹果放入篮子中，另外一个人只要见到篮子中有苹果，就取出加工，这也是一种同步现象。RTOS 中也存在类似的机制，应用于线程之间，或者中断服务例程与线程之间。

4.1.1　同步的含义与通信手段

1. 同步的含义

为实现各线程之间的协作，保证无冲突的运行，一个线程的运行过程就需要和其他线程进行配合，这种线程之间的配合过程称为同步。由于线程间的同步过程通常是由某种条件触发的，因此又被称为条件同步。在每次同步的过程中，其中一个线程（或中断）作为"控制方"，通过 RTOS 提供的某种通信手段发出控制信息；另一个线程作为"被控制方"，通过通信手段接收到控制信息后进入就绪列表，等待被 RTOS 调度执行。被控制方的状态由控制方发出的信息控制，即被控制方的状态与控制方发出的信息保持同步。

2. 实现同步的通信手段

为了实现线程间的同步，RTOS 提供了灵活多样的通信手段，如事件、消息队列、信号量、互斥量等，它们适用于不同的场合。

（1）从是否需要通信数据的角度看

1）如果只发同步信号，不需要传输数据，可使用事件、信号量、互斥量。当同步信号为多个信号的逻辑运算结果时，一般选择事件作为同步手段。

2）如果既需要同步功能，还要能传输数据，则可使用消息队列。

（2）从产生与使用数据速度的角度看

若产生数据的速度快于处理速度，就会产生未处理的数据堆积，这种情况下只能使用有缓冲功能的通信手段，如消息队列。需要注意的是，产生数据的速度总平均值应慢于处理速度，否则消息队列会溢出。

4.1.2 同步类型

在 RTOS 中，同步类型包括中断与线程之间的同步、两个线程之间的同步、两个以上线程同步一个线程、多个线程相互同步等。

1. 中断与线程之间的同步

若一个线程与某一中断相关联，中断服务例程会产生同步信号，处于阻塞状态的线程等着这个信号。一旦这个信号发出，该线程就会从阻塞态变为就绪态，等待 RTOS 内核的调度。例如，一个小灯线程与一个串口接收中断相关联，小灯亮暗切换由串口接收的数据控制，这种情况可采用事件方式实现中断和线程之间的同步。在串口接收中断的过程中，中断服务例程收到一个完整数据帧时发出一个事件信号，处于阻塞态的小灯线程收到这个事件信号后，即可进行灯的亮暗切换操作。

2. 两个线程之间的同步

两个线程之间的同步分为单向同步和双向同步。

（1）单向同步

如果单向同步发生在两个线程之间，实际同步效果与两个线程的优先级有很大关系。当控制方线程的优先级低于被控制方线程的优先级时，控制方线程发出信息后，被控制方线程进入就绪态，并立即触发线程切换，然后直接进入激活态，瞬时同步效果较好。当控制方线程的优先级高于被控制方线程的优先级时，控制方线程发出信息后虽然被控制方线程进入就绪态，但不会立即发生线程切换，只有当控制方再次调用系统服务函数（如延时函数）使自己挂起时，被控制方线程才有机会运行，故瞬时同步效果较差。在单向同步过程中，必须保证消息的平均生产时间比消息的平均消费时间长，否则，消息队列会溢出。以采摘苹果与将苹果放入运输车为例，若有两个人（A,B），假设 A 采摘苹果放入袋子中，每个袋子固定装入 8 个苹果，篮子最多可以放下 10 袋苹果（每袋苹果就是一个消息），篮子就好比消息队列。B 则随时监控篮子，只要篮子有一袋苹果，他就"立即"取出放入运输车中。如果 A 采摘苹果的速度快于 B 放入运输车中，篮子总有放不下的时候，因此 A 的总平均速度要慢于 B 的总平均速度，以保证消息堆积不超过消息队列可容纳的最大消息数。

（2）双向同步

在单向同步中，要求消息的平均生产时间比消息的平均消费时间长。那么如何实现产销平衡呢？可以通过协调生产者和消费者的关系来建立一个产销平衡的理想状态。通信的双方相互制约，生产者通过提供消息来同步消费者，消费者通过回复消息来同步生产者，即生产者必须得到消费者的回复后才能生产下一个消息。这种运行方式称为双向同步，它使生产者的生产速度受到消费者的反向控制，实现产销平衡的理想状态。双向同步的主要功能在于确认每次通信均成功，没有遗漏。

3. 两个以上线程同步一个线程

当需要两个以上线程同步一个线程时，简单的通信方式难以实现，可采用事件"逻辑与"的方式实现，此时，被同步线程的执行次数不超过各同步线程中发出信号最少的线程的执行次数。只要被同步线程的执行速度足够快，被同步线程的执行次数就可以等于各同步线程中发出信号最少的线程的执行次数。"逻辑与"的控制功能具有安全特性，可保障重要线程在所有条件都满足时才执行。

4. 多个线程相互同步

多个线程相互同步可使若干相关线程的运行频度保持一致。每个相关线程在运行到同步点时都必须等待其他线程，只有全部相关线程都到达同步点，才可以按优先级顺序依次离开同步点，从而实现相关线程的运行频度一致。这种同步方式保证在任何情况下各个线程的有效执行次数相同，且等于运行速度最慢的线程的执行次数。这种同步方式具有团队协作的特点，适用于需要多线程配合的循环作业场景。

4.2 事件

在 RTOS 中，当需要协调中断与线程之间或者线程与线程之间同步，但无须传送数据时，常采用事件作为同步手段。本节主要介绍事件的含义及应用场景、事件的常用函数及编程实例。关于事件的运行机理将在第 7.4.1 小节进行简明剖析。

4.2.1 事件的含义及应用场合

当某个线程需要等待另一线程（或中断）的信号才能继续执行，或需要将两个及两个以上的信号进行某种逻辑运算，并将逻辑运算结果作为同步控制信号时，可采用"事件字"来实现，而这个信号或运算结果可以看作一个事件。例如，在串行中断服务例程中，将接收到的数据存入接收缓冲区，当缓冲区中的数据构成一个完整的数据帧时，将数据帧放入全局变量区，随后通过一个事件通知其他线程对该数据帧进行解析。这样就把两件事情交由不同主体完成：中断服务例程负责接收数据与初步识别，而比较费时的数据处理则交由线程函数完成。这符合中断服务例程"短小精悍"的程序设计原则。

一个事件用一位二进制数（0、1）表达，每一位称为一个事件位。在 LiteOS 中，通常用一个字（如 32 位）来表示事件，这个字被称为事件字（用变量 set 表示）[①]。事件字中的每一位记录一个事件，各事件之间相互独立，互不干扰。

事件字可以实现多个线程（或中断）协同控制一个线程。当各个相关线程（或中断）先后发出自己的信号后（使事件字的对应事件位有效），预定的逻辑运算结果生效，触发被控制的线程，使其脱离阻塞态进入就绪态。

4.2.2 事件的常用函数

事件的常用函数有创建事件函数 event_create、获取事件函数 event_recv、发送事件函数 event_send。

1. 创建事件函数 event_create

在使用事件之前必须调用创建事件函数创建一个事件控制块结构体变量。

[①] 每个事件字可以表示 32 个独立事件，一般能满足一个中小型工程的需要。若所需事件超过 32 个，则可以根据需要创建多个事件字。

```
// ================================================================
//函数名称：event_create
//功能概要：创建一个事件结构体指针变量
//参数说明：name-事件名称
//         flag-事件标志位，设置唤醒阻塞线程的模式，可选择：
//         IPC_FLAG_PRIO，优先级高的线程优先
//         IPC_FLAG_FIFO，先进先出顺序
//函数返回：返回一个事件结构体指针变量
// ================================================================
event_t  event_create(const char *name, uint8_t flag);
```

2. 获取事件函数 event_recv

当调用事件获取函数时，线程进入阻塞态。等待 32 位事件字中指定的一位或几位置位后，线程就退出阻塞态。

```
// ================================================================
//函数名称：event_recv
//功能概要：等待 32 位事件字中指定的一位或几位置位
//参数说明：event-指定的事件字
//         set-指定要等待的事件位，32 位中的一位或几位
//         option-接收选项，可选择：
//         EVENT_FLAG_AND，等待所有事件位
//         EVENT_FLAG_OR，等待任一事件位
//         可与 EVENT_FLAG_CLEAR（清标志位）通过"|"操作符连接使用
//         timeout-设置等待的超时时间，一般为 WAITING_FOREVER，即永久等待
//         recved-用于保存接收的事件标志结果，可用于判断是否成功接收到事件
//函数返回：返回成功代码或错误代码
// ================================================================
err_t event_recv(event_t event, uint32_t set, uint8_t option, int32_t timeout,
uint32_t *recved);
```

3. 发送事件函数 event_send

发送事件函数 event_send 用于发送事件字的指定事件位。该函数运行后（即事件位被置位后），因执行获取事件函数而进入阻塞列表的线程，将会退出阻塞态进入就绪列表，并接受调度。一般在编程过程中可以认为在获取事件函数之后的相关语句才会开始执行。

```
// ================================================================
//函数名称：event_send
//功能概要：发送事件字的指定事件位
//参数说明：event-指定的事件字
//         set-指定要等待的事件位，32 位中的一位或几位
//函数返回：返回成功代码或错误代码
// ================================================================
err_t event_send(event_t event, uint32_t set);
```

4.2.3 事件的编程实例

1. 事件样例程序的功能

事件编程实例见"03-Software\CH04\LiteOS-Event-ISR-CH32V303"。该工程给出了利用事件进行中断与线程同步的实例，其功能如下。

1) 用户串口中断在收到一个字节时触发,在 isr.c 文件的中断服务例程 UART_User_Handler 中接收数据并组帧。

2) 当串口接收到一个完整的数据帧(帧头 3A+四位数据+帧尾 0D 0A)时,发送一个事件(命名为红灯事件)。

3) 在红灯线程中,有等待红灯事件的语句。若无红灯事件,该线程进入阻塞队列;一旦有红灯事件发生,运行后续程序,红灯状态反转。

2. 准备阶段

1) 声明事件字全局变量并创建事件字。在使用事件之前,首先在 07_AppPrg 文件夹下的工程总头文件(includes.h)中声明一个事件字全局变量 g_EventWord。

```
G_VAR_PREFIX    event_t    g_EventWord;              //声明事件字 g_EventWord
```

这一个事件字全局变量有 32 位,可以满足 32 个事件的需要,一般工程足够使用。

2) 确定要用的事件名称、使用事件字的哪一位。设事件位名称为红灯事件,英文名称为 RED_LIGHT_EVENT,使用事件字的第 3 位(可使用任意一位,只要不冲突即可),在样例工程总头文件 includes.h 的 "全局使用的宏常数" 处,按照下述方式进行宏定义即可。

```
#define    RED_LIGHT_EVENT    (1<<3)              //定义红灯事件为事件字第 3 位
```

读者可以思考一下,为何这样进行宏定义?

3) 创建事件字实例。在 threadauto_appinit.c 文件的 thread_auto 函数中创建事件字实例。

```
g_EventWord=event_create("g_EventWord",IPC_FLAG_PRIO);    //创建事件字
```

3. 应用阶段

(1) 等待事件发生

这一步是在等待事件触发的线程中进行的,使用 event_recv 函数。等待事件位发生有两种参数选项:一种是等待指定事件位 "逻辑与" 的选项,即等待屏蔽字中逻辑值为 1 的所有事件位都被置位,选项名为 EVENT_FLAG_AND;另一种是等待事件位 "逻辑或" 的选项,即等待屏蔽字中逻辑值为 1 的任意一个事件位被置位,选项名为 EVENT_FLAG_OR。例如在本节样例程序中,在线程 thread_redlight 里等待 "红灯事件位" 置位,代码如下:

```
event_recv(g_EventWord,RED_LIGHT_EVENT, EVENT_FLAG_OR|EVENT_FLAG_CLEAR,
          WAITING_FOREVER,&recvedstate);
uart_send_string(UART_User, (void *)"在红灯线程中, 收到红灯事件, 红灯反转\r\n");
gpio_reverse(LIGHT_RED);              //反转红灯
```

先撰写出来这段代码,主要目的是便于测试,一旦事件位被置位,event_recv 函数之后的代码即被运行,这叫作 "事件的触发功能",利用事件对两处程序进行同步。RTOS 内核提供了此功能,服务于用户程序。

(2) 设置事件位

这一步是在触发事件的线程中进行的(也可以在中断服务例程中进行),在线程的相应位置使用 event_send 函数对事件位置位,用来表示某个特定事件发生。例如在本节样例程序中,在串行中断服务例程(UART_User_Handler)中,设置了 "红灯闪烁事件" 的事件位,代码如下:

```
event_send(g_EventWord,RED_LIGHT_EVENT);      //设置红灯事件
```

4. 样例程序源码
数据帧可在工程的 01_Doc\readme.txt 文件中复制使用。
（1）红灯线程（事件等待线程）

```c
#include "includes.h"
// ================================================================
//线程函数：thread_redlight
//功能概要：等待红灯事件被触发，反转红灯
//内部调用：无
// ================================================================
void thread_redlight()
{
    //(1)线程初始化部分
    printf("--第一次进入运行红灯线程!\r\n");
    gpio_init (LIGHT_RED,GPIO_OUTPUT, LIGHT_OFF);
    //(2) ======主循环（开始）=====================================
    while(1)
    {
        uart_send_string(UART_User,(void *)"在红灯线程中，等待红灯事件被触发...\r\n");
        event_recv(g_EventWord,RED_LIGHT_EVENT,EVENT_FLAG_OR |EVENT_FLAG_CLEAR,WAITING_FOREVER,&recvedstate);
                                //RED_LIGHT_EVENT 产生后运行下述语句
        uart_send_string(UART_User,(void *)"在红灯线程中，收到红灯事件，红灯反转\r\n");
        gpio_reverse(LIGHT_RED);          //反转红灯
    }//(2)======主循环(结束)======================================
}
```

（2）用户串口中断服务例程

在用户串口中断服务例程（UART_User_Handler）中，当接收到一个完整数据帧时，将发出一个事件。

```c
#include "includes.h"
// ================================================================
//程序名称：UART_User_Handler 接收中断服务例程
//触发条件：UART_User_Handler 收到一个字节触发
//备注说明：进入本程序后，可使用 uart_get_re_int 函数进行中断标志判断
//            (1-有 UART 接收中断，0-没有 UART 接收中断)
//硬件连接：UART_User 的所接串口号参见 User.h
// ================================================================
void UART_User_Handler (void)
{
    uint8_t ch;
    uint8_t flag;
    DISABLE_INTERRUPTS;                         //关总中断
    //--------------------------------------------------------------
    //接收一个字节
    ch = uart_re1(UART_User, &flag);            //调用接收一个字节的函数，清接收中断位
    if(flag)
    {
        //判断组帧是否成功
```

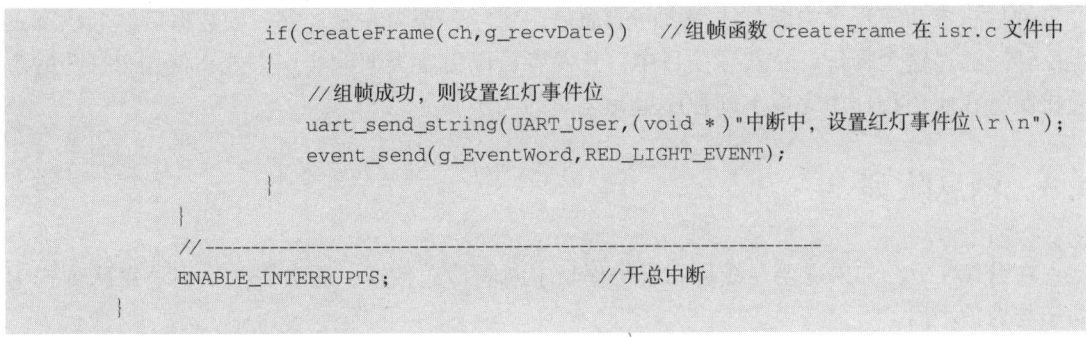

```
        if(CreateFrame(ch,g_recvDate))    //组帧函数 CreateFrame 在 isr.c 文件中
        {
            //组帧成功,则设置红灯事件位
            uart_send_string(UART_User,(void *)"中断中,设置红灯事件位\r\n");
            event_send(g_EventWord,RED_LIGHT_EVENT);
        }
    }
    //-----------------------------------------------------------
    ENABLE_INTERRUPTS;                    //开总中断
}
```

（3）程序执行流程分析

红灯线程初始运行后,执行到 event_recv 语句时,因需要等待"红灯事件"而阻塞,即红灯线程的状态由激活态转化为阻塞态,event_recv 语句之后的代码不再执行;当用户串口接收到一个完整的数据帧（帧头 3A+4 位数据+帧尾 0D 0A）之后,在中断服务例程中会设置红灯事件（将事件字的第 3 位置 1）,红灯线程被从阻塞列表中移出,其状态由阻塞态转化为就绪态,并放入到就绪列表中,由 RTOS 内核进行调度运行,event_recv 语句之后的代码得以运行,实现切换红灯亮暗。

5. 运行结果

样例程序操作方法：①下载运行后,退出下载窗口;②打开工程的 01_Doc 文件夹下的 readme.txt 文件;③在 readme.txt 文件中复制"3A, 01, 02, 03, 04, 0D, 0A";④在开发工具的菜单栏中选择"工具"→"串口工具"命令;⑤在串口工具中找到并打开用户串口,选择十六进制发送方式,粘贴刚才复制的数据,单击"发送数据"按钮。打开串口时,若不确定是否是用户串口,可以根据接收数据框的信息进行判断,若不是则更换一个串口打开即可。

程序运行效果如图 4-1 所示,通过串口输出的数据可以清晰地看到,当在中断中设置红

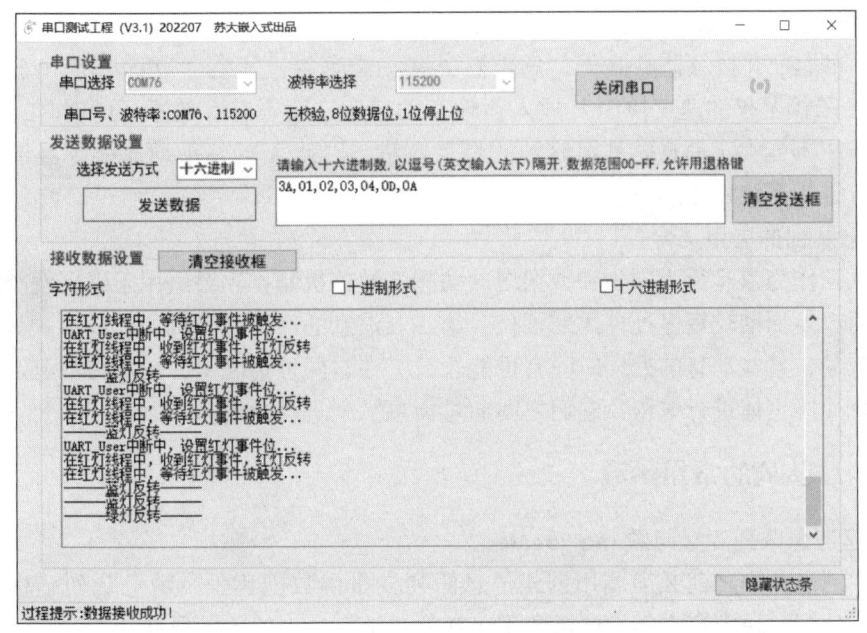

图 4-1 通过事件实现中断与线程的通信

灯事件后，成功实现了中断与线程之间的通信。实际表现为在发送完一帧数据后红灯状态发生反转。通过这个样例，在实际项目中，开发者可以借鉴类似的实现方式，使用 RTOS 的事件机制，在应用程序中完成不同程序单元之间的同步服务。

4.3 消息队列

在 RTOS 中，如果需要在线程间或线程与中断间传送数据，通常需要采用消息队列作为同步与通信手段。

4.3.1 消息队列的含义及应用场合

1. 消息队列的含义

消息（Message）是线程间数据传送的基本单位，它可以是只包含文本的字符串或数字，也可以更复杂，如结构体类型等。相比事件机制传递的少量数据（1 位或 1 个字），消息可以传递更多、更复杂的数据，它的传送需要通过消息队列来实现。

消息队列（Message Queue）是消息传输过程中保存消息的一种容器，是将消息从它的源头发送到目的地的中转站，它是一种能够实现线程之间同步和大量数据交换的通信机制。在该机制下，消息发送方在消息队列未满时将消息发往消息队列，接收方则在消息队列非空时将消息队列中的首个消息取出；而在消息队列满或者空时，消息发送方及接收方既可以阻塞等待消息队列满足条件，也可以继续执行后续操作。这样，只要消息的平均发送速度小于消息的平均接收速度，哪怕偶尔产生消息堆积，也可以通过消息队列获得缓冲，从而有效解决数据传输的异步性问题。

还是以采苹果为例：假设 A 负责摘苹果，B 负责运输。A 每采摘 8 个苹果放在一个袋子（每袋苹果构成一个消息）中，并将袋子放入最多可以放 10 袋的篮子（即消息队列）中。应用编程讲的是，B 持续监测篮子，只要篮子有一袋苹果，他就"立即"取出放入运输车中。如果 A 采摘苹果的速度快于 B 放入运输车的速度，篮子总有放不下的时候，此时需要确保消息堆积不能大于消息队列可容纳的最大容量，因此 A 的总平均速度应慢于 B 的总平均速度，以维持系统稳定运行。

2. 消息队列的应用场合

消息队列作为兼具行为同步和数据缓冲功能的通信机制，主要适用于以下两类场合。第一，消息的产生周期较短但处理周期较长；第二，消息的产生是随机的，消息的处理速度与消息内容有关，某些消息的处理时间有可能较长。在这两种情况下，通常将消息产生与处理分配在两个程序主体进行编程，它们之间通过消息队列进行通信。

4.3.2 消息队列的常用函数

1. 创建消息队列变量函数 mq_create

在使用消息队列之前必须调用创建消息队列变量函数创建一个消息队列结构体指针变量，并为其分配一块内存空间。该函数用于初始化消息队列的关键属性，如消息大小、队列容量、消息处理模式等。

```
// ==============================================================
//函数名称: mq_create
//功能概要: 创建一个消息队列结构体指针变量
//参数说明: name-消息队列名称
//         msg_size-消息大小, 单位为字节
//         max_msgs-消息队列中最多能容纳的消息数
//         flag-消息队列标志位, 设置消息队列的阻塞唤醒模式, 可选择:
//         IPC_FLAG_PRIO, 优先级高的线程优先
//         IPC_FLAG_FIFO, 先进先出顺序
//函数返回: 返回一个消息队列结构体指针变量
// ==============================================================
mq_t    mq_create(const char *name,size_t msg_size, size_t max_msgs, uint8_t flag)
```

2. 发送消息函数 mq_send

mq_send 函数将消息放入消息队列。若队列已满，且发送模式为阻塞，发送线程将被挂起；若队列中有线程阻塞等待消息，RTOS 内核会将其移出放入就绪队列，使其可将被调度运行。

```
// ==============================================================
//函数名称: mq_send
//功能概要: 发送消息（即将消息放入消息队列）
//参数说明: mq-消息队列控制块
//         buffer-消息内容
//         size-消息的大小（即一条消息的字节数）
//函数返回: 返回成功或错误代码
// ==============================================================
err_t   mq_send(mq_t mq, void *buffer, size_t size);
```

3. 获取消息函数 mq_recv

当线程调用 mq_recv 函数时，若消息队列为空，则线程阻塞，直到消息队列中有新消息或等待超时，阻塞解除，运行其后续代码。

```
// ==============================================================
//函数名称: mq_recv
//功能概要: 从消息队列中取出消息
//参数说明: mq-消息队列控制块
//         buffer-接收消息的地址
//         size-接收缓冲区的大小
//         timeout-设置等待的超时时间, 一般为 WAITING_FOREVER, 即永久等待
//函数返回: 状态代码
// ==============================================================
err_t   mq_recv(mq_t mq,void *buffer, size_t size, int32_t timeout)
```

4.3.3 消息队列的编程实例

1. 消息队列样例程序的功能

消息队列编程实例见 "03-Software \ CH04\ LiteOS-MessageQueue-CH32V303"。该工程实现了中断服务例程与线程之间的消息传递，具体功能如下。

1) 用户串口接收到一个字节即触发中断, 在 isr.c 文件的中断服务例程 UART_User_Handler 中接收并组帧。

2）当串口接收到一个完整的数据帧（帧头 3A+8 字节数据+帧尾 0D 0A）时，将数据帧中的 8 字节数据作为一条消息发送。注意，每条消息的字节数是在创建消息队列时确定的，且为定长。

3）在等待消息线程 thread_message_recv 中，通过等待消息的语句阻塞线程。若消息队列中没有消息，线程进入阻塞队列，一旦消息队列中有消息，则运行随后的程序，通过串口（波特率为 115200）打印输出接收到的消息内容，以及消息队列中剩余消息的数量。

2. 准备阶段

1）声明消息队列变量。在使用消息队列之前，首先在 07_AppPrg 文件夹下的工程总头文件（includes.h）中声明一个全局消息队列变量 g_mq。

```
G_VAR_PREFIX  mq_t   g_mq;        //声明一个全局消息变量
```

2）创建消息队列实例。在 threadauto_appinit.c 文件的 thread_auto 函数中创建消息队列实例，实参为：消息变量名 g_mq、每个消息占 8 个字节、最大消息个数为 4 个、先进先出方式。

```
//创建消息队列，参数为：名称、单个消息字节数、消息个数、进出方式（先进先出）
g_mq=mq_create("g_mq",8,4,IPC_FLAG_FIFO);
```

3. 应用阶段

1）等待消息。通过 mq_recv 函数获取消息队列中存放的消息。例如在本节样例程序中，thread_messagerecv.c 文件中有如下语句，该语句之后的程序在等待消息队列中有消息时才会被运行。

```
mq_recv(g_mq,&temp,sizeof(temp),WAITING_FOREVER);
```

2）发送消息（将消息放入消息队列）。通过 mq_send 函数将消息放入消息队列中，若消息队列中存放的消息数已满，则会直接舍弃该条消息。例如在本节样例程序的中断服务例程 UART_User_Handler 中，将收到的消息放入消息队列。

```
mq_send(g_mq,recv_data,sizeof(recv_data));
```

4. 样例程序源码

（1）等待消息的线程

当消息队列中有消息时，可获取消息队列中的消息，并输出消息。具体代码如下：

```
#include "includes.h"

//本文件内部函数声明
void  IntConvertToStr(int32_t num,uint8_t *buf);

//================================================================
//函数名称：thread_message_recv
//函数返回：无
//参数说明：无
//功能概要：如果队列中有消息，则取出消息并打印取出的消息内容和队列中剩余的消息数量
//内部调用：无
//================================================================
```

```c
void thread_message_recv()
{
    printf("第一次进入消息接收线程!\r \n");
    gpio_init (LIGHT_RED,GPIO_OUTPUT,LIGHT_OFF);

    //(1)声明局部变量
    uint8_t temp[8];         //存放一个消息(每个消息为8个字节)
    uint8_t mq_cnt_str[2];   //存放消息数转为的字符
    //(2) 主循环(开始)========================================
    while(1)
    {
        //(2.1)等待消息,参数:消息名、消息内容、消息的字节数、永久等待
        mq_recv(g_mq,&temp,sizeof(temp),WAITING_FOREVER);
        //(2.2)有消息时,会执行后续程序
        //      将剩余消息数转为字符串
        IntConvertToStr(mq_getCount(g_mq),mq_cnt_str);
        //      从用户串口输出
        uart_send_string(UART_User,(void *) "当前取出的消息=");
        uart_sendN(UART_User,8,temp);          //取出的消息内容
        uart_send_string(UART_User,(void *) "\r\n");
        uart_send_string(UART_User,(void *)"消息队列中剩余的消息数=");
        uart_send_string(UART_User,(uint8_t *)mq_cnt_str);
        uart_send_string(UART_User,(void *) "\r\n\r\n");
        delay_ms(1000);                //延迟,为了演示消息堆积情况
    }
    //(2) 主循环(结束)========================================
}
```

(2) 用户串口中断服务例程

在用户串口中断服务例程(UART_User_Handler)中成功接收到一个完整帧时,将组成一条完整的消息,并放入消息队列中。

```c
// ================================================================
//中断服务例程名称:UART_User_Handler
//触发条件:UART_User 串口接收到一个字节触发
//基本功能:串口接收到一个字节后,运行本程序;本程序内部调用组帧函数
//        CreateFrame,当组帧完成,将其放入消息队列
//说    明:使用全局变量
// ================================================================
void UART_User_Handler(void)
{
    //局部变量
    uint8_t ch;
    uint8_t flag;
    static uint8_t recv_dataframe[11];   //串口接收字符数组
    uint8_t recv_data[8];
    DISABLE_INTERRUPTS;                  //关总中断
    //-------------------------------
    //接收一个字节
    ch = uart_re1(UART_User,&flag);
    if(flag)
```

```
            //若收到一帧数据
            if(CreateFrame(ch,recv_dateframe))
            {
                //取出收到的数据作为一条消息
                for(int i=0;i<8;i++)
                    recv_data[i] = recv_dateframe[1+i];
                //将该消息存放到消息队列
                printf("发送消息\r\n");
                mq_send(g_mq,recv_data,sizeof(recv_data));
            }
        }
        //------------------------------
        ENABLE_INTERRUPTS;           //开总中断
    }
```

(3) 程序执行流程分析

等待消息的线程 thread_message_recv 初始化运行后，由于消息队列中无消息，mq_recv 函数会立即将线程阻塞（因为使用了 WAITING_FOREVER 参数）。此时，该线程的状态由激活态转化为阻塞态，直到消息队列中有新消息到来。当用户串口接收到一个完整的数据帧（帧头 3A+8 位数据+帧尾 0D 0A），中断服务例程会将数据帧中的 8 位数据提取出来，调用 mq_send 将其消息放入消息队列，触发 thread_message_recv 线程中 mq_recv 语句的后续程序运行，这就是消息队列的触发机制。该机制不仅实现了同步，还实现了信息的传送。

每放一个消息到消息队列，消息队列中的消息数量自动增 1，只有当消息数量未满时，消息才可继续放入，当消息放入的速度快于消息取出的速度且消息满，再放入的消息则被舍弃。

为了模拟消息堆积的情况，等待消息的线程 thread_message_recv 中使用了 1s 延时，这样，则每隔 1s 从消息队列中获取消息，收到消息后输出消息内容，同时消息数量减 1，若无消息可获取，则消息接收线程会被放入消息阻塞列表中，直到有新的消息到来，才会从消息阻塞列表中移出，放入就绪列表中。

5. 运行结果

样例程序操作方法：①下载并运行程序后，退出下载窗口；②打开工程 01_Doc 文件夹下的 readme.txt 文件；③复制 readme.txt 文件中的字符串"3A,30,31,32,33,34,35,36,37,0D,0A"；④单击菜单"工具"→"串口工具"命令；⑤打开用户串口，选择十六进制发送方式，粘贴上述字符串，单击"发送数据"按钮。打开串口时，可根据接收数据框的信息判断是否为用户串口，若不是，尝试更换其他串口。

程序运行效果如图 4-2 所示，通过串口输出的数据可以清晰地看到剩余消息数、消息内容等信息。快速多次单击"发送数据"按钮，可以模拟消息堆积与消息丢失的情况（见图 4-3）。通过该样例，在实际项目中，开发者可以借鉴此方法使用 RTOS 的消息队列机制实现应用程序间的数据同步传输。

当快速单击发送数据按钮，可以模拟消息堆积与消息丢失的情况，如图 4-3 所示。

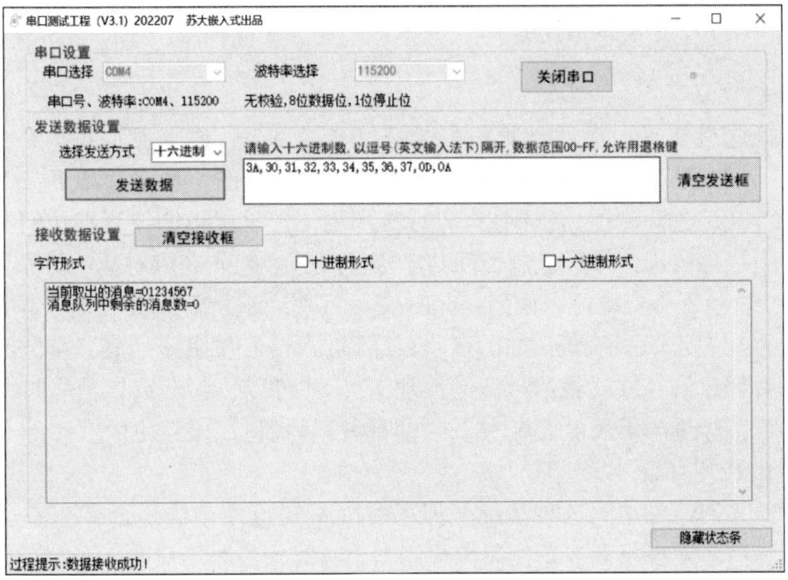

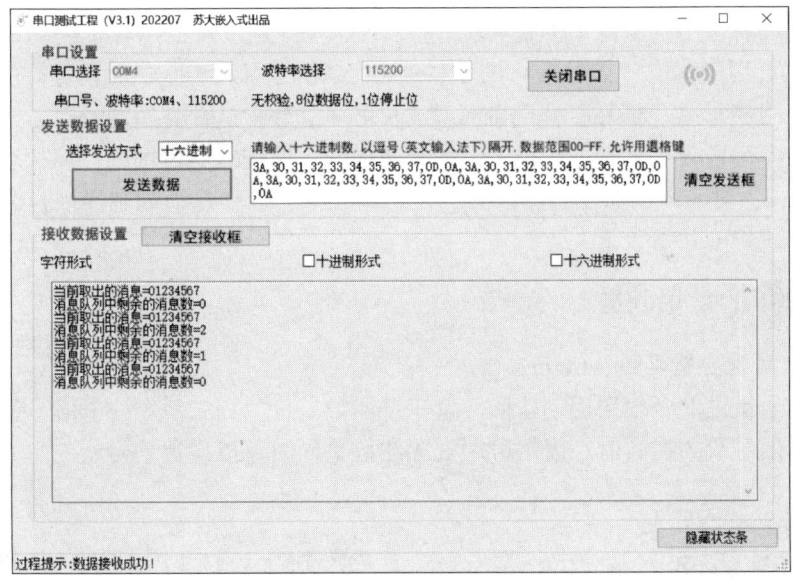

图 4-2　有一个消息

图 4-3　消息堆积或消息丢失测试

4.4　信号量

共享资源是指可被多个主体共同使用的资源，例如现实生活中的公共停车场。当共享资源有限时，就要限制共享资源的使用，例如，当公共停车场可用停车位个数不为 0 时允许车辆进入，而当可用停车位为 0 时则禁止车辆进入。在 RTOS 中，可以采用信号量来表示资源可使用的次数，当线程获得信号量时即可访问对应的共享资源。

4.4.1 信号量的含义及应用场合

1. 信号量的含义

信号量的概念最初是由荷兰计算机科学家艾兹格·W. 迪杰斯特拉（Edsger W. Dijkstra）提出的，如今被广泛应用于各类操作系统中。信号量的一种定义如下：信号量（Semaphore）是一个非负整型变量，用于在并行计算环境中，确保不同线程在访问共享资源时不会发生冲突。当线程利用信号量机制访问共享资源时，必须先获取对应的信号量。如果信号量的值不为 0，表示还有资源可以使用，此时线程可使用该资源，并将信号量的值减 1；如果信号量的值为 0，则表示资源已被用完，该线程进入信号量阻塞列表，排队等候其他线程使用完该资源后释放信号量（将信号量的值加 1），才可以重新获取该信号量，访问该共享资源。此外，若信号量的最大值设定为 1，此时的信号量就变成互斥量。

2. 信号量的应用场合

在生活中，人们经常遇到这种情况，停车时因不知道停车场是否有空停车位而直接驶入，进入停车场后才发现没有空车位而无法停车，有时当停车场只剩 1 个空车位时多辆车同时驶入引发停车纠纷。对于停车场车位这类共享资源，可以通过引入信号量来进行管理：将信号量初始值设为停车场可用车位数量，车辆进入停车场前先申请（等待信号量）到可用的停车位，若没有可用停车位车辆就只能等待（对应线程阻塞）；当有车辆离开（释放信号量）停车场，可用停车位（信号量）的数量加 1；当信号量大于 0 的时候等待的车辆可以进入停车场，可用停车位（信号量）的数量减 1。正是信号量这种有序的特性，使之在计算机中有着较多的应用场合：如实现线程之间的有序操作；实现线程之间的互斥执行，通过设定信号量的值为 1，对临界区加锁，保证同一时刻只有一个线程在访问临界区；为了实现更好的性能而控制线程的并发数量。

4.4.2 信号量的常用函数

1. 创建信号量变量函数 sem_create

在使用信号量之前必须调用创建信号量变量函数 sem_create 创建一个信号量结构体指针变量，并设置信号量的初始值，表示可用资源的数量同时可以设置信号量的阻塞唤醒模式。

```
//================================================================
//函数名称：sem_create
//功能概要：创建一个信号量结构体指针变量，设置信号量的初始值和阻塞唤醒模式
//参数说明：name-信号量名称
//        value-可用信号量初始值，即可用资源数量
//        flag-信号量标志位，设置信号量的阻塞唤醒模式，可选择：
//            IPC_FLAG_PRIO，优先级高的线程优先
//            IPC_FLAG_FIFO，先进先出顺序
//函数返回：返回一个信号量结构体指针变量
//================================================================
sem_t  sem_create(const  char*name, uint32_t  value, uint8_t  flag);
```

2. 等待获取信号量函数 sem_take

在获取共享资源之前，需要调用 sem_take 函数等待可用信号量。若可用信号量的值大于 0，则获取一个信号量，并将可用信号量的值减 1；若可用信号量的值为 0，则阻塞线程，

直到其他线程释放信号量之后才能够获取共享资源的使用权。

```
//===============================================================
//函数名称：sem_take
//功能概要：等待获取一个可用的信号量资源
//参数说明：sem-信号量控制块
//         time-设置等待的超时时间，一般为WAITING_FOREVER,即永久等待
//函数返回：返回成功或错误代码
//===============================================================
err_t  sem_take(sem_t  sem,int32_t  time);
```

3. 释放信号量函数 sem_release

当线程使用完共享资源后，需要调用 sem_release 函数释放占用的共享资源，使可用信号量的值加 1。

```
//===============================================================
//函数名称：sem_release
//功能概要：释放一个信号量资源
//参数说明：sem-信号量控制块
//函数返回：返回成功或错误代码
//===============================================================
err_t  sem_release(sem_t  sem)
```

4.4.3 信号量的编程实例

1. 信号量样例程序的功能

信号量编程实例见 "03-Software\CH04\LiteOS-Semaphore-CH32V303"。该工程以 3 辆车进只有 2 个停车位的停车场为例，讨论如何通过信号量来实现车辆的有序进场停车。空车位对应于信号量，只有空车位（信号量）>0，车子才可以进场停车，空车位（信号量）减 1，车子出来时，车子空位（信号量）加 1，对应于信号量的获取与释放。信号量的获取和释放必须成对出现，即某个线程获取了信号量，那该信号量必须在该线程中进行释放。模拟程序设计的功能是车子 1、车子 2 和车子 3 分别随机停 3~13s，可以看到需要等待进场的情况。

2. 准备阶段

通过 sem_create 函数初始化信号量结构体指针变量，设置最大可用资源数。例如在本节样例程序中，在 thread_auto 函数中初始化信号量结构体指针变量，为了模拟演示设置最大可用停车位为 2，代码如下：

1）在 includes.h 中定义信号量。

```
G_VAR_PREFIX    sem_t    g_sp;           //声明一个全局变量（信号量）
```

2）在 threadauto_appinit.c 的 thread_auto 函数中创建信号量。

```
g_sp = sem_create("g_sp",2,IPC_FLAG_FIFO);    //创建信号量g_sp,设初始值为2
```

3. 应用阶段

1）等待信号量。在线程访问资源前，通过 sem_take 函数等待信号量；若无可用信号量，则线程进入信号量阻塞列表，等待可用信号量的到来。例如在本节样例程序中，在对应线程中等待信号量：

```c
sem_take(g_sp,WAITING_FOREVER);          //等待信号量
```

2）释放信号量。在线程使用完资源后，通过 sem_release 函数释放信号量。例如在本节样例程序中，在对应线程中释放信号量：

```c
sem_release( g_sp);//释放信号量
```

4. 样例程序源码

（1）停车线程 1

```c
#include "includes.h"
// ================================================================
//线程名称：thread_Stop1
//参数说明：无
//功能概要：输出信号量变化情况，获得信号量后延时 20s
//内部调用：无
// ================================================================
void thread_Stop1()
{
    //(1)====== 声明局部变量 ==================================
    int SPcount;          //记录信号量的个数
    int time=0;           //记录停车的时间
    //(2)====== 主循环(开始) =================================
    while(1)
    {
        SPcount=sem_get_count(g_sp);         //读取信号量的值
        if(SPcount==0)
        {
            printf("车辆1到达停车场，空闲停车位为0，等待车位（进入阻塞列表）...\n\n");
        }else{
            printf("车辆1到达停车场，空闲停车位为:%d\n",SPcount);
        }
        //等待一个信号量
        sem_take(g_sp, WAITING_FOREVER);
        //信号量被自动减1
        SPcount=sem_get_count(g_sp);         //读取信号量的值
        time=rand()%10+3;
        if(SPcount==0)
        {
            printf("车辆1获得车位，停车%d秒。空闲位0，红灯亮，随后不允许进入\r\n",time);
            gpio_set(LIGHT_GREEN,LIGHT_OFF);
            gpio_set(LIGHT_RED,LIGHT_ON);
        }else{
            printf("车辆1获得车位，模拟停车%d秒。空闲车位剩:%d \r\n",time,SPcount);
        }
        delay_ms(time*1000);
        //释放一个信号量
        sem_release(g_sp);
        //此时信号量自动加1
        SPcount=sem_get_count(g_sp);
        printf("车辆1驶离，空闲停车位为:%d，绿灯亮，车辆允许进入\r\n\r\n",SPcount);
        gpio_set(LIGHT_RED,LIGHT_OFF);
```

```
            gpio_set(LIGHT_GREEN,LIGHT_ON);
            time=rand()%10+10;
            delay_ms(time*1000);         //随机延时10~20s
        }
        //(2)======主循环(结束)=====================================
        printf("\r\n");
    }
```

(2) 停车线程2与停车线程3

停车线程2与停车线程3的程序代码与停车线程1的代码完全相同。

(3) 程序执行流程分析

每当有车辆进入停车场直到车辆离开，会输出车辆对空车位（信号量）的使用过程及线程的状态。车辆到达停车场先请求空车位（信号量），如果当前空车位（信号量）的个数为0，即无空车位（信号量），则会输出当前车辆等待空闲车位（信号量）的提示；当车辆申请到空车位（信号量），则输出剩余空闲车位（信号量）的数量；车辆离开停车场释放空车位（信号量），并输出提示已释放车位（信号量）。在车辆获取空车位（信号量）时和车辆驶离停车场释放空车位（信号量）时，增加了对当前空车位（信号量）数量的判断，有空车位时绿灯亮表示允许停车，无空车位时红灯亮表示禁止停车。

5. 运行结果

程序开始运行后，可以看到各个线程对空车位（信号量）的请求和使用情况，运行结果如图4-4所示。

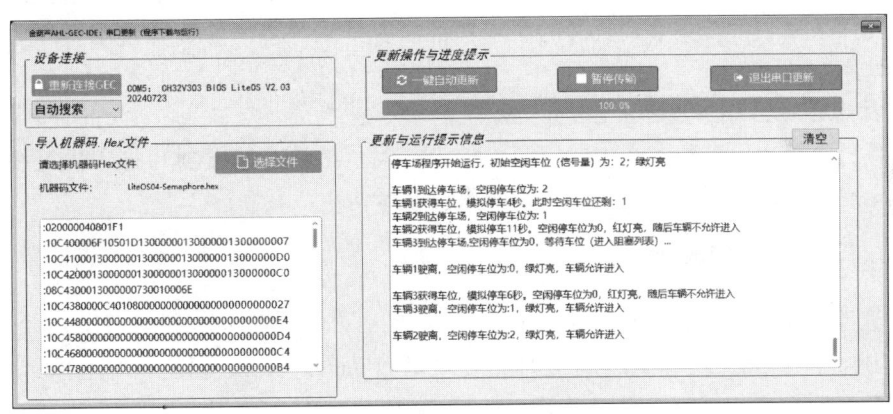

图4-4 信号量样例运行结果

g_sp为自定义的信号量名称，通过提示，可以明显地看到信号量增减的变化，g_sp的申请和释放都有相应提示，而无可用g_sp时也会提示哪个线程正在等待。

4.5 互斥量

当信号量的初始值为1时，它就被称为互斥量，其值要么为1，表示可以使用该资源，要么为0，表示不能使用该资源。因为其作用比较特殊，所以RTOS把它单独作为一个部件来看待。

4.5.1 互斥量的含义及应用场合

1. 互斥量的含义

互斥量（Mutex）也称为互斥锁，是一种用于保护操作系统中临界区（或是共享资源）的同步工具之一。它能够保证任何时刻只有一个线程能够访问临界区，从而实现线程间的同步。互斥量的操作只有加锁和解锁两种，且每个线程都遵循"先加锁，后解锁"的顺序进行操作。一旦某个线程对互斥量加锁，在它对互斥量进行解锁操作之前，任何其他线程都无法再对该互斥量进行加锁，这是一种独占资源的行为。在无操作系统的情况下，一般通过声明独立的全局变量，在主循环中使用条件判断语句对全局变量的特定取值进行判断，从而实现对资源的独占。互斥量的使用方法如图4-5所示。

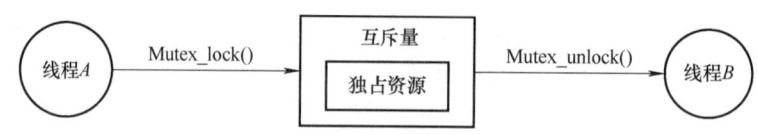

图4-5 互斥量的使用方法

2. 互斥关系

互斥关系是指多个需求者为争夺同一共享资源而产生的竞争关系。生活中存在很多互斥关系的场景，如停车场内有多辆车争夺一个停车位、食堂里一个窗口前多人排队打饭等。这些竞争者之间可能彼此并不认识，但是为了竞争共享资源而形成互斥关系。就像食堂排队打饭一样，互斥关系中没有竞争到资源的需求者都需要排队等待当前资源占用者释放资源后，才能开始使用资源。

3. 互斥应用场合

在计算机系统中，有很多受限的资源，如串行通信接口、读卡器和打印机等硬件资源，以及公用全局变量、队列和内存等软件资源需要互斥使用。

4.5.2 互斥量的常用函数

1. 创建互斥量变量函数 mutex_create

在使用互斥量之前必须调用创建互斥量变量函数 mutex_create 创建一个互斥量结构体指针变量。

```
//================================================================
//函数名称：mutex_create
//功能概要：创建一个互斥量结构体指针变量
//参数说明：name-互斥量名称
//        flag-互斥量标志位，设置互斥量的阻塞唤醒模式，可选择：
//             IPC_FLAG_PRIO，优先级高的线程优先
//             IPC_FLAG_FIFO，先进先出顺序
//函数返回：返回一个互斥量结构体指针变量
//================================================================
mutex_t  mutex_create(const  char  *name,uint8_t  flag);
```

2. 获取互斥量函数 mutex_take

调用获取互斥量函数 mutex_tale，将在指定的等待时间内获取指定的互斥量。

```
// ================================================================
//函数名称：mutex_take
//功能概要：获取互斥量
//参数说明：mutex-互斥量控制块
//          time-设置等待的超时时间，一般为 WAITING_FOREVER，即永久等待
//函数返回：返回成功或错误代码
// ================================================================
err_t  mutex_take(mutex_t  mutex, int32_t  time)
```

3. 互斥量释放函数 mutex_release

调用互斥量释放函数 mutex_release，释放指定的互斥量。

```
// ================================================================
//函数名称：mutex_release
//功能概要：释放互斥量
//参数说明：mutex-互斥量控制块
//函数返回：返回成功或错误代码
// ================================================================
err_t  mutex_release(mutex_t  mutex)
```

4.5.3 互斥量的编程实例

1. 样例程序的功能

本样例基于 2.3 节的样例工程，展示如何通过互斥量来实现线程对资源的独占访问。程序包含 3 个线程：红灯线程每 5s 闪烁一次、绿灯线程每 10s 闪烁一次和蓝灯线程每 20s 闪烁一次。三个线程有时会出现同时亮的情况（出现混合颜色），而本工程通过互斥量确保每一时刻只有一个灯亮，不出现混合颜色的情况。样例工程参见"03-Software\CH04\LiteOS-Mutex-3LED"，小灯颜色显示情况如图 4-6 所示。

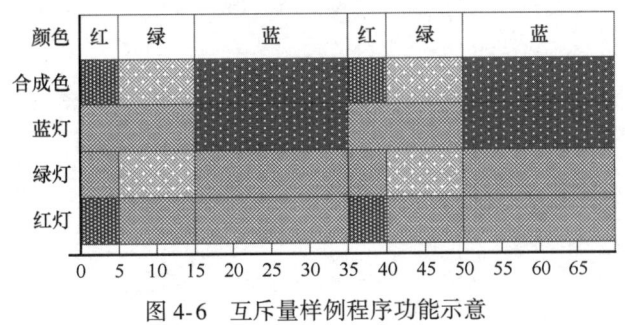

图 4-6 互斥量样例程序功能示意

2. 准备阶段

1) 在 includes.h 中定义互斥量。

```
G_VAR_PREFIX   mutex_t    g_mutex;          //声明全局变量（互斥量）
```

2) 在 thread_auto 函数中初始化互斥量。

```
g_mutex=mutex_create("g_mutex",IPC_FLAG_PRIO);     //初始化互斥量变量
```

3. 应用阶段

1) 锁定互斥量。在线程访问独占资源前，通过 mutex_take 函数锁定互斥量，以获取共享资源的使用权。若此时独占资源已被其他线程锁定，则线程进入互斥量的阻塞列表中，等待锁定此独占资源的线程解锁该互斥量。

```
mutex_take(g_mutex,WAITING_FOREVER);
```

2) 解锁互斥量。在线程使用完独占资源后，通过 mutex_release 函数解锁互斥量，释放对独占资源的使用权，以便其他线程能够使用独占资源。

```
mutex_release(mutex);
```

4. 样例程序源码与运行过程分析

下面给出红灯线程的源码，蓝灯线程和绿灯线程的源码与红灯线程源码基本一致，只是延时时间不同。

```c
#include "includes.h"
//================================================================
//函数名称：thread_redlight
//函数返回：无
//参数说明：无
//功能概要：每5秒红灯反转一次
//内部调用：无
//================================================================
void thread_redlight()
{
    gpio_init(LIGHT_RED, GPIO_OUTPUT, LIGHT_OFF);
    printf("  第一次进入红灯线程!\r\n");
    //(1) =====声明局部变量===========================================

    //(2) =====主循环（开始）========================================
    while(1)
    {
        //1. 锁定互斥量
        mutex_take(g_mutex,WAITING_FOREVER);
        printf("\r\n红灯锁定互斥量成功! 红灯反转，延时5秒\r\n");
        //2. 红灯变亮
        gpio_reverse(LIGHT_RED);
        //3. 延时5秒
        delay_ms(5000);
        //4. 红灯变暗
        gpio_reverse(LIGHT_RED);
        //5. 解锁互斥量
        mutex_release(g_mutex);
    }//(2)=====主循环(结束)==========================================
}
```

本例程与 2.3.4 小节例程的区别在于使用了互斥量机制。添加了互斥量机制后，红、绿、蓝三种颜色的小灯会按照红灯 5s、绿灯 10s、蓝灯 20s 的顺序单独实现亮暗，每种颜色的小灯线程之间通过锁定互斥量独立占有资源，不会产生黄、青、紫、白这四种混合颜色。具体运行流程如下：红灯线程调用 mutex_take 函数锁定互斥量，成功后红灯线程切换亮暗，此时互斥量的值为1。在红灯线程锁定互斥量期间，蓝灯线程和绿灯线程申请锁定互斥量均失败，它们的申请都会被放到互斥量阻塞列表中，直到红灯线程解锁互斥量后，蓝灯线程和绿灯线程才会从互斥量阻塞列表中移出并获得互斥量，然后进行灯的亮暗切换。由于互斥量是由红灯线程锁定的，因此红灯线程能成功解锁它。5s后，红灯线程解锁互斥量，解锁后互斥量的值为0，此时互斥量会转移给正在等待互斥量的绿灯线程。绿灯线程变为互斥量的所有者，就表示绿灯线程成功锁定互斥量，互斥量的值变为1，同时切换绿灯亮暗。10s后，绿灯线程解锁互斥量，互斥量的值再次变为0，此时仍处于等待状态的蓝灯线程成为互斥量的所有者。20s后，蓝灯线程解锁互斥量，红灯线程又会重新锁定互斥量，进而实现一个周期循环过程。

5. 运行结果

通过串口工具查看输出结果，如图4-7所示。在实际项目中，若有资源需要互斥使用时，可参照该样例进行编程。RTOS中的互斥量还具有解决优先级反转问题的功能。

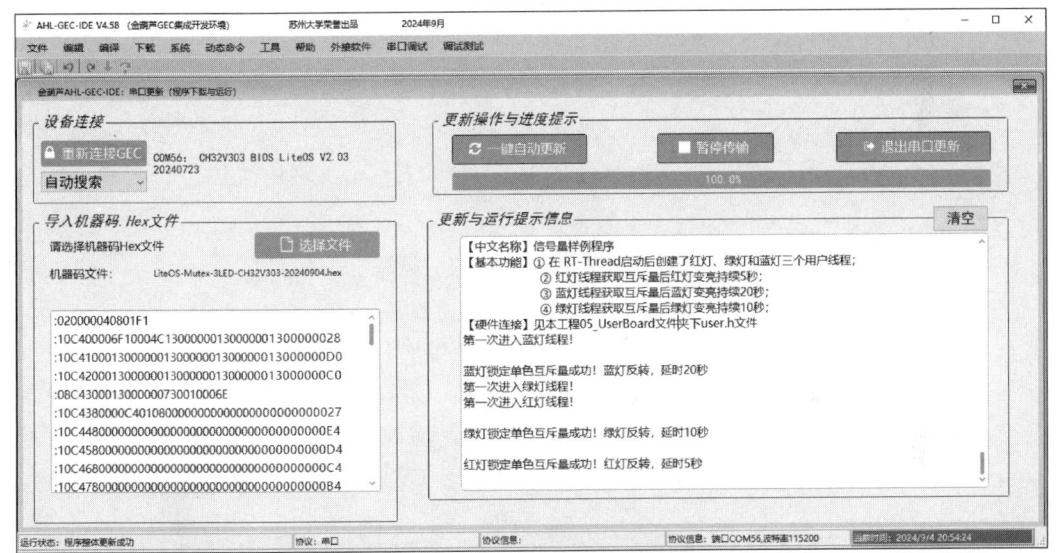

图4-7　互斥量样例的运行效果

4.6　本章小结

事件、消息队列、信号量与互斥量是操作系统中重要的同步与通信机制。

当某个线程需要等待中断服务例程或另一线程发出的信号才能继续执行时，可以使用事件机制。注意，事件只提供同步功能，不传送具体数据。

若既要同步，又要传送数据，可以使用消息队列。但在使用消息队列时需要确保产生消息的平均速度要小于使用消息的平均速度，少量的消息堆积决定了消息队列大小的设定，避免产生消息溢出而丢失数据。

信号量与互斥量用于控制对共享资源的访问，避免共享资源的使用冲突。若信号量的最大数量设为1时，信号量就变成互斥量，实现对共享资源的独占访问。

习 题

1. 简述同步的含义与常用的通信方式。
2. 在 RTOS 中,同步有几种类型?请简要说明每种类型的实现过程。
3. 简述事件的含义及应用场景,设计一个程序体现事件的工作过程。
4. 简述消息队列的含义及应用场景,设计一个程序体现消息队列的工作过程。
5. 简述事件比较规范的编程步骤。
6. 简述消息队列比较规范的编程步骤。
7. 简述信号量的含义及应用场景,设计一个程序体现信号量的工作过程。
8. 简述互斥量的含义及应用场景,设计一个程序体现互斥量的工作过程。
9. 试比较信号量和互斥量在使用时的不同之处。

第 5 章 底层驱动构件

在嵌入式领域，无论是基于 NOS 编程，还是基于 RTOS 编程，均需要与硬件交互协作。软件干预硬件的方法是通过底层驱动构件实现的。在应用层面，则使用底层驱动构件的对外应用程序接口（API）操作硬件。因此，规范的构件封装，以及具备清晰知识要素的标准 API 对于保障嵌入式系统的稳定性、可维护性及开发效率十分重要。本章首先对嵌入式构件进行概述，并阐述底层驱动构件的设计要点，在此基础上，给出底层驱动构件、外部设备构件及算法构件的设计实例，帮助读者理解构件的重用与移植方法。

5.1 嵌入式构件概述

理解构件是使用和开发构件的基础。本节首先阐述使用构件的必要性，接着说明构件的基本概念及分类，最后介绍底层驱动构件的基本特征和表现形式。

5.1.1 使用构件的必要性

机械、建筑等传统产业的运作模式是先生产符合标准的构件（零部件），然后将标准构件按照规则组装成实际产品。其中，构件（Component）是核心和基础，复用是关键手段。传统产业的成功充分验证了这种模式的可行性和正确性。软件产业的发展借鉴了这种模式，使得标准软件构件的生产和复用在行业中占据举足轻重的地位。

随着微控制器及应用处理器技术的发展，内部 Flash 存储器可靠性的提高和擦写方式的变化、内部 RAM 及 Flash 存储器容量的增大，以及外部模块内置化程度的提高，使得嵌入式系统的设计复杂性、设计规模及开发方式发生了根本性改变。在嵌入式系统发展初期，硬件和软件设计通常是由同一位工程师来承担，且软件在整个工作中所占比重很小。随着嵌入式设备的不断发展，硬件设计变得越来越复杂，软件的重要性和开发量也急剧增大，嵌入式开发也从单人作业发展为多人协作开发的团队模式。因此，如果希望提高软硬件设计的可重用性与可移植性，构件的设计与应用成为基础与保障。即使是一个人的全栈式开发，在面对纵向的芯片升级和横向的不同项目时，软件的复用与移植也十分重要，而构件标准化是实现软件复用与移植的重要前提。

5.1.2 构件的基本概念

国内外对于软件构件的定义曾进行过广泛讨论，形成许多不同的观点。

面向构件程序设计工作组提出的构件定义[⊖]：软件构件是一种组装单元，它具备规范的

⊖ 由 Szyperski 和 Pfister 于 1996 年在面向对象程序设计欧洲会议（European Conference On Object-Oriented Programming，ECOOP）上提出。

接口规约和显式的语境依赖,可独立部署并由第三方自由组装。该定义既涵盖了技术因素,例如独立性、合约接口、组装,还涉及市场因素,例如第三方和部署。

美国卡内基梅隆大学软件工程研究所(Carnegie-Mellon University/Software Engineering Institute,CMU/SEI)给出的软件构件的定义:构件是一个不透明的功能实体,能够被第三方组织,且符合一个构件模型。

国际上第一部软件构件专著的作者 Szyperski 给出的软件构件的定义:可单独生产、获取、部署的二进制单元,它们之间可以相互作用构成一个功能系统。

到目前为止,对于软件构件依然没有形成一个被广泛认可的定义,不同的研究人员对构件有着不同的理解。一般来说,可以将软件构件理解为:在语义完整、语法正确的情况下,具有可复用价值的单位软件,是软件复用过程中可以明确辨别的成分;从程序角度上可以将构件看作有特定功能、能够独立工作或与其他构件协同工作的程序体。

5.1.3 嵌入式开发中构件的分类

为了便于理解与应用,按照与硬件关联的紧密程度,可以把嵌入式软件构件分为底层驱动构件、外部设备构件与算法构件三种类型。

1. 底层驱动构件

底层驱动构件是根据 MCU 内部功能模块的基本知识要素,针对 MCU 引脚功能或 MCU 内部功能,利用 MCU 内部寄存器开发的直接干预硬件的构件。常见的底层驱动构件包括 GPIO 构件、UART 构件、Flash 构件、ADC 构件、PWM 构件、SPI 构件、I2C 构件等。

底层驱动构件的特点是面向芯片,不考虑具体应用,以功能模块独立性为准则进行封装。面向芯片意味着在设计底层驱动构件时,不用考虑具体应用项目,要屏蔽不同芯片之间的差异,尽可能把底层驱动构件的接口函数与参数设计成与芯片无关的形式,以便于理解与移植,也有助于保证调用底层驱动构件的上层应用软件的可复用性;模块独立性是指设计芯片的某一模块底层驱动构件时,不要涉及其他平行模块。

2. 外部设备构件

外部设备构件是通过调用芯片的底层驱动构件制作完成的,符合软件工程封装规范,面向 MCU 外部硬件模块的驱动构件。其特点是面向实际 MCU 外部硬件模块,以硬件模块独立性为准则进行封装。例如,若一个 LCD 硬件模块采用 SPI 接口,则 LCD 构件需要调用底层驱动构件 SPI 完成对 LCD 显示屏控制的封装。也可以把 printf 函数纳入外部设备构件,因为它调用串口构件 UART 实现数据输出。printf 函数调用的一般形式为:printf("格式控制字符串",输出表列),本书使用的 printf 函数可通过串口向外传输数据。

3. 算法构件

算法构件是一个面向对象的、具有规范接口和确定上下文依赖的组装单元,它能够被独立使用或被其他构件调用。本书使用的算法构件概念狭义地限制在与硬件无关层面。其特点是面向实际算法,以功能独立性为准则进行封装,具备底层硬件无关性。例如,排序算法、队列操作、链表操作及人工智能相关算法等。

5.1.4 构件的基本特征与表现形式

封装好的构件能减少重复劳动,使应用开发者可专注于应用软件的稳定性与功能设计,提高开发的效率和可靠性。为了把构件设计好、封装好，需要了解构件的基本特征与表现形式。

1. 构件的基本特征

封装性、描述性、可移植性与可复用性是软件构件的基本特性。

1）封装性。在内部封装实现细节，采用独立的内部结构以减少对外部环境的依赖。调用者只通过构件接口获得相应功能，内部实现的调整不会影响构件调用者的使用。

2）描述性。构件必须提供规范的函数名称、清晰的接口信息、参数含义与范围、必要的注意事项等描述，为调用者提供统一、规范的使用信息。

3）可移植性。构件的可移植性是指同样功能的构件，如何做到不改动或少改动，而方便地移植到同系列及不同系列芯片上，减少重复劳动。

4）可复用性。在满足一定使用要求时，构件不经过任何修改就可以直接使用。特别是使用同一芯片开发不同项目，底层驱动构件应该做到复用。可复用性使得上层调用者对构件的使用不因底层实现的变化而有所改变，这不仅提高了嵌入式软件的开发效率，也提高了可靠性与可维护性。不同芯片的底层驱动构件复用需要在可移植性基础上进行。

2. 构件的表现形式

为了把构件设计好，便于应用，对构件的表现形式如文件组成、对外接口函数命名、内部函数、RTOS 无关性等提出以下要求。

1）构件的文件组成。根据软件工程的基本原则，构件被设计成具有一定独立性的功能模块，由头文件和源程序文件两部分组成㊀。构件的头文件名和源程序文件名一致，且为构件名。构件的头文件主要包含必要的引用文件、描述构件功能特性的宏定义语句，以及声明对外接口函数。良好的构件头文件应该成为构件使用说明书，不需要使用者查看源程序就能使用构件。构件的源程序文件包含构件的头文件、内部函数的声明、对外接口函数的实现等。将构件分为头文件与源程序文件两个独立的部分，意义在于，头文件中包含对构件的使用信息的完整描述，为用户使用构件提供充分必要的说明；构件提供服务的实现细节被封装在源程序文件中，调用者通过构件对外接口获取服务，而不必关心服务函数的具体实现细节。

2）构件中的对外接口函数命名。构件中的对外接口函数命名使用"构件名_函数功能名"的形式，以便明确标识该函数属于哪个构件，实现什么功能。

3）构件中的内部函数。构件中的内部调用函数不在头文件中声明，其声明直接放在源程序的头部，只做声明不做注释，函数头注释及函数实体在对外接口函数后给出。

4）构件的 RTOS 无关性。从 RTOS 角度来说，构件应该是与 RTOS 无关的，这样才能保证构件的可移植性与可复用性。

5.2 底层驱动构件的设计原则与方法

在嵌入式领域，底层驱动构件的设计特别重要，其设计原则与方法具有构件设计的共性特征，也具有一些特殊要求。

㊀ 特别强调一下，根据软件工程的基本原则，一个底层驱动构件只能由一个头文件和一个源程序文件组成，头文件是构件的使用说明。

5.2.1 底层驱动构件设计的基本原则

在设计底层驱动构件时，最关键的工作是对构件的共性和个性进行分析，从而设计出合理的、必要的对外接口函数，这样一个底层驱动构件可以直接应用到使用同一芯片的不同工程中，不需要任何修改。

根据构件的封装性、描述性、可移植性、可复用性的基本特征，底层驱动构件的设计应遵循层次化、易用性、鲁棒性及对内存的可靠使用原则。

1. 层次化原则

层次化设计要求清晰地组织构件之间的关联关系。底层驱动构件与底层硬件打交道，在应用系统中位于最底层。遵循层次化原则设计底层驱动构件需要做到以下几点。

针对应用场景和服务对象，分层组织构件。在设计底层驱动构件的过程中，有一些与处理器相关的、描述了芯片寄存器映射的内容，这些是所有底层驱动构件都需要使用的，将这些内容组织成底层驱动构件的公共内容，作为底层驱动构件的基础。在此基础上，可通过设计高级的扩展构件调用底层驱动构件功能，从而实现更加复杂的服务。

在构件的层次模型中，上层构件可以调用下层构件提供的服务，同一层次的构件不存在相互依赖关系，不能相互调用。例如，Flash 模块与 UART 模块是平级模块，不能在编写 Flash 构件时，调用 UART 驱动构件。即使要通过对 UART 驱动构件函数的调用在 PC 屏幕上显示 Flash 构件测试信息，也不能在 Flash 构件内含有调用 UART 驱动构件函数的语句，应该编写在上一层次的程序中调用。平级构件是相互不可见的，只有深入理解这一点，并遵守之，才能更好地设计出规范的底层驱动构件。在操作系统下，平级构件不可见特性尤为重要。

2. 易用性原则

易用性在于让调用者能够快速理解构件提供的功能并能快速正确使用。遵循易用性原则设计底层驱动构件需要做到：函数名简洁且达意，接口参数清晰、范围明确，说明语言精练规范、避免二义性。此外，在函数的实现方面，要避免编写的代码量过多。函数的代码量过多会导致难以理解与维护，并且容易出错。若一个函数的功能比较复杂，可将其"化整为零"，通过编写多个规模较小、功能单一的子函数，再进行组合，实现整体功能。

3. 鲁棒性原则

鲁棒性在于为调用者提供安全的服务，以避免在程序运行过程中出现异常状况。遵循鲁棒性原则设计底层驱动构件需要做到：在明确函数输入/输出的取值范围、提供清晰接口描述的同时，在函数实现的内部要有对输入参数的检测，对超出合法范围的输入参数进行必要的处理；不忽视编译警告错误；使用分支判断时，确保对分支条件判断的完整性，对默认分支进行处理。例如，对 if 结构中的 "else" 分支和 switch 结构中的 "default" 分支安排合理的处理程序。在 C 语言进行底层驱动构件设计时，为了减少{}层次，可以使用 goto 语句向后跳转。

4. 对内存的可靠使用原则

对内存的可靠使用是保证系统安全、稳定运行的一个重要因素。遵循对内存的可靠使用原则设计底层驱动构件需要做到以下几点。

1）优先使用静态分配内存。相比于人工参与的动态分配内存，静态分配内存由编译器维护，更为可靠。例如，在设计底层驱动构件时，尽量不要使用 malloc、new 动态申请内存。

2）谨慎地使用变量。在直接读写硬件寄存器时，不使用变量替代；避免使用变量暂存简单计算所产生的中间结果,因为在嵌入式系统中,频繁使用变量暂存数据可能导致数据更新不及时,无法准确反应硬件的实时状态,从而影响到数据的时效性。

3)防止"野指针"。避免指向非法地址,定义的指针变量时必须初始化。

4)防止缓冲区溢出。使用缓冲区时,建议预留不小于20%的冗余,在对缓冲区填充前,先检测数据长度,防止缓冲区溢出。

5.2.2 底层驱动构件设计要点分析

下面以设计输入/输出 GPIO 驱动构件为例,简要阐述底层驱动构件的设计方法,分析应该设计哪几个函数及入口参数。前提条件是,必须理解什么是 GPIO（5.3.1 小节将给出说明）。在此前提下,进行封装要点分析。GPIO 引脚可以被定义成输入、输出两种情况:若是输入,程序需要获得引脚的状态（逻辑 1 或 0）;若是输出,程序可以设置引脚状态（逻辑 1 或 0）。MCU 的引脚可分为许多端口,每个端口有若干引脚,GPIO 驱动构件可以实现对所有 GPIO 引脚统一编程。GPIO 驱动构件由 gpio.h、gpio.c 两个文件组成,如要使用 GPIO 驱动构件,只需要将这两个文件加入所建工程中即可,方便了对 GPIO 的编程操作。经过分析,GPIO 构件一般包含下列函数。

1. 模块初始化函数 gpio_init( )

由于芯片引脚具有复用特性,应把引脚设置成 GPIO 功能;同时定义为输入或输出,若是输出,还要设置初始状态。所以,GPIO 模块初始化函数 gpio_init 的参数为哪个引脚、是输入还是输出、若是输出其状态是什么。该函数不必有返回值。其中,引脚可用一个 16 位数据描述,高 8 位表示端口号、低 8 位表示端口内的引脚号。这样,GPIO 模块初始化函数原型可以设计为

```
void gpio_init(uint16_t port_pin,uint8_t dir,uint8_t state)
```

2. 设置引脚状态函数 gpio_set( )

对于输出,希望通过函数设置引脚是高电平（逻辑 1）还是低电平（逻辑 0）、入口参数应该是哪个引脚、其输出状态是什么。该函数不必有返回值。这样,设置引脚状态的函数原型可以设计为

```
void gpio_set(uint16_t port_pin,uint8_t state)
```

3. 获得引脚状态函数 gpio_get( )

对于输入,希望通过函数获得引脚的状态是高电平（逻辑 1）还是低电平（逻辑 0）、入口参数应该是哪个引脚。该函数需要返回引脚的状态。这样,获得引脚状态的函数原型可以设计为

```
uint8_t gpio_get(uint16_t port_pin)
```

4. 引脚状态反转函数 gpio_reverse( )

在一些场景中,需要快速切换 GPIO 引脚的电平状态,例如控制 LED 闪烁,频繁调用 gpio_set 函数设置高低电平不够便捷,此时 gpio_reverse 函数可直接将引脚当前状态反转。类似的问题,可以设计引脚状态反转函数的原型为

```
void gpio_reverse(uint16_t port_pin)
```

5. 引脚上下拉使能函数 gpio_pull( )

若引脚被设置成输入，还可以设定内部上下拉。通常，内部上下拉电阻范围在 20～50kΩ 之间。引脚上下拉使能函数的原型为

```
void gpio_pull(uint16_t port_pin,uint8_t pullselect)
```

这些函数基本满足了对 GPIO 操作的基本需求，还有使能中断与禁止中断[⊖]、引脚驱动能力等函数，属于更深入的内容，可暂时略过，后续使用或深入学习时参考 GPIO 构件即可。要实现 GPIO 驱动构件的这几个函数，除了要有清晰的接口、良好的封装、简洁的说明与注释、规范的编程风格等之外，还需要符合一些基本规范，并做好准备工作，下面分别给出构件封装规范与前期准备。

5.2.3 底层驱动构件封装规范概要

本小节给出底层驱动构件封装概要，以便在认识第一个构件前和在开始设计构件时，少走弯路，做出来的构件符合基本规范，便于移植、复用和交流。

1. 底层驱动构件的组成、存放位置与内容

每个构件由头文件（.h）与源文件（.c）两个独立文件组成，存放在以构件名命名的文件夹中。底层构件头文件（.h）中仅包含对外接口函数的声明，是构件的使用指南，以构件名命名，例如 GPIO 构件命名为 gpio（使用小写，目的是与内部函数名前缀统一）。设计好的 GPIO 构件存放于"03_MCU\MCU_drivers"文件夹中，供复用。基本要求是调用者仅通过头文件即可使用构件，对外接口函数及内部函数的实现在构件源程序文件（.c）中。同时应注意，头文件声明对外接口函数的顺序与源程序文件实现对外接口函数的顺序应保持一致，这有助于快速定位函数声明与实现的对应关系，提高代码的可读性和维护效率。源程序文件中内部函数的声明，放在对外接口函数代码的前面，内部函数的实现放在全部对外接口函数代码的后面，以便提高代码的可读性与可维护性。

在本书给出的标准框架下，所有与芯片直接相关的底层驱动构件均放在工程文件夹下的"03_MCU\MCU_drivers"文件夹中。

2. 设计构件的最基本要求

设计构件的最基本要求如下。

1）考虑使用与移植方便。要对构件的共性与个性进行分析，抽取出构件的属性和对外接口函数。目标是：对于使用同一芯片的应用系统，构件无须更改即可直接使用；对于同系列芯片的同功能底层驱动移植，仅需要改动头文件；对于不同系列芯片的同功能底层驱动移植，头文件与源程序文件的改动尽可能少。

2）要有统一、规范的编码风格与注释。主要涉及文件、函数、变量、宏及结构体类型的命名规范；涉及空格与空行、缩进、断行等的排版规范；涉及文件头、函数头、行及边等

⊖ 关于使能（Enable）中断与禁止（Disable）中断，文献中有多种中文翻译，如使能、开启、除能、关闭等，本书统一使用"使能中断"与"禁止中断"术语。

的注释规范。

3）宏的使用限制。宏的使用具有两面性，一方面能提高代码的可维护性，另一方面可能降低代码的可读性，所以不要随意使用宏。

4）不使用全局变量。构件封装时，禁止使用全局变量。

5.2.4 封装的前期准备：公共要素

前期准备工作是将一些几乎被所有文件包含使用的可以公用的宏定义，如位操作宏函数、不优化类型的简短别名宏定义等，统一放在 cpu.h 文件中，方便公用。

1. 位操作宏函数

在编程时经常需要对寄存器的某一位进行操作，即对寄存器的置位、清位及获得寄存器某一位状态的操作，可以将这些操作定义成宏函数。设置寄存器某一位为 1，称为置位；设置寄存器某一位为 0，称为清位。这种操作在底层驱动编程时经常用到。置位与清位的基本原则是：当对寄存器的某一位进行置位或清位操作时，不能干扰该寄存器的其他位，否则，可能会出现意想不到的错误。

综合利用 <<、>>、|、&、~ 等位运算符，可以实现置位与清位，且不影响其他位的功能。下面以 8 位寄存器为例进行说明，该方法适用于各种位数的寄存器，设 R 为 8 位寄存器。下面说明将 R 的某一位置位与清位，而不干预其他位的编程方法。

1）置位。要将 R 的第 3 位置 1，其他位不变，可以这样做：R | = (1<<3)。其中，"1<<3" 的结果是 "0b00001000"，R | = (1<<3) 也就是 R = R | 0b00001000，任何数和 0 相或不变，任何数和 1 相或为 1，这样达到对 R 的第 3 位置 1，而不影响其他位的目的。

2）清位。要将 R 的第 2 位清 0，其他位不变，可以这样做：R & = ~(1<<2)。其中，"~(1<<2)" 的结果是 "0b11111011"，R & = ~(1<<2) 也就是 R = R&0b11111011，任何数和 1 相与不变，任何数和 0 相与为 0，这样达到对 R 的第 2 位清 0，而不影响其他位的目的。

3）获得某一位的状态。(R>>4)&1 表示获得 R 第 4 位的状态。其中，"R>>4" 是将 R 右移 4 位，将 R 的第 4 位移至第 0 位，即最后一位，再和 1 相与，也就是和 0b00000001 相与，保留 R 最后一位的值，以此获得 R 第 4 位的状态值。

为了方便使用，把这种方法改为带参数的"宏函数"，并进行简明定义。

```
#define  BSET(bit,Register)   ((Register)|=(1<<(bit)))      //置Register的第bit位为1
#define  BCLR(bit,Register)   ((Register)&=~(1<<(bit)))     //清Register的第bit位为0
#define  BGET(bit,Register)   (((Register)>>(bit)) & 1)     //取Register的第bit位状态
```

这样就可以通过使用 BSET、BCLR、BGET 这些容易理解与记忆的标识，进行寄存器的置位、清位及获得寄存器某一位状态的操作。

2. 不优化类型的简短别名

嵌入式程序设计与一般的程序设计有所不同，在嵌入式程序中打交道的大多是底层硬件的存储单元或是寄存器，所以在编写程序代码时，使用的基本数据类型多以 8 位、16 位、32 位、64 位数据长度为单位。不同的编译器为基本整型数据类型分配的位数存在差异，但在编写嵌入式程序时要明确使用变量的字长，特别是不优化类型，为方便书写，给出简短别名。

```
//不优化类型
typedef  volatile  uint8_t    vuint8_t;    //不优化无符号 8 位数
typedef  volatile  uint16_t   vuint16_t;   //不优化无符号 16 位数
typedef  volatile  uint32_t   vuint32_t;   //不优化无符号 32 位数
typedef  volatile  uint64_t   vuint32_t;   //不优化无符号 64 位数
```

前提条件是系统已经宏定义过 uint8_t、uint16_t、uint32_t、uint64_t 这些类型，在这个前提下，将加 volatile 的类型重新宏定义成短名。

volatile（读音 'vɑːlətl），这里翻译成为"不优化的"，是告诉编译器，在编译过程中，不要对其后紧跟着的变量进行优化。但对于 I/O 地址类变量，每次对该地址的访问具有特定功能，若不加 volatile，有可能被编译器优化成对 CPU 内部寄存器的访问，而不是对 I/O 地址的访问，从而使程序无法正确执行硬件操作。

5.3 底层驱动构件设计与测试举例

底层驱动构件是面向芯片级的、符合软件工程封装规范的硬件驱动构件。本节以 GPIO 构件、UART 构件、Flash 构件、ADC 构件、PWM 构件为例，介绍底层驱动构件的使用方法，并给出测试样例。

5.3.1 GPIO 构件

本小节介绍通用输入/输出（GPIO 构件）的知识要素、应用程序接口（API）及输出测试方法。

1. GPIO 知识要素

通用输入/输出（General Purpose Input/Output，GPIO），是 I/O 的最基本形式，是几乎所有计算机均会使用到的部件。通俗地说，GPIO 是开关量输入/输出的简化名称。而开关量是指逻辑上具有 1 和 0 两种状态的物理量。开关量输出可以是指在电路中控制电器的开和关，也可以是指控制灯的亮和暗，还可以是指闸门的开和闭等。开关量输入可以是指获取电路中电器开关状态，也可以是指获取灯的亮暗状态，还可以是指获取闸门开关状态等。

GPIO 硬件部分的主要知识要素包括 GPIO 的含义与作用、输出引脚外部电路的基本接法，以及输入引脚外部电路的基本接法等。

（1）GPIO 的含义与作用

从物理角度看，GPIO 只有高电平与低电平两种状态。从逻辑角度看，GPIO 只有"1"和"0"两种取值。在使用正逻辑的情况下，电源（Vcc）代表高电平，对应数字信号"1"；地（GND）代表低电平，对应数字信号"0"。作为通用输入引脚，计算机内部程序可以获取该引脚状态，判断其是"1"（高电平）或"0"（低电平），实现开关量输入功能。作为通用输出引脚，计算机内部程序可以控制该引脚状态，使其输出"1"（高电平）或"0"（低电平），实现开关量输出功能。

GPIO 的输出是以计算机内部程序通过单个引脚来控制开关量设备，达到自动控制开关状态的目的。GPIO 的输入是以计算机内部程序获取单个引脚状态，达到获得外界开关状态的目的。

特别说明：在不同电路中，逻辑"1"对应的物理电平不同。在5V供电系统中，逻辑"1"的特征物理电平为5V；在3.3V供电系统中，逻辑"1"的特征物理电平为3.3V。因此，高电平的实际大小取决于具体电路。

（2）输出引脚外部电路的基本接法

作为通用输出引脚，计算机内部程序向该引脚输出高电平或低电平来驱动器件工作，实现开关量输出。如图5-1所示，输出引脚O1和O2采用了不同的方式驱动外部器件。一种接法是O1直接驱动发光二极管LED：当O1引脚输出高电平时，LED不亮；当O1引脚输出低电平时，LED点亮。这种接法的驱动电流一般在2~10mA。另一种接法是O2通过一个NPN三极管驱动蜂鸣器：当O2引脚输出高电平时，三极管导通，蜂鸣器响；当O2引脚输出低电平时，三极管截止，蜂鸣器不响。这种接法可以用O2引脚上的

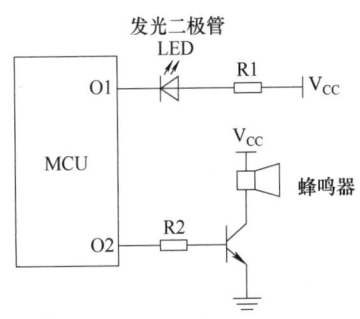

图5-1 通用I/O引脚输出电路

几个mA的控制电流驱动高达100mA的驱动电流。若负载需要更大的驱动电流，就必须采用光电隔离外加其他驱动电路，但对计算机编程来说，操作方式没有任何变化。

（3）输入引脚外部电路的基本接法

为了正确采样，输入引脚外部电路必须采用合适的接法。图5-2展示了输入引脚的三种外部连接方式。假设计算机内部没有上拉或下拉电阻，图5-2中的引脚I3上的开关K3采用悬空方式连接就不合适，因为K3断开时，引脚I3的电平不确定。在图5-2中，R1>>R2，R3<<R4，各电阻的典型取值为R1=20KΩ、R2=1KΩ、R3=10KΩ、R4=200KΩ。

所谓上拉（Pull Up）或下拉（Pull Down）电阻（统称为"拉电阻"）的基本作用是将状态不确定的信号线通过一个电阻将其箝位至高电平（上拉）或低电平（下拉）。其阻值选取可参考图5-2所示实例。

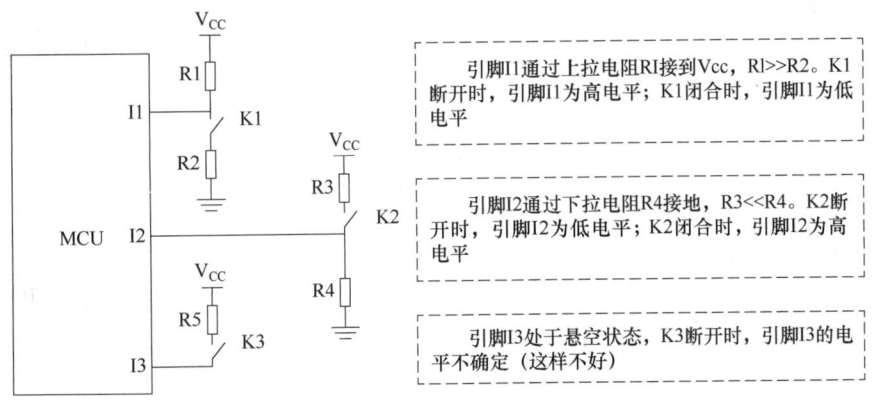

图5-2 通用I/O引脚输入电路接法实例

2. GPIO构件的API

GPIO软件部分的主要知识要素包括GPIO的初始化、控制引脚状态、获取引脚状态、设置引脚中断、编制引脚中断处理程序等。

在GPIO构件的头文件gpio.h中给出了接口函数的宏定义，表5-1列出了常用接口函数。

表 5-1 GPIO 常用接口函数

序号	函数名	功能	描述
1	gpio_init	初始化	引脚复用为 GPIO 功能；定义其为输入或输出；若为输出，还要设定其初始状态
2	gpio_set	设定引脚状态	在 GPIO 为输出的情况下，设定引脚状态（高/低电平）
3	gpio_get	获取引脚状态	在 GPIO 为输入的情况下，获取引脚状态（1/0）
4	gpio_reverse	反转引脚状态	在 GPIO 为输出的情况下，反转引脚状态
5	gpio_pull	设置引脚上/下拉	当 GPIO 为输入的情况下，设置引脚上/下拉
6	gpio_enable_int	使能中断	当 GPIO 为输入的情况下，使能引脚中断
7	gpio_disable_int	关闭中断	当 GPIO 为输入的情况下，关闭引脚中断
8	gpio_get_int	获取中断标志	当 GPIO 为输入的情况下，用来获取引脚的中断触发状况
9	gpio_clear_int	清除中断标志	当 GPIO 为输入的情况下，清除中断标志
10	gpio_clear_allint	清除所有引脚中断	当 GPIO 为输入的情况下，清除所有端口的 GPIO 中断

```c
// ================================================================
//函数名称：gpio_init
//函数返回：无
//参数说明：port_pin-引脚号，使用宏定义常数
//         dir-引脚方向，0 表示输入、1 表示输出（可预定义引脚方向宏）
//         state-端口引脚初始状态，0 表示低电平、1 表示高电平
//功能概要：初始化指定端口引脚作为 GPIO 引脚功能，并定义为输入或输出，若是输出，
//         还要指定初始状态是低电平或高电平
// ================================================================
void  gpio_init(uint_16 port_pin,uint_8 dir,uint_8 state);
// ================================================================
//函数名称：gpio_set
//函数返回：无
//参数说明：port_pin-引脚号，使用宏定义常数
//         state-希望设置的端口引脚状态，0 表示低电平、1 表示高电平
//功能概要：当指定端口引脚被定义为 GPIO 功能且为输出时，本函数用于设定引脚状态
// ================================================================
void  gpio_set(uint_16 port_pin,uint_8 state);

// ================================================================
//函数名称：gpio_get
//函数返回：指定端口引脚的状态（1 或 0）
//参数说明：port_pin-引脚号，使用宏定义常数
//功能概要：当指定端口引脚被定义为 GPIO 功能且为输入时，本函数用于获取指定引脚的状态
// ================================================================
uint_8  gpio_get(uint_16 port_pin);

// ================================================================
//函数名称：gpio_reverse
//函数返回：无
//参数说明：port_pin-引脚号，使用宏定义常数
//功能概要：当指定端口引脚被定义为 GPIO 功能且为输出时，本函数用于反转引脚状态
// ================================================================
void  gpio_reverse(uint_16 port_pin);
```

GPIO 构件可以实现开关量的输出与输入编程。若是输入，还可实现沿跳变中断编程。

3. GPIO 构件的输出测试方法

在 AHL-CH32V303-WiFi 开发板上,有红绿蓝三色一体灯,若使用 GPIO 构件实现蓝灯闪烁,可参考电子资源"03-Software\CH05\GPIO-Output-Component-CH32V303",具体操作步骤如下。

(1) 给灯命名

采用宏定义的方式给蓝灯命名,如 LIGHT_BLUE,明确蓝灯连接至芯片的 GPIO 引脚。由于此操作属于用户程序,按照"分门别类,各有归处"原则,这个宏定义应该写在工程的 05_UserBoard\user.h 文件中。在 07_AppPrg 文件夹的主程序中,不应该直接出现引脚的端口与引脚号,而应统一使用 LIGHT_BLUE,只有这样才符合软件工程的基本要求,确保 07_AppPrg 文件夹具备可移植性。

```
#define  LIGHT_BLUE     (PTB_NUM|9)    //蓝灯
```

(2) 给灯状态命名

灯的亮暗状态对应的逻辑电平由物理硬件接法决定。为了提升应用程序的可移植性,需要在 user.h 文件中,对红灯的"亮""暗"状态进行宏定义。

```
//灯状态宏定义(灯的亮暗对应的逻辑电平由物理硬件接法决定)
#define  LIGHT_ON    0    //灯亮
#define  LIGHT_OFF   1    //灯暗
```

这里 0 对应灯亮、1 对应灯暗,是由硬件电路决定的,AHL-CH32V303-WiFi 硬件电路详情可参见 02-Hardware 文件夹中的"AHL-CH32V303-WiFi 硬件电路图.pdf"文件。

特别说明:对灯的亮、暗状态使用宏定义,不仅能使编程更加直观,还能增强软件对硬件的适应性。若硬件电路变动,采用灯的"暗"状态对应低电平,只需要修改头文件中的宏定义即可,而程序源码无须更改。

(3) 初始化蓝灯

在 07-AppPrg\main.c 文件中,对蓝灯进行编程控制。先将蓝灯初始化为暗,在"用户外设模块初始化"部分增加语句:

```
gpio_init(LIGHT_BLUE,GPIO_OUTPUT,LIGHT_OFF);  //初始化蓝灯,设为输出模式,初始状态为暗
```

其中,GPIO_OUTPUT 是 GPIO 构件中对 GPIO 输出的宏定义,使用宏定义可使编程更直观。避免混淆"1"代表的是输出还是输入。

特别说明:在嵌入式软件设计中,输入与输出的判定是基于 MCU 角度的,即 GEC(通用嵌入式控制器)角度。要控制蓝灯亮暗,对 GEC 引脚来说就是输出。若要获取外部状态到 GEC 中,对 GEC 来说就是输入。例如,获取磁开关传感器的状态就需要初始化 GPIO 引脚为输入。

(4) 改变灯的亮暗状态

在 main 函数的主循环中,利用灯状态标志 mFlag 及 gpio_set 函数,实现蓝灯状态的切换。工程编译生成可执行文件后,写入目标板,可观察蓝灯的实际闪烁情况。

```
//(2.3.3)若灯状态标志 mFlag 为'L',灯的闪烁次数+1 并显示,改变灯状态及标志
    if(mFlag=='L')                //判断灯的状态标志
    {
```

```
                mLightCount++;
                printf("灯的闪烁次数 mLightCount =% d\n",mLightCount);
                mFlag='A';                              //更新灯的状态标志
                gpio_set(LIGHT_BLUE,LIGHT_ON);          //点亮蓝灯
                printf("LIGHT_BLUE:ON--\n");            //通过串口输出灯的状态
            }
//(2.3.3)若灯状态标志 mFlag 为'A',改变灯状态及标志
            else
            {
                mFlag='L';                              //更新灯的状态标志
                gpio_set(LIGHT_BLUE,LIGHT_OFF);         //蓝灯暗
                printf("LIGHT_BLUE:OFF--\n");           //通过串口输出灯的状态
            }
```

(5) 程序的运行情况

经过编译生成机器码，通过 AHL-GEC-IDE 软件将 .hex 文件下载到目标板中，可观察板载蓝灯每秒闪烁一次，也可在 AHL-GEC-IDE 界面看到蓝灯状态改变的信息，如图 5-3 所示。由此可体会，使用 printf 语句进行调试的好处。

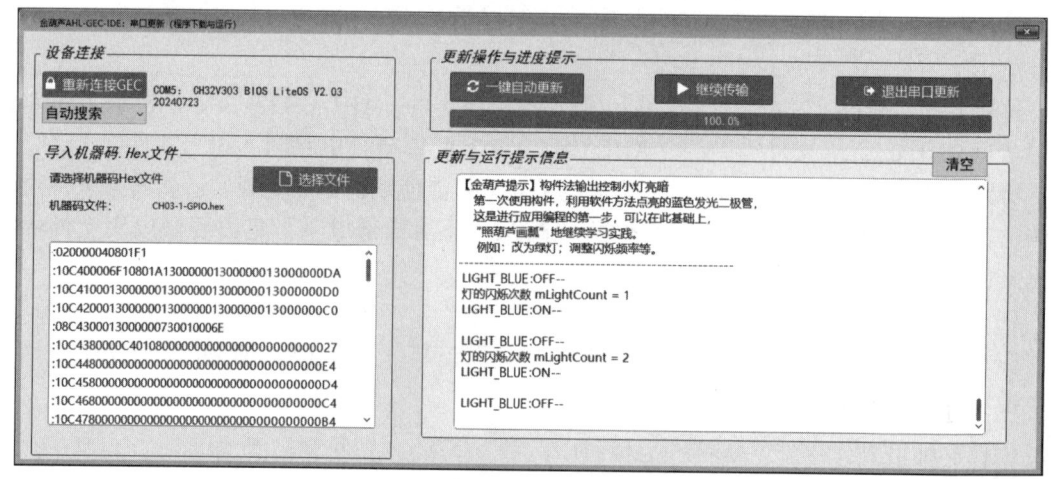

图 5-3　GPIO 构件的输出测试方法

5.3.2　UART 构件

串行通信接口简称"串口"、UART 或 SCI。在 USB 未普及之前，串口是 PC 必备的通信接口之一。作为设备间简便的通信方式，在相当长的时间内，串口仍不会消失。目前，在市场上很容易买到各种电平到 USB 的串口转接器，方便与没有串口但具有多个 USB 接口的笔记本计算机或 PC 进行连接。

在 MCU 中，串口通信在硬件上一般只需要三根线，分别是发送线（TxD）、接收线（RxD）和地线（GND）；在通信方式上，串口属于单字节通信，是嵌入式开发中重要的打桩调试手段。实现串口功能的模块在部分 MCU 中被称为通用异步收发器（Universal Asynchronous Receiver-Transmitters，UART），在另一些 MCU 中被称为串行通信接口（Serial Communication Interface，SCI），二者均可简称为串口。本小节简要概述 UART 的基本概念及编程模型，为学习 MCU 的 UART 编程奠定基础。

1. 串行通信的基本概念与编程模型

"位"(bit) 是单个二进制数字的简称，是可以拥有两种状态的最小二进制值，分别用"0"和"1"表示。在计算机中，通常一个信息单位用 8 位二进制表示，称为一个"字节"(byte)。串行通信的特点是：数据以字节为单位，按位的顺序（例如最高位优先）从一条传输线上发送出去。这里至少涉及以下几个问题：第一，每个字节之间是如何区分开的？第二，发送一位的持续时间是多长？第三，怎样确保传输是正确的？第四，可以传输多远？这些问题构成串行通信的基本概念。串行通信分为异步通信与同步通信两种方式，这里主要介绍异步串行通信的一些常用概念。正确理解这些概念，对串行通信编程大有裨益。主要需要掌握异步串行通信的格式、波特率、串行通信传输方式等内容。

（1）异步串行通信的格式

在 MCU 的英文芯片手册上，通常提到的异步串行通信采用的是 NRZ 数据格式，英文全称是"standard non-return-zero mark/space data format"，可以译为"标准不归零传号/空号数据格式"。这是一个通信术语，"不归零"的最初含义是：用负电平表示一种二进制值，用正电平表示另一种二进制值，不使用零电平。"mark/space"即"传号/空号"，分别表示两种状态的物理名称，逻辑名称记为"1/0"。对学习嵌入式应用的读者而言，只要理解这种格式只有"1"和"0"两种逻辑值即可。图 5-4 所示为 8 位数据、无校验情况下的传输格式。

图 5-4 串行通信传输格式

这种格式的空闲状态为"1"，发送器通过发送一个"0"表示一个字节传输的开始，随后是数据位（在 MCU 中一般是 8 位或 9 位，可能包含校验位），最后，发送器发送 1~2 位的停止位，表示一个字节传输结束。若要继续发送下一字节，则重新发送开始位（这就是异步的含义），开始一个新的字节的传输。若不发送新的字节，则维持"1"的状态，使发送数据线处于空闲状态。从开始位到停止位结束的时间间隔称为一字节帧（Byte Frame），因此也称这种格式为字节帧格式。每发送一个字节，都要发送"开始位"与"停止位"，这是影响异步串行通信传输速度的因素之一。

（2）串行通信的波特率

位长（Bit Length）也称为位的持续时间（Bit Duration），其倒数就是单位时间内传输的位数，人们把每秒内传输的位数叫作波特率（Baud Rate）。波特率的单位是位/秒，记为 bit/s。bit/s 是英文 bit per second 的缩写，习惯上这个缩写不用大写，而用小写。通常情况下，波特率的单位可以省略。

常见的波特率有 1200、1800、2400、4800、9600、19200、38400、57600 和 115200 等。在包含开始位与停止位的情况下，发送一个字节需要 10 位，据此可以很容易地计算出，在各波特率下，发送 1KB 所需的时间。显然，这个速度相对于目前许多通信方式而言是慢的，那么，异步串行通信的速度能否大幅提高呢？答案是否定的。因为随着波特率的提高，位长会变小，数据很容易受到电磁源的干扰，导致通信不可靠。此外，还有通信距离的问题，距离较小时，可以适当提高波特率，但提升幅度非常有限，无法实现大幅度提升的目的。

(3) 串行通信传输方式

在串行通信中，经常会用到"单工""全双工"和"半双工"等术语，它们是串行通信的不同传输方式。下面简要介绍这些术语的基本含义。

1) 全双工（Full-duplex）：数据传输是双向的，且可以同时进行数据的接收与发送。在这种传输方式中，除了地线外，需要两根数据线，从任何一端来看，一根为发送线，另一根为接收线。一般情况下，MCU 的异步串行通信接口均是全双工的。

2) 半双工（Half-duplex）：数据传输也是双向的，但是在这种传输方式中，除地线外，一般只有一根数据线。任何时刻，只能由一方发送数据，另一方接收数据，不能同时进行收发操作。

3) 单工（Simplex）：数据传输是单向的，一端为发送端，另一端为接收端。在这种传输方式中，除了地线外，只要一根数据线，如有线广播就采用了单工传输方式。

2. 串行通信的硬件信号变换

现在来回答"可以传输多远"这个问题。MCU 引脚输入/输出一般采用晶体管−晶体管逻辑（Transistor Transistor Logic，TTL）电平。而 TTL 电平的"1"和"0"的特征电压分别为 2.4V 和 0.4V（在目前使用 3V 供电的 MCU 中，该特征值有所变动），即大于 2.4V 识别为"1"，小于 0.4V 则识别为"0"。这种电平标准适用于板内数据传输。若用 TTL 电平将数据传输到 5m 之外，数据的可靠性就难以保证了。为使信号传输得更远，美国电子工业协会（Electronic Industry Association，EIA）制定了串行物理接口标准 RS232，之后又衍生出 RS485 标准。

(1) RS232

RS232 采用负逻辑，−15~−3V 为逻辑"1"，+3V~+15V 为逻辑"0"。RS232 最大的传输距离是 30m，通信速率一般低于 20kbit/s。虽然在实际应用中，有人通过降低通信速率，利用 RS232 电平将数据传输到 300m 之外，但这种情况很少见，且稳定性很差。

(2) RS485

为了满足组网需求，出现了 RS485 标准。它采用差分信号负逻辑，−2~−6V 表示"1"，+2V~+6V 表示"0"。在硬件连接方面，采用两线制接线方式，在工业领域应用广泛。所谓差分信号，就是两线电平相减得出的一个电平信号，可以较好地抑制电磁干扰。RS485 标准是为了弥补 RS232 通信距离短、速率低等缺点而产生的，通信距离在 1000m 左右。由于使用差分信号传输，二线制的 RS485 通信只能工作于半双工方式，若要全双工通信，则必须使用四线制。在 MCU 的外围电路中，串口通信要使用 RS485 方式传输，就需要使用 TTL-RS485 转换芯片。需要说明的是，上面介绍的 TTL-RS232 转换芯片，以及这里介绍的 TTL-RS485 转换芯片，还有下面将介绍的 TTL-USB 转换芯片，其作用均是实现硬件电平信号之间的转换，与 MCU 的串口编程无关，MCU 的串口编程是一致的。

(3) TTL-USB 串口

随着 USB 接口在笔记本计算机及 PC 中成为标准配置，而笔记本计算机及 PC 作为 MCU 程序开发的工具机，需要与 MCU 进行串行通信，于是出现了 TTL-USB 串口芯片。以 AHL-CH32V303-WiFi 开发板为例，它使用的是南京沁恒微电子股份有限公司生产的一款双路串口转 USB 芯片 CH342。

电子资源 "..\Tool" 文件夹下的 CH343CDC.EXE 文件是 CH342 的驱动程序，可以进行安装使用。在 Windows 10 操作系统下，该驱动可以免安装。当 AHL-CH32V303-WiFi 通过

Type-C 接口连接计算机后,在"设备管理器"下的"端口(COM 和 LPT)"选项中,可以看到有该设备接入的两个串口提示,此时即可正常使用。

3. UART 构件 API

UART 构件主要接口函数包括初始化、发送一个字节、发送 N 个字节、发送字符串、接收一个字节等,具体见表 5-2。

表 5-2　UART 常用接口函数

序号	函数名	功　能	描　述
1	uart_init	初始化	传入串口号及波特率,初始化串口
2	uart_send1	发送一个字节数据	向指定串口发送一个字节数据
3	uart_sendN	发送 N 个字节数据	向指定串口发送 N 个字节数据
4	uart_send_string	发送字符串	向指定串口发送字符串
5	uart_re1	接收一个字节数据	从指定串口接收一个字节数据
…		…	

UART 构件的头文件 uart.h 在工程的"\03_MCU\MCU_drivers"文件夹中,这里给出部分接口函数的使用说明及函数声明。

```c
//===============================================================
//函数名称：uart_init
//功能概要：初始化 uart 模块
//参数说明：uartNo-串口号,如 UART_1、UART_2、UART_3 等
//        baud_rate-波特率,可取 9600、19200、115200 等
//函数返回：无
//===============================================================
void  uart_init(uint8_t  uartNo,uint32_t  baud_rate);

//===============================================================
//函数名称：uart_send1
//参数说明：uartNo1-串口号,如 UART_1、UART_2、UART_3 等
//        ch-要发送的字节
//函数返回：函数执行状态,1 表示发送成功、0 表示发送失败
//功能概要：串行发送一个字节
//===============================================================
uint_8  uart_send1(uint8_t  uartNo,uint8_t  ch);

//===============================================================
//函数名称：uart_sendN
//参数说明：uartNo-串口号,如 UART_1、UART_2、UART_3 等
//        buff-发送缓冲区
//        len-发送长度
//函数返回：函数执行状态,1 表示发送成功、0 表示发送失败
//功能概要：串行发送 n 个字节
//===============================================================
uint8_t  uart_sendN(uint8_t  uartNo,uint16_t  len,uint8_t*  buff)

//===============================================================
//函数名称：uart_send_string
//参数说明：uartNo-串口号,如 UART_1、UART_2、UART_3 等
//        buff：要发送的字符串的首地址
```

```
//函数返回:函数执行状态,1 表示发送成功,0 表示发送失败
//功能概要:从指定 UART 端口发送一个以'\0'结束的字符串
// ====================================================================
uint8_t  uart_send_string(uint8_t  uartNo,uint8_t *  buff)


// ====================================================================
//函数名称:uart_re1
//参数说明:uartNo-串口号,如 UART_1、UART_2、UART_3 等
//          *fp-接收成功标志的指针,*fp=1 表示接收成功、*fp=0 表示接收失败
//函数返回:返回接收的字节
//功能概要:串行接收一个字节
// ====================================================================
uint8_t  uart_re1(uint8_t  uartNo,uint8_t  *fp);
```

4. 中断编程步骤（以串口接收中断为例）

这里以 UART_2 接收中断为例，阐述中断编程步骤。样例工程为 "03-Software\CH05\UART-ISR-CH32V303"。

（1）准备阶段

在开发板硬件设计阶段确定使用的串口，用它来收发数据，例如定义 AHL-CH32V303 的 UART_2 为 UART_User。在工程的 03_MCU\startup\startup_ch32v30x.S 文件的中断向量表中，找到串口 2 接收中断服务例程的函数，名称是 USART2_IRQHandler。同时，在 05_User-Board\user.h 文件中，对其进行宏定义，增强程序的可移植性。

```
//(4)【变动】其他外设模块硬件引脚定义
#define  UART_User  UART_2    //用户串口

//(5)【变动】为了 06、07 文件夹可复用,这里注册中断服务函数
//(5.1)注册用户串口(UART_User)中断服务例程(UART_User_Handler)
void  USART2_IRQHandler(void)__attribute__((interrupt("WCH-Interrupt-fast")));
#define UART_User_Handler USART2_IRQHandler    //UART_User_Handler 在 isr.c 中实现
```

（2）在 main.c 文件中进行串口初始化、使能模块中断、开总中断

1）在"初始化外设模块"位置调用 UART 构件中的初始化函数。

```
uart_init(UART_User,115200);      //初始化串口模块,波特率使用 115200
```

2）在"初始化外设模块"位置调用 UART 构件中的使能模块中断函数。

```
uart_enable_re_int(UART_User);    //使能 UART_USER 模块接收中断功能
```

3）在"开总中断"位置调用 cpu.h 文件中的开总中断宏函数。

```
ENABLE_INTERRUPTS;    //开总中断
```

这样，串口接收中断初始化完成。

（3）isr.c 文件中编写中断服务例程

在 07_AppPrg\isr.c 文件中编写中断服务例程。

```
// ====================================================================
//程序名称:UART_User_Handler
//触发条件:UART_User 串口收到一个字节触发
//备    注:进入本程序后,可使用 uart_get_re_int 函数进行中断标志判断
```

```c
//           1表示有UART接收中断,0表示没有UART接收中断
//===================================================================
void UART_User_Handler(void)
{
    //【1】关中断
    DISABLE_INTERRUPTS;

    //【2】声明临时变量,用于存储中断标志和接收到的数据
    uint8_t  flag,ch;

    //【3】判断是否为本中断触发
    if(!uart_get_re_int(UART_User))    goto  UART_User_Handler_exit;

    //【4】确认是本中断触发,将读取接收到的字节赋给变量ch, flag是收到数据标志
    ch=uart_re1(UART_User,&flag);       //调用接收一个字节的函数,清接收中断位

    //【5】根据flag判断是否真正收到一个字节的数据
    if (flag)                           //有数据
    {
        uart_send1(UART_User,ch);       //回发接收到的字节
    }

    //【6】开中断
    UART_User_Handler_exit:
    ENABLE_INTERRUPTS;
}
```

在此处完成串口2接收中断功能的编程。该函数会取代原来的默认函数。这样就避免了用户直接对中断向量表进行修改,而在 startup_ch32v10x.S 文件中采用"弱定义"的方式为用户提供编程接口,既方便用户使用,同时也提高了系统编程的安全性。

中断服务例程的设计与普通构件函数设计思路类似,只是这些程序只有在中断产生时才被运行。为了规范编程,统一将各个中断服务例程存放在工程框架中的 ..\07_AppPrg\isr.c 文件中。例如,编写一个 UART_User 串口接收中断服务例程,当串口有一个字节的数据到来时产生接收中断,将会执行 UART_User_Handler 函数。在这个程序中,首先进入临界区[⊖],关总中断,接收一个到来的字符,若接收成功,则把这个字符发送回去,退出临界区。

(4) 运行结果

将机器码文件下载到目标开发套件中,在 AHL-GEC-IDE 的菜单栏中选择"工具"→"串口工具",弹出"串口测试工程"界面,选择串口,设置波特率为115200,单击"打开串口"按钮,选择发送方式为"字符串",在文本框内输入字符"A",单击"发送数据"按钮,则上位机将该字符发送给MCU。MCU 接收数据后回发给上位机,如图5-5所示。

⊖ 有些情况下,一些程序段是需要连续执行而不能被打断的,此时,程序对CPU资源的使用是独占的,这种状态称为"临界状态",不能被打断的过程称为对"临界区"的访问。为防止在执行关键操作时被外部事件打断,一般通过关中断的方式使程序访问临界区,屏蔽外部事件的影响。执行完关键操作后退出临界区,打开中断,恢复对中断的响应能力。

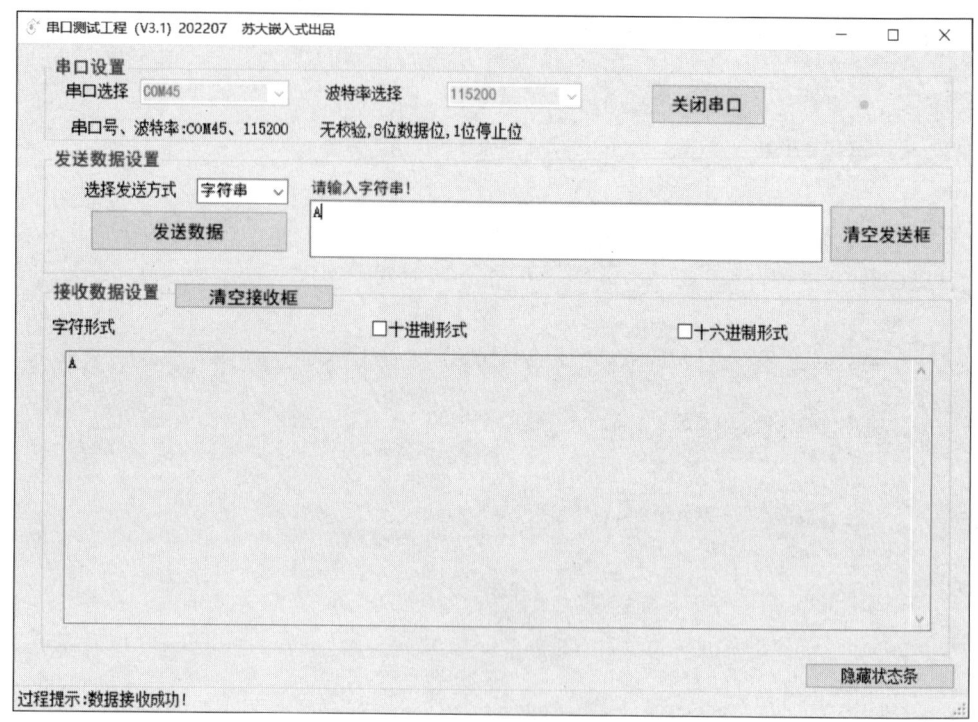

图 5-5　通过中断实现串口的收发数据

【思考】如何实现上位机发送"A"MCU 回发"C",上位机发送"B"MCU 回发"D"……。

5.3.3　Flash 构件

20 世纪 90 年代,日本东芝公司和美国英特尔公司推出一种名为 Flash 存储器的非易失性存储器,简称闪存。它具有密度高、非易失性的特性,兼有 RAM 和 ROM 的优点,且功耗低、集成度高。目前广泛应用的 U 盘和存储卡等都属于 Flash 存储器,MCU 内部大多也集成了 Flash 存储器,用于存放程序及参数。

自 2000 年起,MCU 内部 Flash 开始逐步支持在线擦除与写入,即在线编程模式。这一功能使得通用计算机(GEC)概念得以实现,把程序分为 BIOS 及 User 两个既独立又关联的部分,方便了编程与调试。

1. Flash 在线编程的通用基础知识

Flash 存储器具有非易失性、电可擦除、可在线编程、存储密度高、功耗低和成本较低等特点。随着 Flash 技术的日益成熟,Flash 存储器已经成为 MCU 的重要组成部分。

Flash 存储器的非易失性这一特性与磁存储器相似,不需要后备电源即可保存数据。Flash 存储器的可在线编程性使其可以取代电可擦除可编程只读存储器(Electrically Erasable Programmable Read-Only Memory,EEPROM),用于保存运行过程中的参数。

从 Flash 存储器的基本特点可以看出,在 MCU 中,可以利用 Flash 存储器固化程序,这一般通过编程器来完成。此时,Flash 存储器工作于监控模式或写入器编程模式,即通过编程器将程序写入 Flash 存储器中的模式。另一方面,由于 Flash 存储器具有电可擦除功能,在程序运行过程中,可对 Flash 存储区的数据或程序进行更新,此时 Flash 存储器工作于用户模式或在线编程模式,即通过运行 Flash 内部程序对 Flash 其他区域进行擦除与写入的模式。

对 Flash 存储器的读写不同于对一般 RAM 的读写,需要专门的编程过程。Flash 编程的基本操作有两种:擦除(Erase)和写入(Program)。擦除操作是将存储单元的内容由二进制的 0 变成 1,而写入操作是将存储单元的某些位由二进制的 1 变成 0。Flash 在线编程的写入操作是以字为单位进行的。在执行写入操作之前,要确保写入区在上一次擦除之后没有被写入过,即写入区是空白的(各存储单元的内容均为 0xFF)。因此,在写入之前一般都要先执行擦除操作。Flash 在线编程的擦除操作包括整体擦除和以 m 个字为单位的擦除。在不同厂商或不同系列的 MCU 中,这 m 个字的称呼各异,有的称为"块",有的称为"页",有的称为"扇区",等等。它代表在线擦除的最小度量单位。

2. Flash 驱动构件知识要素分析

对 Flash 的操作主要有初始化、扇区擦除、向指定扇区写数据、向指定地址写数据、从扇区读数据、从物理地址读数据、保护、判空等 8 种基本操作。按照构件化设计思想,可将这些操作封装成 8 个独立的对外接口函数,构件名为 flash,具体见表 5-3。

表 5-3 Flash 常用接口函数

序号	函数 功能	函数 返回	函数名	形参 英文名	形参 中文名	说明
1	Flash 初始化	无	flash_init	无	无	在进行 Flash 模块的其他操作前,必须先调用 flash_init 对 Flash 模块进行初始化
2	扇区擦除	uint8_t	flash_erase	sect	扇区号	擦除成功后,扇区内存储的数据均是 0xE339E339(针对 CH32V303)芯片,判空函数也需做相应调整
3	向指定扇区写数据	无	flash_write	sect	扇区号	写之前最好先擦除要写入的扇区
				offset	偏移量	
				N	写入数据长度	
				*buff	写入数组	
4	向指定地址写数据	无	flash_write_physical	addr	指定物理地址	该函数功能和 flash_write 类似,区别在于需要传入物理地址
				N	写入数据长度	
				*buff	写入数据	
5	从扇区读数据	无	flash_read_logic	*dest	存放读出数据	读指定扇区数据,需要传入扇区号和偏移量
				sect	扇区号	
				offset	偏移量	
				N	读出数据长度	
6	从物理地址读数据	无	flash_read_physical	*dest	存放读出数据	读指定地址数据,需要传入目标地址
				addr	目标地址	
				N	读出数据长度	

(续)

序号	函数			形参		说明
	功能	返回	函数名	英文名	中文名	
7	保护 Flash 区域	无	flash_protect	M	Flash 区域类型	设为保护区域后，该扇区将无法进行写和擦除操作
8	判空	uint8_t	flash_isempty	sect	判空扇区号	判断指定区域是否为空
				N	判断区域大小	

3. Flash 驱动构件的使用方法

针对具体芯片的 Flash 编程，需要明确 Flash 空间的地址范围、大小、扇区大小及扇区范围。根据芯片手册，CH32V303 芯片用户可以使用的 Flash 空间地址范围是 0x0800_0000 ~ 0x0807_7FFF，大小为 480KB，扇区大小为 256B，扇区范围是 0 ~ 1919。

基于该芯片构成的通用嵌入式计算机 AHL-CH32V303-WiFi，BIOS 占用 0 ~ 451 扇区，452 ~ 1919 为用户可用扇区。

为了使 07_AppPrg 文件夹可以复用，在用户头文件 user.h 中对测试扇区进行宏定义，样例工程见"03-Software\CH05\Flash"，其功能是向第 1800 扇区写入 32 个字节的字符串"Welcome to Soochow University!"，具体步骤如下。

(1) 在 user.h 中对测试的扇区号及物理地址进行宏定义

```
#define  TEST_SECT   1800        //建议测试使用 1800-1900 扇区
#define  TEST_ADDR   FLASH_ADDR_START+ TEST_SECT * FLASH_SECT_SIZE
```

这样，在 main.c 中使用 FLASH_SECT、FLASH_ADDR，可实现 main.c 的复用，不同配置的差异在 user.h 中体现。

(2) 初始化 Flash 模块

```
flash_init();
```

初始化过程会对要擦除的区域进行解锁。

(3) 擦除要写入的区域

```
flash_erase(TEST_SECT);
```

在执行写入操作之前，要确保写入区域在上一次擦除之后没有被写入过，即写入区是空白的（擦除后大多数芯片存储单元内容均为 0xFF；CH32V303 芯片因加密问题，按字地址读出的内容为 0xE339E339，表示为空）。

(4) 写入数据

通过封装好的函数入口参数进行传参，完成写入操作，写入后通过打印输出进行核对。

```
flash_write(TEST_SECT,0,32,(uint8_t *) "Welcome to Soochow University!");
flash_read_logic(mK1,TEST_SECT,0,32);//从该扇区读取 32 个字节到 mK1 中
printf("(1)逻辑读方式读取第%d 扇区的 32 字节的内容： %s\n",TEST_SECT,mK1);
```

其他细节参见样例工程。

(5) 通过 IDE 工具读出查看

在 IDE 顶部菜单栏中，选择"工具"→"读地址操作"命令，根据 user.h 中给出的地址说明，可读出该地址的信息，进而确认写入情况。

5.3.4 ADC 构件

在现代过程控制和仪器仪表中，微型计算机常被用于实时控制及实时数据处理。计算机处理的信息是数字量，而被测控对象往往是一些连续变化的模拟量（如温度、压力、流量等），因此，将输入的模拟量转换为计算机可进行运算处理的数字量，成为测控领域的重要一环。

1. ADC 的通用基础知识

（1）模拟量、数字量及模数转换器的基本含义

模拟量（Analogue Quantity）是指在一定范围内连续变化的物理量，从数学角度看，连续变化可理解为可取任意值。例如，温度这个物理量，可以精确到 28.1℃、28.15℃甚至更高，也就是说，理论上可以有无限多位小数点，这体现了模拟量的连续性。

数字量（Digital Quantity）是分立量，不可连续变化，只能取离散值。在现实生活中，有许多数字量的例子，如 1 部手机、2 部手机等。在计算机中，所有信息均使用二进制表示。例如，用 1 位二进制只能表达 0 和 1 两个值，8 位二进制可以表达 0,1,2,…,254,255，共 256 个值，这就是数字量。

模数转换器（Analog-to-Digital Converter，ADC）是将电信号转换为计算机可以处理的数字量的电子器件，这个电信号可能是由温度、压力等实际物理量经过传感器和相应的变换电路转化而来的。

（2）与 A/D 转换编程直接相关的技术指标

与 A/D 转换编程直接相关的技术指标主要有转换精度、输入方式（单端/差分）、软件滤波、物理量回归等。

1) 转换精度。转换精度（Conversion Accuracy）是指数字量变化一个最小量时对应模拟信号的变化量，也称分辨率（Resolution）。通常用模数转换器的二进制位数来表征，有 8 位、10 位、12 位、16 位、24 位等。通常位数越大，精度越高。设 ADC 的位数为 N，因为 N 位二进制数可表示的范围是 $0\sim(2^N-1)$，因此最小能检测到的模拟量变化值就是 $V_{REF}/2^N$（V_{REF} 为参考电压）。例如，某一 ADC 的位数是 12 位，若参考电压为 5V（即满量程电压），则最小可检测到的模拟量变化值为 $5V/2^{12} = 0.00122V = 1.22mV$，即为该 ADC 的理论精度（分辨率）。这也是 12 位二进制数的最低有效位[⊖]（Least Significant Bit，LSB）所能代表的值。实际上，由于量化误差（随后介绍）的存在，实际精度达不到理论精度。

【练习】设参考电压为 5V，ADC 的位数是 16 位，计算其理论精度。

2) 单端输入与差分输入。一般情况下，实际物理量经过传感器转成微弱的电信号后，需要通过放大电路变换成 MCU 引脚可以接收的电压范围。根据输入方式可分为单端输入与差分输入。若信号从 MCU 的一个引脚接入，以公共地（GND）作为参考电平，称其为单端输入（Single-Ended Input）。这种输入方式的优点是电路简单，仅需 MCU 的一个引脚。其缺

⊖ 与二进制最低有效位相对应的是最高有效位（Most Significant Bit，MSB），12 位二进制数的最高有效位代表 2048，而最低有效位代表 1/4096。不同位数的二进制中，MSB 和 LSB 代表的值不同。

点是易受电磁干扰,因为 GND 电位虽固定是 0V,但电磁干扰[一]会直接叠加到信号引脚上。若信号从 MCU 的两个引脚接入,A/D 采样值是两个引脚的电平差值,就称其为差分输入(Differential Input)。这种输入方式的优点是降低了电磁干扰,因为两根差分线受干扰程度接近,共模干扰[二]可通过内部减法电路抵消。其缺点是多用了一个引脚。实际采集电路使用单端输入还是差分输入,取决于成本、对干扰的允许程度等。通常在 A/D 转换编程时,把每一路模拟量称为一个通道(Channel),使用通道号(Channel Number)表达对应模拟量。这样,在单端输入时,通道号与一个引脚对应;在差分输入时,通道号与两个引脚对应。

3)软件滤波。即使输入的模拟量保持不变,利用软件得到的 A/D 值也常出现波动,原因可能是电磁干扰或 ADC 本身转换误差。在多数情况下,可以通过软件滤波(Filter)方法解决该问题,提升采样稳定性。常见方法包括中值滤波和均值滤波。所谓**中值滤波**,就是将 M 次(奇数)连续采样值的 A/D 值按大小进行排序,取中间值作为实际 A/D 值。而**均值滤波**是对 N 次采样值求算术平均。还可以联合使用几种滤波方法(称为复合滤波),进行综合滤波。此外,可以通过建立误差模型或领域分析进一步优化精度。

【练习】有哪些常用的滤波方法?分别适用于什么场景?

4)物理量回归。在实际应用中,得到稳定的 A/D 值以后,还需要将其与实际物理量对应起来,这一过程称为物理量回归(Regression)。A/D 转换的目的是把模拟信号转化为数字信号,供计算机进行处理,但必须知道 A/D 转换后的数值所代表的实际物理量的值,这样才有实际意义。例如,利用 MCU 采集室内温度,A/D 转换后的数值是 126,它实际代表多少温度呢?如果当前室内温度是 25.1℃,则 A/D 值 126 就代表实际温度 25.1℃,把 126 这个值"回归"到 25.1℃ 的过程就是物理量回归。物理量回归与仪器仪表"标定"(Calibration)一词的基本内涵是一致的,均需借助标准仪表建立测量值与真实值的对应关系。计算机中的物理量回归一词是指计算机获得的 A/D 采样值与实际物理量值的对应过程,也需借助标准仪表,本质与仪器仪表标定一致。A/D 转换物理量回归问题,可以转化为数学上的一元回归分析(Regression Analysis)问题,即寻找一个自变量与一个因变量之间的逻辑关系。设 A/D 值为 x、实际物理量为 y,物理量回归需要寻找它们之间的函数关系 $y=f(x)$。若是线性关系,$y=ax+b$,两个样本点即可确定参数 a 和 b;若为非线性关系,可采用人工神经网络等方法建模。

(3)与 A/D 转换编程关联度较弱的技术指标

除上述转换精度、单端输入与差分输入、软件滤波、物理量回归外,还有与 A/D 转换编程关联度较弱的技术指标,如量化误差、转换速度、A/D 参考电压等。

1)量化误差。在把模拟量转换为数字量的过程中,需要对模拟量进行采样和量化,使之转换成一定字长的数字量,量化误差(Quantization Error)就是模拟量量化过程产生的误差。例如,一个 12 位 A/D 转换器,输入恒定电压 1.68V,经过 A/D 转换器转换,所得的数字量理论值应该是 2028,但编程获得的实际值可能在 2026~2031 之间波动,它们与 2028 之间的差值就是量化误差。量化误差大小是 A/D 转换器的性能指标之一。理论上,量化误差

[一] 电磁干扰总是存在的,空中存在着各种频率的电磁波,根据电磁效应,处于电磁场中的电路总会受到干扰,因此设计 AD 采样电路以及 AD 采样软件均要考虑如何减少电磁干扰。

[二] 共模干扰是指同时加载在各个输入信号接口的共有信号干扰。采用屏蔽双绞线并有效接地、采用线性稳压电源或高品质的开关电源、使用差分式电路等方式可以有效地抑制共模干扰。

为±1/2LSB。以 12 位 A/D 转换器为例，设输入电压范围是 0～3V，即把 3V 分解成 2^{12}（4096）份，每份是 1 个最低有效位 LSB 代表的值，即为（1/4096）×3V=0.00073242V，这就是 A/D 转换器的理论精度。数字 0、1、2……分别对应 0V、0.00073242V、0.00048828V……，若输入电压为 0.00048828～0.00073242 之间的值，按照靠近 1 或 2 的原则转换成 1 或 2，这样的误差，就是量化误差，可达 ±1/2LSB，即 0.00073242V/2=0.00036621。±1/2LSB 的量化误差属于理论原理性误差，不可消除。所以，一般来说，若用 A/D 转换器位数表示转换精度，其实际精度要比理论精度至少减 1 位。再考虑到制造工艺误差，一般再减 1 位。这样标准 16 位 A/D 转换器的实际精度可能变为 14 位，可作为实际应用选型参考。

2）转换速度。转换速度通常用完成一次 A/D 转换所要花费的时间来表征。在软件层面，A/D 的转换速度与转换精度、采样时间（Sampling Time）相关，可以通过降低转换精度来缩短转换时间。在硬件层面，转换速度与 A/D 转换器的硬件类型及制造工艺等因素密切相关，速度范围从纳秒级到毫秒级不等。A/D 转换器的硬件类型主要有逐次逼近型、积分型、Σ-Δ 调制型等。对于普通用户来说，A/D 转换时间可以忽略。

3）A/D 参考电压。A/D 转换需要稳定的参考电平，用于将输入模拟量划分为离散刻度。比如要把一个电压分成 1024 份，每一份的基准必须是稳定的，这个电平来自于基准电压，即 A/D 参考电压。粗略情况下，A/D 参考电压可使用芯片供电电源电压。更为精确的要求下，A/D 参考电压需要使用单独电源，要求低功耗（mW 级）、高稳定性（波动≤0.1%），普通电源电压难以达到这个精度，否则成本较高。

(4) 最简单的 A/D 转换采样电路举例

以光敏/温度传感器为例，给出一个最简单的 A/D 转换采样电路。

光敏电阻是利用半导体的光电效应制成的一种电阻值随入射光的强弱而改变的电阻。入射光强，电阻减小；入射光弱，电阻增大。光敏电阻一般用于光的测量、光的控制和光电转换（将光的变化转换为电的变化）。通常，光敏电阻都制成薄片结构，以便吸收更多的光能。当它受到光的照射时，半导体片（光敏层）内就激发出电子-空穴对，参与导电，使电路中电流增强。一般的光敏电阻如图 5-6a 所示。

与光敏电阻类似，温度传感是利用一些金属、半导体等材料与温度有关的特性制成的，这些特性包括热膨胀、电阻、电容、磁性、热电势、热噪声、弹性及光学特征。根据制造材料将其分为热敏电阻传感器、半导体热电偶传感器、PN 结温度传感器和集成温度传感器等类型。热敏电阻传感器是一种比较简单的温度传感器，其最基本的电气特性是随着温度的变化自身阻值也随之变化，图 5-6b 所示是热敏电阻。

在实际应用中，将光敏或热敏电阻接入图 5-6c 所示的采样电路中，光敏或热敏电阻和一个特定阻值的电阻串联，由于光敏或热敏电阻会随着外界环境的变化而变化，因此 A/D 采样点的电压也会随之变化，A/D 采样点的电压为

$$V_{A/D} = \frac{R_x}{R_{光敏/热敏} + R_x} \times V_{REF}$$

式中，R_x 是一特定阻值，根据实际光敏或热敏电阻的不同而加以选定。

以热敏电阻为例，假设为负温度系数（NTC）热敏电阻，其阻值增大时，采样点的电压就会减小，A/D 值也相应减小；反之，其阻值减小，采样点的电压就会增大，A/D 值也相

应增大。所以，采用这种方法，MCU 就会获知外界温度的变化。如果想知道外界的具体温度值，就需要进行物理量回归操作，也就是通过 A/D 采样值，根据采样电路及热敏电阻温度变化曲线，推算当前温度值。

a) 光敏电阻

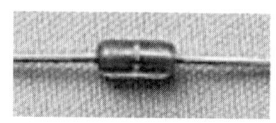
b) 热敏电阻

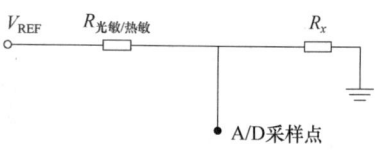
c) 采样电路

图 5-6 光敏/热敏电阻及其采样电路

灰度简单来说就是色彩的深浅程度。灰度传感器也由光敏元器件构成，包含一只发白光的高亮度发光二极管和一只光敏探头。其主要工作原理是，使用发光管发出超强白光照射在物体上，通过物体反射回来落在光敏二极管上，由于照射在它上面的光线强弱的影响，光敏二极管的阻值在反射光线很弱（也就是物体为深色）时为几百 kΩ，一般光照度下为几 kΩ，在反射光线很强（也就是物体颜色很浅，几乎全反射时）为几十 Ω。这样就能检测到物体颜色的灰度了。本书电子资源中的补充阅读材料给出了一种较为复杂的电阻型传感器采样电路设计。

2. ADC 构件 API

在 ADC 构件的头文件 adc.h 中给出了接口函数声明，主要包括初始化、读一个通道的 AD 值、芯片温度、中值滤波、平均值等函数。以 CH32V303 为例，adc.h 的主要内容如下。

```
//通道号宏定义
//          通道号引用名          通道号      MCU 引脚        GEC 引脚
#define ADC_CHANNEL_0            0          //PTA0           GEC_9
#define ADC_CHANNEL_1            1          //PTA1           GEC_10
#define ADC_CHANNEL_2            2          //PTA2           GEC_11
#define ADC_CHANNEL_3            3          //PTA3           GEC_12
#define ADC_CHANNEL_4            4          //PTA4           GEC_13
#define ADC_CHANNEL_5            5          //PTA5           GEC_14
#define ADC_CHANNEL_6            6          //PTA6           GEC_15
#define ADC_CHANNEL_7            7          //PTA7           GEC_16
#define ADC_CHANNEL_8            8          //PTB0           GEC_19
#define ADC_CHANNEL_9            9          //PTB1           GEC_20
#define ADC_CHANNEL_10           10         //PTC0           GEC_39
#define ADC_CHANNEL_11           11         //PTC1           GEC_40
#define ADC_CHANNEL_12           12         //PTC2           GEC_7
#define ADC_CHANNEL_13           13         //PTC3           GEC_8
#define ADC_CHANNEL_14           14         //PTC4           GEC_17
#define ADC_CHANNEL_15           15         //PTC5           GEC_18
#define ADC_CHANNEL_TEMPSENSOR   16         //内部温度传感器通道
#define ADC_CHANNEL_VREFINT      17         //内部参考电压通道(无引脚)
//
#define  AD_SINGLE    0      //单端输入模式
#define  AD_Diff      1      //差分输入模式

//==================================================================
//函数名称: adc_init
```

```
//功能概要：初始化A/D通道号
//函数返回：无
//参数说明：Channel-通道号（参考上述宏定义）
//          Diff-输入模式
// ================================================================
void adc_init(uint16_t Channel,uint8_t Diff);


// ================================================================
//函数名称：adc_read
//功能概要：读取指定通道的A/D转换值（单次采样）
//函数返回：采样值
//参数说明：Channel-通道号
// ================================================================
uint16_t adc_read(uint8_t Channel);


// ================================================================
//函数名称：adc_mcu_temp
//功能概要：将读到的A/D值转换为芯片实际温度
//函数返回：芯片的实际温度
//参数说明：mcu_temp_AD-通过adc_read函数得到的A/D值
// ================================================================
float adc_mcu_temp(uint16_t mcu_temp_AD);


// ================================================================
//函数名称：adc_mid
//函数返回：对指定通道进行中值滤波
//功能概要：中值滤波后的A/D转换值
//参数说明：Channel-通道号
//内部调用：adc_read
//友情提示：本函数不因芯片而变动
// ================================================================
uint16_t adc_mid(uint16_t Channel);


// ================================================================
//函数名称：adc_ave
//功能概要：1路A/D转换函数（均值滤波），通道Channel进行n次中值滤波，求和再做
//          均值，得出均值滤波结果
//函数返回：均值滤波后的A/D转换值
//参数说明：Channel-通道号
//          n-中值滤波次数
//内部调用：adc_mid
//友情提示：本函数不因芯片而变动
// ================================================================
uint16_t adc_ave(uint16_t Channel,uint8_t n);
```

3. ADC 构件的测试方法

基于 AHL-CH32V303-WiFi 开发板的 ADC 构件测试实例，参见电子资源 "03-Software\CH05\ADC"，功能为采集芯片温度与通道 6 的 A/D 值，具体步骤如下。

（1）在 user.h 文件中宏定义测量的 ADC 通道

```
#define MCU_TEMPSENSOR    ADC_CHANNEL_TEMPSENSOR   //MCU 内部温度传感器通道
#define ADC_TEST_CHL      ADC_CHANNEL_6            //测试通道号
#define ADC_TEST_PIN      15                       //对应的 GEC 引脚编号
```

(2) 声明有关局部变量

在工程的 07_AppPrg\main.c 文件中，于"(1.1)【根据本函数所用的变量声明】声明 main 函数使用的局部变量"处声明有关局部变量。

```
uint16_t m_AD1;          //内部温度传感器A/D转换结果
uint16_t m_AD2;          //外部测试通道A/D转换结果
float mcu_temp;          //芯片实际温度值
float m_V;               //外部测试通道电压值
```

(3) 初始化 ADC 通道

在工程的 07_AppPrg\main.c 文件中，于"(1.5)【根据所用到的外部硬件设备】进行用户外设模块初始化"处进行初始化。

```
//(1.5.2) ADC 初始化：通道、输入模式单端/差分
adc_init(MCU_TEMPSENSOR,AD_SINGLE);     //内部温度传感器使用单端模式
adc_init(ADC_TEST_CHL,AD_SINGLE);       //外部测试通道使用单端模式
```

(4) 在主循环中进行采样处理

```
//(2.4) 采样内部温度传感器、外部测试通道的A/D值
m_AD1=adc_ave(MCU_TEMPSENSOR,8);
m_AD2=adc_ave(ADC_TEST_CHL,8);
m_V=(3.3f/4096) * m_AD2;     //计算电压值（假设参考电压为3.3V）
//(2.5) 打印内部温度传感器、外部测试通道的A/D值
printf("内部温度传感器的A/D值:%d\r",m_AD1);
mcu_temp=adc_mcu_temp(m_AD1);
printf(":对应的测量值:%.1f ℃\r\n\n",mcu_temp);
printf("通道%d【GEC_%d】的A/D值:%d\r",ADC_TEST_CHL,ADC_TEST_PIN,m_AD2);
printf(";对应的电压值:%.1f\r\n\n",m_V);
```

(5) 下载机器码并观察运行情况

编译下载后运行界面如图 5-7 所示。对于芯片内部温度测试，可以用手触摸芯片表明，观察采样值的变化；对于外部测试通道，可以使用杜邦线将通道 6（GEC_15）引脚分别接 3.3V、GND，观察采样情况。

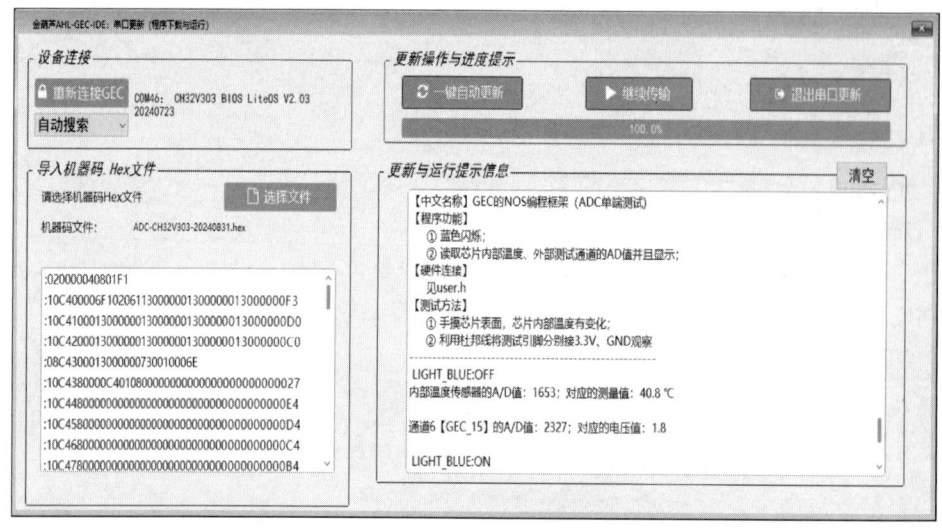

图 5-7 ADC 模块采集上传至上位机

5.3.5 PWM 构件

脉宽调制（Pulse Width Modulation，PWM）是一种通过软件编程控制芯片引脚输出周期性高低电平的技术，其中高低电平的持续时间可调整，常用于电机变频控制、灯光亮暗调节等场景。

1. PWM 通用基础知识

（1）PWM 的知识要素

脉宽调制是电机控制的重要方式之一，PWM 信号是一个高/低电平重复交替的输出信号，通常也称为脉宽调制波或 PWM 波。PWM 最常见的应用是电机控制，还可用于为其他设备产生时钟同步信号、控制灯光闪烁频率、调节设备输入的平均电流或电压等。

PWM 信号的主要技术指标包括 PWM 时钟源频率、PWM 周期、占空比、脉冲宽度与分辨率、极性与对齐方式等。

1）时钟源频率、PWM 周期与占空比。通过 MCU 输出 PWM 信号的方法与使用纯电力电子实现的方法相比，具有实现方便的优点，因此目前常用的 PWM 信号主要通过 MCU 编程实现。图 5-8 给出了一个利用 MCU 编程方式产生 PWM 波的实例，该方法需要有一个产生 PWM 波的时钟源，其频率记为 F_{CLK}（单位：Hz），相应的时钟周期为 $T_{CLK} = 1/F_{CLK}$（单位：s）。PWM 周期用其有效电平持续的时钟周期个数来度量，记为 N_{PWM}（无量纲）。例如，图 5-8 中 PWM 信号的有效电平为高电平，$N_{PWM}=8$，实际 PWM 周期 $T_{PWM}=8×T_{CLK}$（单位：s）。PWM 占空比被定义为 PWM 信号处于有效电平的时钟周期数与整个 PWM 周期内的时钟周期数之比，用百分比表征。在图 5-8a 中，PWM 的高电平（高电平为有效电平）持续 2 个时钟周期（$2T_{CLK}$），所以占空比=2/8=25%。类似地，图 5-8b 所示的占空比为 50%、图 5-8c 的占空比为 75%。

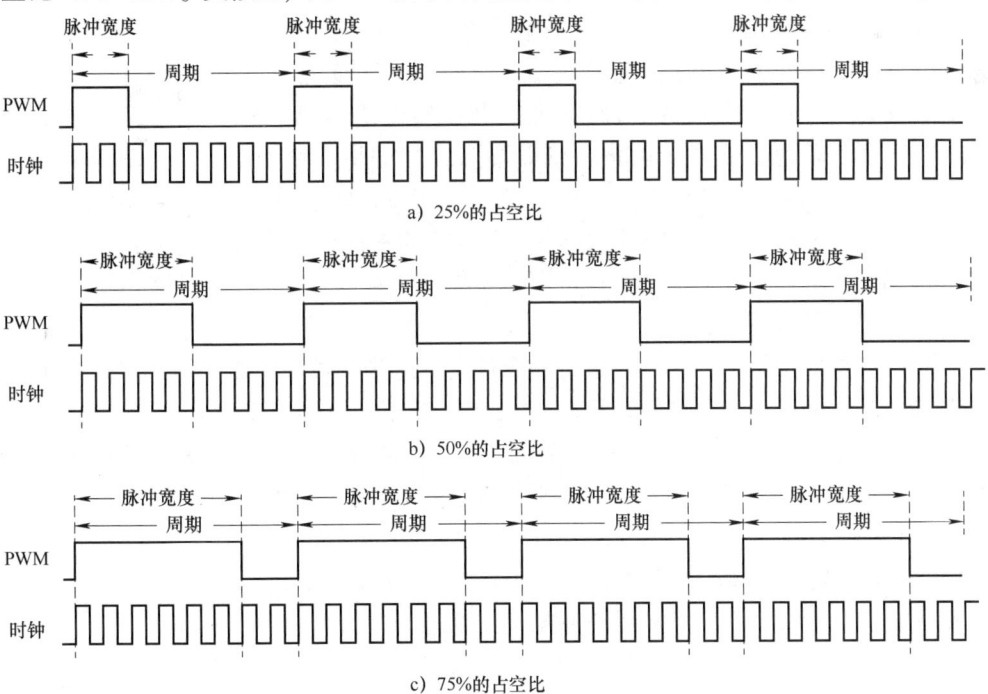

图 5-8 不同占空比的 PWM 波形

2）脉冲宽度与分辨率。脉冲宽度是指一个 PWM 周期内，PWM 波处于有效电平的时间（用持续的时钟周期数表征）。由于 PWM 脉冲宽度可以通过占空比与周期计算得出，且 PWM 分辨率 ΔT 等于时钟源周期，$\Delta T = T_{CLK}$，即脉冲宽度的最小时间增量为时钟周期，因此两者通常不作为独立的技术指标。例如，若 PWM 是利用频率 $F_{CLK} = 48MHz$ 的时钟源产生的，即时钟源周期 $T_{CLK} = (1/48)\mu s = 20.8ns$，那么脉冲宽度的最小增量 $\Delta T = 20.8ns$，这就是 PWM 的分辨率。脉冲宽度的增加与减少只能是 ΔT 的整数倍。实际上，脉冲宽度正是用有效电平持续的时钟周期数（整数）来表征的。

3）极性。PWM 极性决定了 PWM 波的有效电平。正极性表示 PWM 有效电平为高电平，负极性表示 PWM 有效电平为低电平。需要注意的是极性定义与空闲电平相关：当有效电平为高电平时（正极性），空闲电平为低电平，反之亦然。例如，在边沿对齐的情况下，若希望有效电平为低电平（负极性），则空闲电平就应为高电平，以便开始产生 PWM 的信号为低电平，到达比较值时，跳变为高电平。需注意，部分场景下占空比仍定义为高电平持续时间与 PWM 周期之比，与极性无关。

4）对齐方式。PWM 对齐方式分为边沿对齐与中心对齐两种，可以用 PWM 引脚输出发生跳变的时刻来区分。若 PWM 引脚跳变发生在第 1 个时钟周期的上升沿，则为边沿对齐，是常用的模式；引脚跳变发生在周期中点附近的是中心对齐，中心对齐的表述比较复杂，多用于电机控制编程，本书不再展开描述。

（2）PWM 的应用场合

PWM 除了常应用于电机控制，还有一些其他用途，下面举几个典型例子。

1）利用 PWM 为其他设备产生类似于时钟的周期性脉冲信号。例如，PWM 可用来控制灯以一定频率闪烁。

2）利用 PWM 控制输入到某个设备的平均电流或电压，在一定程度上该应用可以替代 D/A 转换。例如，一个直流电机在输入电压时会转动，其转速与平均输入电压近似成正比。假设每分钟转速（rpm）= 输入电压的 100 倍，如果转速要达到 125rpm，则需要 1.25V 的平均输入电压；如果转速要达到 250rpm，则需要 2.50V 的平均输入电压。在图 5-8 所示的不同占空比波形中，如果逻辑 1（高电平）是 5V，逻辑 0（低电平）是 0V，则图 5-8a 的平均电压是 1.25V，图 5-8b 的平均电压是 2.5V，图 5-8c 的平均电压是 3.75V。可见，利用 PWM 可以设置适当的占空比得到所需的平均电压。如果所设置的 PWM 周期足够小，电机就可以平稳运转（即不会明显感觉到电机在加速或减速）。

3）利用脉冲宽度编码（PWM）进行命令传输。这是一种数字通信编码方式，通过不同宽度的脉冲代表不同指令。假如用此来控制无线遥控车，以高电平脉冲为例，如 1ms 代表左转命令、2ms 代表右转命令、3ms 代表前进命令。接收端可以使用定时器来测量高电平脉冲宽度（在脉冲上升沿启动定时器，在下降沿停止定时器），从而判断收到的命令。

2. PWM 构件 API

PWM 构件的头文件 pwm.h 在工程的 ..\03_MCU\MCU_drivers 文件夹中。下面为其接口函数的使用说明及函数声明，其源码请参见样例工程。

```
//TIM1/2/3 通道宏定义        MCU 引脚         GEC 引脚
#define TIM1_CH1            (PTA_NUM |8)    //GEC_35
```

```
//#define TIM1_CH2      (PTA_NUM |9)       //GEC_34      //UART1 使用
//#define TIM1_CH3      (PTA_NUM |10)      //GEC_33      //UART1 使用
#define TIM1_CH4        (PTA_NUM |11)      //无

#define TIM2_CH1        (PTA_NUM |0)       //GEC_9
#define TIM2_CH2        (PTA_NUM |1)       //GEC_10
#define TIM2_CH3        (PTA_NUM |2)       //GEC_11
#define TIM2_CH4        (PTA_NUM |3)       //GEC_12

#define TIM3_CH1        (PTA_NUM |6)       //GEC_13
#define TIM3_CH2        (PTA_NUM |7)       //GEC_14
#define TIM3_CH3        (PTB_NUM |0)       //GEC_19
#define TIM3_CH4        (PTB_NUM |1)       //GEC_20
// ======================================================================
//函数名称：pwm_init
//功能概要：pwm 初始化函数
//函数返回：无
//参数说明：pwmNo-通道标识符（含模块号和通道号），使用宏定义
//          clockFre-时钟频率，单位为 Hz
//          period-时钟周期数，单位为个，即计数器计数值，范围为 1~65536
//          duty-占空比，0.0-100.0 对应 0%-100%
//          align-对齐方式，在头文件宏定义中给出，如 PWM_EDGE 为边沿对齐
//          pol-极性，在头文件宏定义给出，如 PWM_PLUS 为正极性
//注意：因为 GEC 中给出的 PWM 和输入捕捉都是同一模块的，只是通道不同，所以为
//      防止在使用多组 PWM 和输入捕捉时频率被改动，需要使得使用到的 clockFre
//      和 period 参数保持一致
// ======================================================================
void  pwm_init(uint16_t pwmNo,uint32_t clockFre,uint16_t period,
               doubleduty,uint8_t align,uint8_t pol);


// ======================================================================
//函数名称：pwm_update
//功能概要：更新 PWM 占空比
//函数返回：无
//参数说明：pwmNo-通道标识符（含模块号和通道号），使用宏定义
//          duty-占空比，0.0-100.0 对应 0%-100%
// ======================================================================
void pwm_update(uint16_t pwmNo,double duty);
```

这里对 pwm_init 函数的参数做一个补充说明。第 1 个参数是 PWM 通道标识符，结合模块号和通道号唯一指定 PWM 输出引脚；第 2 个参数是产生 PWM 波的时钟源频率，它决定了 PWM 的精度（分辨率）；第 3 个参数是 PWM 时钟周期数，单位为个，表示一个 PWM 周期由多少个时钟周期组成；第 4 个参数是占空比；第 5 个参数是对齐方式；第 6 个参数是极性。

3. PWM 构件的测试方法

PWM 驱动构件的测试工程位于电子资源中的 "03-Software\CH05\PWM" 文件夹。基本功能为：通过某 PWM 引脚输出 PWM 波，编程读取该引脚电平，将其同步到蓝灯引脚并通过串口输出，观察蓝灯闪烁状态，同时可通过运行 PC 端的 C#PWM 测试程序显示 PWM 波形。

具体编程步骤如下。

1) PWM 硬件引脚宏定义。在 05_UserBoard\user.h 中对使用的 PWM 引脚进行宏定义。

```
#define  PWM_USER    TIM1_CH1    //用户 PWM 输出引脚,(PTA_NUM|8)对应 GEC_35
```

2) 定义变量。在工程 07_AppPrg\main.c 中 main 函数的"声明 main 函数使用的局部变量"部分,声明变量。

```
double    mduty;         //占空比
uint32_t  mCount;        //PWM 高低电平切换次数计数器
uint8_t   mPWM_state;    //PWM 引脚电平状态
uint8_t   mFlag;         //电平切换标志
```

3) 给变量赋初值。

```
//(1.3)【根据本函数所用的变量赋初值】给主函数使用的局部变量赋初值
mduty=0.0;        //初始化占空比
mCount=0;         //计数器清零
mFlag=1;          //初始化为 1,期待高电平
```

4) 初始化 PWM。

```
//(1.5)【根据所用到的外部硬件设备】进行用户外设模块初始化化
//PWM 输出初始化:时钟频率、PWM 周期、占空比、对齐方式、极性
pwm_init(PWM_USER,15000,9000,10.0,PWM_EDGE,PWM_PLUS);
```

5) 主循环输出 PWM 并同步状态到蓝灯和串口。

```
//【2】 ====== 主循环部分【开头】 =====================================
    while(1)     //while 循环【开头】
    {
        //(2.1) 周期性更新占空比
        if(mCount>=7)
        {
            mCount=0;
            mFlag=1;
            mduty=mduty+10.0;                        //占空比递增 10%
            pwm_update(PWM_USER,mduty);              //更新占空比
            printf("当前占空比为%d,请观察蓝灯状态!\r\n",(int)mduty);
            if((int)mduty>=90)  mduty=0.0;           //达到 90%后重置为 0%
        }
        //(2.2)获得 PWM 引脚电平状态
        mPWM_state=gpio_get(PWM_USER);
        //(2.3)根据 PWM 引脚状态控制蓝灯并输出
        if((mPWM_state==1)&&(mFlag==1))
        {
            mFlag=0;
            mCount=mCount+1;
            if (mCount>=7)  continue;
            gpio_set(LIGHT_BLUE,1);    //蓝灯亮
            printf("高电平:1\n");
        }else if ((mPWM_state==0)&&(mFlag==0))
        {
            mFlag=1;
```

```
            mCount=mCount+1;
            gpio_set(LIGHT_BLUE,0);      //蓝灯灭
            printf ("低电平: 0\n");
        }
    }    //while 循环结尾
//【2】=====主循环部分【结尾】================================
```

4. 测试运行结果

1）下载 MCU 程序。编译并下载 MCU 程序（路径为 03-Software\CH05-底层驱动\PWM），记录当前使用的串口号，退出串口更新，避免串口被占用。

2）观察蓝灯。蓝灯闪烁频率和亮暗时长随 PWM 占空比变化而变化。

3）运行 PC 端程序。直接运行 C#源程序（路径为 03-Software\CH05-底层驱动\PWM-测试程序 C#），使用默认波特率 115200，打开下载程序所使用的串口。

4）在 PC 观察 PWM 波形，如图 5-9 所示，理解占空比与波形的对应关系。

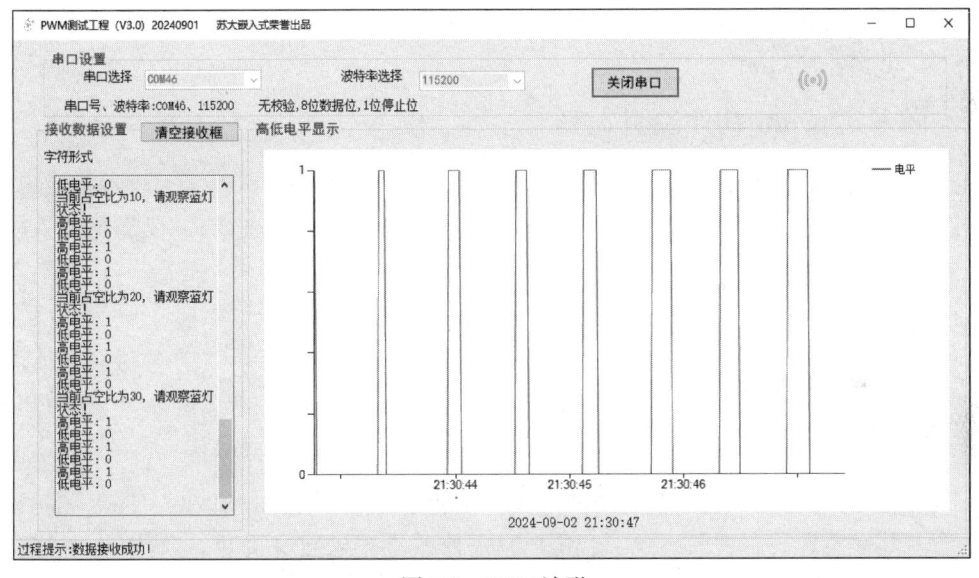

图 5-9　PWM 波形

5.4　外部设备构件设计实例

外部设备构件是调用芯片底层驱动构件而制作的面向实际应用的构件。本节以 printf 构件为例，介绍外部设备构件实例。

在 C 语言中，printf 是一个标准库函数，主要用于过程输出显示，方便程序调试。在嵌入式开发中，可以借助 PC 屏幕，通过重定向 printf 函数到串口驱动，利用串口实现同样功能，方便嵌入式程序的调试。

5.4.1　printf 构件的使用格式

printf 函数的一般调用形式为

```
           printf("格式控制字符串",输出表列);
```

其中,格式控制字符串用于指定输出格式,由格式字符串和非格式字符串两种组成。格式字符串是以%开头的字符串,在%后面跟有各种格式字符,以说明输出数据的类型、形式、长度、小数位数等。例如:
- %d 表示按十进制整型输出。
- %ld 表示按十进制长整型输出。
- %f 表示单精度浮点型输出。
- %lf 表示双精度浮点型输出。
- %c 表示按字符型(单字符)输出。
- %s 表示按字符串输出。
- \n 表示换行符。

非格式字符串原样输出,在显示中起提示作用。

输出表列中包含多个输出项,各输出项之间用逗号分隔,其数据类型和数量必须与格式控制字符串的格式字符串一一对应。

5.4.2 嵌入式 printf 构件说明

在 printf 构件头文件 printf.h 中,给出了对外接口函数的使用声明。需要特别注意的是,要根据实际使用的串口修改其中的宏定义(见下述代码中的黑体注释),仅需更改该构件头文件中这一处,其他不必更改。

```
#include   "uart.h"
#include   "string.h"
#define    UART_printf   UART_3        //printf 函数使用的串口号
#define        printf    myprintf
...
```

printf 构件的实现是一个比较复杂的过程,工程 "..\03-Software\CH05-Hard-component\Printf" 含有其完整源码,一般情况下,用户只需修改上述宏定义即可,若想深入了解原理,可以阅读分析该工程代码。

5.4.3 printf 构件编程实例

下面来举例说明 printf 构件的具体用法。本实例实现的功能为:使用 printf 函数,在串口工具中打印测试字符串。工程实例路径为 03-Software\CH05\Printf,具体实现过程如下。

1. 包含头文件

在 05_ UserBoard\user.h 文件中添加对 printf.h 的包含。

```
#include "printf.h"
```

2. 在 main.c 文件中添加变量定义和 printf 输出

```
char  c,s[20];
int   a;
float f;
```

```
double x;
a=1234;
f=3.14159322;
x=0.123456789123456789;
c='A';
strcpy(s,"Hello,World");
printf("苏州大学嵌入式实验室printf构件测试用例!\n");
//整数数据类型的输出测试
printf("整型数据输出测试:\n");
printf("整数a=%d\n",a);         //按照十进制整数格式输出,显示整数a=1234
printf("整数a=%d%%\n",a);       //输出%号,显示a=1234%
printf("整数a=%6d\n",a);        //输出6位十进制整数(左边补空格),显示整数a=  1234
printf("整数a=%06d\n",a);       //输出6位十进制整数(左边补0),显示整数a=001234
printf("整数a=%2d\n",a);        //a超过2位,按实际输出,显示整数a=1234
printf("整数a=%-6d\n",a);       //输出6位十进制整数(右边补空格),显示整数a=1234
printf("\n");
//浮点数类型数据输出测试
printf("浮点型数据输出测试:\n");
printf("浮点数f=%f\n",f);           //浮点数有效数字是6位,显示浮点数f=3.141593
printf("浮点数fhavassda=%6.4f\n",f); //输出6列,小数点后4位,显示浮点数fhavass-
                                    da=3.1415

printf("double型数x=%lf\n",x);      //输出双精度浮点数,显示double型数x=0.123456
printf("double型数x=%18.15lf\n",x); //输出18列,小数点后15位,显示double型数
                                    x=0.123456789123456

printf("\n");
//字符类型数据输出测试
printf("字符类型数据输出测试:\n");
printf("字符型c=%c\n",c);       //输出字符,显示字符型c=A
printf("ASCII码c=%x\n",c);      //以十六进制输出字符的ASCII码,显示ASCII码c=41
printf("字符串s[]=%s\n",s);     //输出数组字符串,显示字符串s[]=Hello,World
printf("字符串s[]=%6.9s\n",s);  //输出最多9个字符的字符串,显示字符串s[]=
                                Hello,Word
```

3. 运行结果

程序编译通过后,下载至开发板并运行,观察输出,结果如图 5-10 所示。

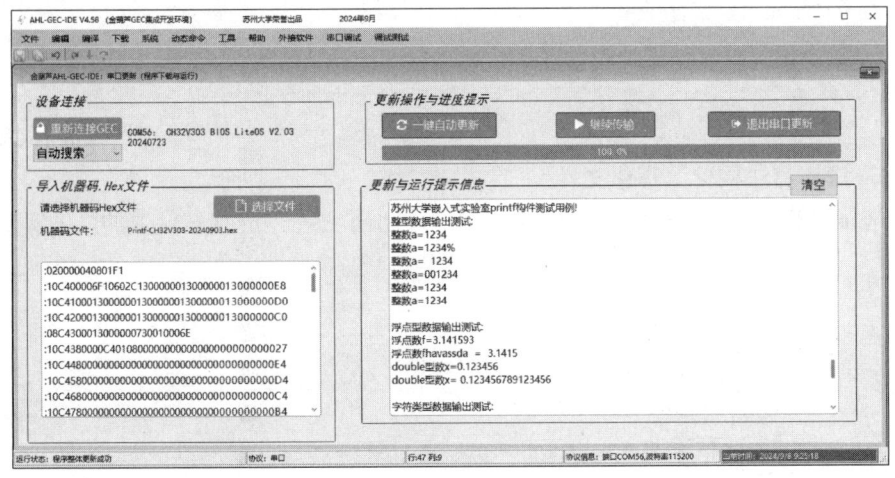

图 5-10　printf 构件测试结果

5.5 算法构件设计实例

算法构件是面向实际算法而封装的、具有底层硬件无关性的模块。本节以冒泡排序算法及队列操作算法为例，阐述算法构件设计的基本流程，为理解算法构件提供模板。

5.5.1 冒泡排序算法构件

1. 冒泡排序算法描述

冒泡排序（Bubble Sort）是一种典型的交换排序算法，其基本思想是：从无序序列头开始，依次比较相邻两数据元素的大小并根据大小进行位置交换，直到最后将最大（小）的数据元素交换到无序队列的队尾，从而成为有序序列的一部分；在下一趟排序中继续这个过程，直到所有数据元素都排好序。简而言之，每次通过比较相邻两元素大小进行交换位置，选出剩余无序序列里最大（小）的数据元素将其放至队尾。

2. 冒泡排序算法构件头文件

在冒泡排序算法构件头文件 bubbleSort.h 中，给出了对外接口函数（API）的使用声明。

```
//================================================================
//文件名称：bubbleSort.h
//功能概要：冒泡法排序构件头文件
//版权所有：苏大嵌入式（sumcu.suda.edu.cn）
//================================================================

//================================================================
//函数名称：bubbleSort_up
//功能概要：将一数组采用冒泡升序方式进行排列，并返回排序后的数组
//参数说明：array-数组名
//         n-数组中元素的个数
//函数返回：无
//================================================================
void  bubbleSort_up(int  array[],int  n);
//================================================================
//函数名称：bubbleSort_down
//功能概要：将一数组采用冒泡降序方式进行排列，并返回排序后的数组
//参数说明：array-数组名
//         n-数组中元素的个数
//函数返回：无
//================================================================
void  bubbleSort_down(int  array[],int  n);
```

3. 冒泡排序算法构件源程序文件

在冒泡排序算法构件源程序 bubbleSort.c 中，给出了各个对外接口函数的具体实现代码。

```
//================================================================
//文件名称：bubbleSort.c
//功能概要：冒泡法排序构件源文件
//版权所有：苏大嵌入式（sumcu.suda.edu.cn）
//================================================================

#include "bubbleSort.h"
//内部函数声明
```

```
void  swap(int *  p, int *  q);
// ================================================================
// ================================================================
void  bubbleSort_up(int  array[],int  n)
{
    int  i,j;
    for (i=0; i<n-1; i++)
    {
        for (j=0; j<n-1-i; j++)
        {
            if (array[j] >array[j+1])
                swap(&array[j], &array[j+1]);
        }
    }
}


// ================================================================
// ================================================================
void  bubbleSort_down(int  array[],int  n)
{
    int  i,j;
    for (i=0; i<n-1; i++)
    {
        for (j=0; j<n-1-i; j++)
        {
            if (array[j]<array[j+1])
                swap(&array[j], &array[j+1]);
        }
    }
}

//内部函数
// ================================================================
//函数名称：swap
//功能概要：对排序中的数组元素进行交换
//参数说明：p-指向要交换的第一个数的地址
//         q-指向要交换的第二个数的地址
//函数返回：无
// ================================================================
void  swap(int *  p, int *  q)
{
    int temp;
    temp=*p;
    *p=*q;
    *q=temp;
}
```

4. 测试程序设计

下面来举例说明 bubbleSort 构件的具体用法。其实现的功能为：传入一组数据，通过冒泡升序、降序的方式实现对数组元素的排序。实例工程的路径为"03-Software \ CH05 \ BubbleSort"，具体实现过程如下。

1) 包含头文件。在 07_AppPrg 文件夹下的 includes.h 中添加对 bubbleSort 构件头文件的包含。

```
#include "bubbleSort.h"
```

2）定义需排序的数组。直接在 main.c 文件中定义待排序的数组名，这里通过升序的方式对数组进行排序。

```
intmX[]={123,14562,32,232,-88,12,13,3232,565,-121};    //待排序的数组（自定义）
```

3）在 main.c 文件中获取数组长度并调用冒泡排序函数。

```
int length=sizeof(mX)/sizeof(mX[0]);    //获取数组元素个数
```

调用冒泡升序函数：

```
bubbleSort_up(mX,length);    //调用冒泡升序函数对数组排序
```

排序完成后，调用 printf 函数通过串口输出排序后的数组元素，即可看到排序后的结果。冒泡降序函数的调用方式与冒泡升序函数的一致，这里不再赘述。

5. 运行结果

程序编译通过后，通过串口工具将 .hex 机器码烧录到芯片中，若串口输出结果如图 5-11 所示，说明测试成功。

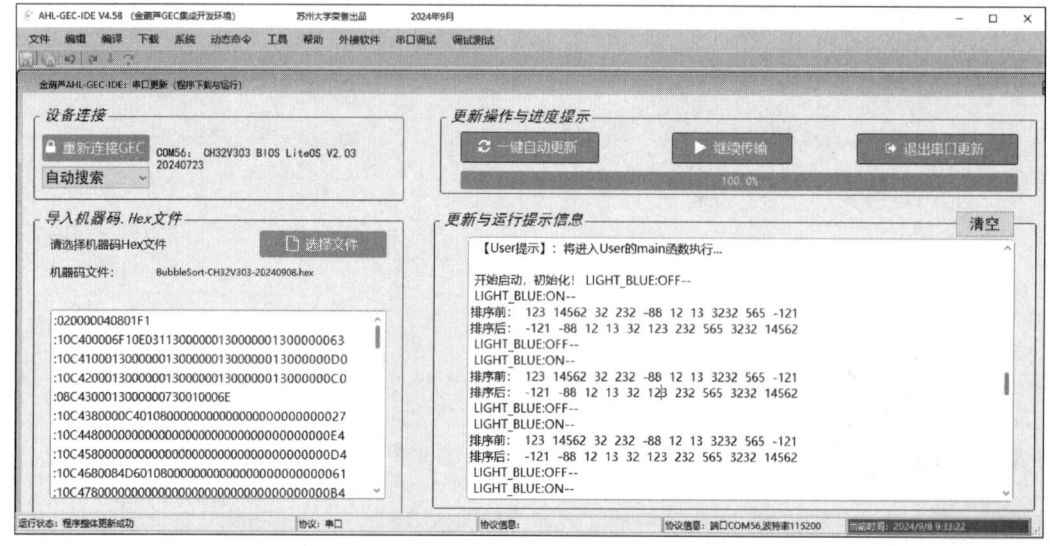

图 5-11 bubbleSort 构件测试

5.5.2 队列构件

1. 队列算法描述

队列，简称队，是一种操作受限的线性表，其受限性表现为仅允许在表的一端插入在另一端删除。进行插入的一端称为队尾（Rear），进行删除的一端称为队头（Front）。向队列中插入元素叫作入队，新元素进入之后就称为新的队尾元素。从队列中删除元素叫作出队，元素出队后，其后继结点元素就称为新的队头元素。队列的特点是先进先出（栈为先进后出）。类似在食堂排队打饭，先到的人先打到饭，后到的人后打到饭。队列按存储结构可分为链队列和顺序队列两种。

在设计队列算法的过程中，首先要考虑的是队列的构成，应当包括队首指针、队尾指

针、队列中元素的个数，以及队列中每个元素数据内容的大小等。其次，应当具有最基本的出队、入队等功能。最后应当考虑在各种不同环境下队列算法的可移植性和用户透明度。

本小节设计的队列构件使用的是单链表队列，队列中的元素类型可以为任意类型，为了方便读者理解，此处使用的类型为用户可自定义的结构体类型。队列构件中主要包含队列初始化、入队、出队及获取队列中元素个数等，涵盖了队列的基本函数方法。

2. 队列算法构件头文件

队列算法的对外函数接口如下。

```c
//=================================================================
//文件名称：queue.h
//功能概要：Queue底层驱动构件头文件
//版权所有：苏大嵌入式（sumcu.suda.edu.cn）
//=================================================================
#include <stdlib.h>
#include <string.h>
typedef struct queue_node_t
{
    void*  m_data;  //抽象的数据域，void*表示链表可以存储任何类型的数据
    struct queue_node_t* m_next;
}Queue_node_t;
//链表结构，存储整个链表
typedef struct queue_t
{
    size_t  m_data_size;      //单个数据元素的大小
    size_t  m_queue_size;     //队列中元素的个数
    size_t  m_maxsize;        //队列最大容量
    Queue_node_t  *m_front;   //队首指针
    Queue_node_t  *m_rear;    //队尾指针
}Queue_t;

//=================================================================
//函数名称：queue_init
//函数返回：初始化的队列
//参数说明：data_size-单个数据元素的大小
//         maxsize-队列最大容量
//功能概要：创建并初始化一个队列
//=================================================================
Queue_t*  queue_init(size_t  data_size,size_t  maxsize);

//=================================================================
//函数名称：queue_in
//函数返回：无
//参数说明：queue-要操作的队列
//        *data-指向待插入数据的指针
//         maxsize-队列最大容量
//功能概要：在队尾插入一个元素
//=================================================================
void queue_in(Queue_t  *queue,void  *data,size_t  maxsize);

//=================================================================
//函数名称：queue_out
//函数返回：无
//参数说明：queue-要操作的队列
//功能概要：删除队首元素
```

```c
// ================================================================
void queue_out(Queue_t *queue);

// ================================================================
//函数名称：queue_count
//函数返回：队列中元素的个数
//参数说明：queue-要操作的队列
//功能概要：获取队列中元素的个数
// ================================================================
int queue_count(Queue_t *queue);
```

3. 队列算法构件源程序文件

队列函数的内部操作保存在 queue.c 文件中，具体内容如下。

```c
// ================================================================
//文件名称：queue.c
//功能概要：Queue 底层驱动构件源文件
//版权所有：苏大嵌入式
// ================================================================
#include "queue.h"      //包含队列构件头文件

// ================================================================
// ================================================================
Queue_t *queue_init(size_t data_size,size_t maxsize)
{
        Queue_t *  new_queue=(Queue_t *)malloc(sizeof(Queue_t));  //建立一个空链表
        new_queue->m_queue_size=0;          //队列元素个数为 0
        new_queue->m_data_size=data_size;
        new_queue->m_maxsize=maxsize;
        new_queue->m_front=NULL;            //队首指针为空
        new_queue->m_rear=NULL;             //队尾指针为空
        return new_queue;
}


// ================================================================
// ================================================================
void queue_in(Queue_t *queue,void *data,size_t maxsize)
{
        if (queue->m_queue_size==maxsize)       //判断队列是否已满
            return;
        Queue_node_t *  new_node=(Queue_node_t *)malloc(sizeof(Queue_node_t));

        new_node->m_data=malloc(queue->m_data_size);
        memcpy(new_node->m_data, data, queue->m_data_size);  //复制数据到新结点

        new_node->m_next=NULL;              //尾插法，插入结点指向空
        if(queue->m_rear==NULL)
        {
            queue->m_front=new_node;
            queue->m_rear=new_node;
        }
        else{
```

```
                queue->m_rear->m_next = new_node;   //让 new_node 成为当前尾部结点下一结点
                queue->m_rear = new_node;            //尾部指针指向 new_node
        }
        queue->m_queue_size += 1;                    //队列中的元素个数加 1
}


// ================================================================
// ================================================================
void queue_out(Queue_t  * queue)
{
        Queue_node_t *  temp_node = queue->m_front;

        if(queue->m_front == NULL)                   //判断队列是否为空,为空不操作
            return;
        if(queue->m_front == queue->m_rear)
        {   //队列只有一个元素,删除后首尾指针置空
            queue->m_front = NULL;
            queue->m_rear = NULL;
        }else{
            queue->m_front = queue->m_front->m_next;  //队首指针后移一位
            free(temp_node);
        }
        queue->m_queue_size -= 1;                     //队列中的元素个数减 1
}

// ================================================================
// ================================================================
int queue_count(Queue_t * queue)
{
        return queue->m_queue_size;
}
```

4. 测试程序设计

下面来举例说明队列构件的具体用法。其实现的功能为:对队列进行 4 次入队,遍历输出队列中的结点,然后进行一次出队操作,再次遍历输出队列中的结点。在每次操作完成之后获取一次队列中的元素个数。样例工程路径为"..\03-Software\CH05-Hard-component\queue"文件夹。具体的实现过程如下。

1)包含头文件。在 07_ AppPrg 文件夹下的 includes.h 中添加对队列构件头文件的包含。

```
#include "queue.h"
```

2)定义元素结构体类型及队列。在总头文件 includes.h 中定义用户自己想要的队列元素结构体类型,此处以学生结构体为例,结构体内部包含学号和姓名两个变量。需要注意的是,结构体类型为 4 字节对齐,故建议在使用时尽量将结构体大小声明为 4 字节的倍数。

```
typedef struct student
{
    int    no;                      //学号
    char   name[20];                //姓名
}g_Student;                         //声明学生结构体
```

3)声明和初始化相关变量。在 main.c 文件的"(1.1)声明 main 函数使用的局部变量"注释下方对需要声明的变量进行声明,在"(1.3)给全局变量及主函数使用的局部变量赋初值"注释下方对这些变量进行初始化。

声明语句如下。

```
Queue_t    *q;                          //声明队列
Queue_node_t  *indexnode;               //声明队列索引结点
g_Student   stu1,stu2,stu3,stu4;        //声明4个学生结构体变量
g_Student   out_data;                   //声明读取队列结点的内容结构体变量
```

初始化语句如下。

```
q=queue_init(sizeof(g_Student),MAXSIZE);   //初始化队列
stu1.no=1001;strcpy(stu1.name,"张三");      //初始化变量 stu1
stu2.no=1002;strcpy(stu2.name,"李四");      //初始化变量 stu2
stu3.no=1003;strcpy(stu3.name,"王五");      //初始化变量 stu3
stu4.no=1004;strcpy(stu4.name,"刘六");      //初始化变量 stu4
```

4)入队及遍历。对初始化后的 4 个学生结构体变量执行入队操作,然后获取当前队列中元素个数并遍历输出当前队列中的元素。

```
queue_in(q,&stu1,MAXSIZE);      //stu1 入队
queue_in(q,&stu2,MAXSIZE);      //stu2 入队
queue_in(q,&stu3,MAXSIZE);      //stu3 入队
queue_in(q,&stu4,MAXSIZE);      //stu4 入队
indexnode=q->m_front; //初始化索引结点为队首结点
printf("入队完成!当前队列中有%d个元素:\n",queue_count(q));
//遍历输出队列中的元素
while(indexnode!=NULL)
{
    out_data=*(g_Student *)indexnode->m_data;
    printf("学生学号为:%d,姓名为:%s\n",out_data.no,out_data.name);
    indexnode=indexnode->m_next;
}
```

5)出队及遍历。延时 1s 后,执行一次出队操作,然后获取当前队列中元素个数并遍历输出当前队列中的元素。

```
for(int i=0;i<3000000;i++);
queue_out(q);//出队一个结点
indexnode=q->m_front;//重新初始化索引结点为队首结点
printf("出队完成!当前队列中有%d个元素:\n",queue_count(q));
while(indexnode!=NULL)
{
    out_data=*(g_Student *)indexnode->m_data;
    printf("学生学号为:%d,姓名为:%s\n",out_data.no,out_data.name);
    indexnode=indexnode->m_next;
}
```

5. 运行结果

程序编译通过后,通过串口工具将 .hex 机器码文件烧录至芯片中。若串口输出结果如图 5-12 所示,说明测试成功。

图 5-12　队列构件测试

5.6　本章小结

软件工程的基本要求是程序的可维护性，而可复用与可移植是可维护的基础，良好的构件设计是实现可复用与可移植的根本保证。一般把嵌入式构件分为底层驱动构件、外部设备构件与算法构件三类。

底层驱动构件是基于 MCU 内部功能模块特性，针对 MCU 引脚功能或 MCU 内部功能，通过封装寄存器操作制作的直接干预硬件的构件，如 GPIO 构件、UART 构件等。其特点是面向芯片，不考虑具体应用。

外部设备构件是调用底层驱动构件，面向 MCU 外接硬件模块封装的应用层构件的，如基于 SPI 接口的 LCD 构件等。其特点是面向芯片的外接硬件模块。

算法构件与 MCU 内部及外部硬件模块无关，专注于算法逻辑，如排序算法、队列操作人工智能的一些算法等。其特点是面向实际算法，具有底层硬件无关性，输入/输出皆为内存变量。

习　题

1. 简述构件的定义和嵌入式开发中构件的分类。
2. 简述底层硬件驱动构件的基本特征和表达形式。
3. 简述底层硬件驱动构件设计的基本原则。
4. 简述 GPIO 构件的定义和知识要素。
5. 简述 UART 构件的定义，给出不少于三个 UART 构件接口设计。
6. 试分析 Flash 构件两种编程模式的区别。
7. 设计一个测试程序，用来测试 5.3.4 小节的 ADC 构件。
8. 根据 5.5.1 小节，完善冒泡排序算法构件，设计一个 bubbleSort（int array[ ],int n,char sort）构件，可以根据参数 sort 实参值的不同进行升序或降序排序。sort＝A 时，进行升序排序；sort＝D 时，进行降序排序。
9. 基于算法构件概念，设计一个二分查找（折半查找）算法构件，传入参数为目标数组（已按升序排序）和待查找的数，返回结果为待查找的数在数组的下标，未找到则返回-1。

第 6 章 RTOS 下的程序设计方法

本章讨论 RTOS 下程序设计下的若干问题，包括稳定性问题、中断服务例程（ISR）设计问题、线程划分与优先级安排问题、并发与资源共享问题以及优先级反转问题等，并给出了各个问题相应的解决方案。

6.1 程序稳定性问题

程序稳定性问题是程序设计的核心问题，也是复杂问题，本节给出程序稳定性问题中最基础的论述。这个论述不局限于 RTOS 下程序设计，也适用于 NOS 下程序设计。

6.1.1 稳定性的基本要求

稳定性是嵌入式系统的"生命线"。然而，实验室中的嵌入式产品在经过调试、测试、安装并最终投放到实际应用后，常因受到干扰出现故障和不稳定现象。由于嵌入式系统是一个软件和硬件结合的复杂系统，仅依靠单一维度无法完全解决抗干扰问题，需要从硬件、软件及结构设计等方面进行全面的考虑，综合应用各种抗干扰技术全面应对系统内外的各种干扰，以有效提高其抗干扰性能。

嵌入式系统的抗干扰设计主要包括硬件和软件两个方面。在硬件方面，通过提高硬件的性能能有效抑制干扰、阻断干扰的传输信道，这种方法具有稳定、快捷等优点，但会增加成本。在软件方面，采用各种软件技术来增强系统在输入/输出、数据采集、程序运行、数据安全等方面的抗干扰能力，具有设计灵活、节省硬件资源、低成本、高效能等优点，且能够处理某些用硬件无法解决的干扰问题。

嵌入式系统稳定性的基本要求有：保证 CPU 运行的稳定、保证通信的稳定、保证物理信号输入的稳定、保证物理信号输出的稳定等。

1. 保证 CPU 运行的稳定

CPU 指令由操作码和操作数两部分组成，取指令时先取操作码后取操作数。当程序计数器（PC）因干扰出错时，程序可能"跑飞"，引起程序混乱失控，严重时甚至会陷入死循环或者误操作。为了避免这样的错误发生或者从错误中恢复，通常使用操作正常监控（看门狗技术）和定期自动复位系统（6.1.2 小节专门介绍）等方法，此外，还可使用指令冗余、软件拦截、数据保护等技术增强 CPU 运行的稳定性。

1）指令冗余。在双字节指令和三字节指令后可插入两个以上字节的 NOP（空操作指令），这样可避免乱飞程序将操作数误被当作指令执行，使程序回归正轨。在关键位置插入几个单字节空指令（NOP）或重复有效单字节指令，可解决大部分指令解码紊乱的问题。

2）软件拦截。软件拦截就是用引导指令将捕捉到的"跑飞"程序引向正常位置（如出错处理过程、复位入口地址等）。具体实现方法是在程序存储器未使用区域添加几条空操作指令和无条件跳转指令，将程序转向出错处理过程或复位入口地址。

3）数据保护。对于程序执行过程中 RAM 区域的数据保护，有 3 种常用方法：一是读写时用条件陷阱；二是软件冗余备份；三是利用片内 Flash 存储备份。

2. 保证通信的稳定

嵌入式系统通常通过各种各样的通信接口与外界进行交互，而在交互过程中保证通信的稳定是非常重要的。在设计通信接口时，需要从通信数据速度、通信距离等方面进行综合考虑。一般情况下，通信距离越短越稳定，通信速率越低越稳定。例如，对于串行接口，通常选用 9600、38400、115200 等低速波特率来保证通信的稳定性；另外，对于板内通信，使用 TTL 电平即可，而板间通信通常采用 RS-232 电平，远距离传输可采用差分信号 RS-485 电平进行传输，但过程是一致的。

此外，为数据增加校验也是增强通信稳定性的常用方法，部分校验方法不仅具有检错功能，还具有纠错功能。常用的校验方法有异或校验、循环冗余校验（CRC）、海明码校验及求和校验等。

3. 保证物理信号输入的稳定

模拟量和开关量等物理信号在传输过程中容易受外界的干扰，如雷电、可控硅、电机和高频时钟等都有可能成为其干扰源。在硬件层面，选用高抗干扰性能的元器件可有效克服干扰，但这种方法通常受硬件成本和开发条件的限制。相比之下，在软件层面可使用的方法则比较多，且成本低，容易实现较高的系统性能。通常的做法是进行软件滤波。对于模拟量，主要的滤波方法有限幅滤波法、中位值滤波法、算术平均值法、滑动平均值法、防脉冲干扰平均值法、一阶滞后滤波法及加权递推平均滤波法等；对于开关量滤波，主要的滤波方法有同态滤波和基于统计计数的判定方法等。

4. 保证物理信号输出的稳定

系统的物理信号输出通常是通过对相应寄存器进行设置来实现的，由于寄存器数据也会因干扰而出错，所以使用合适的办法来保证输出的准确性和合理性也很有必要，主要方法有输出重置、柔和控制和滤波等。

1）输出重置：定期向输出系统重置参数，可快速纠正被非法更改的输出状态。需要注意的是，对于某些敏感输出量，如 PWM，短时间内多次设置可能会干扰其正常输出，建议在重置前先判断目标值是否与现实值相同，只有在不相同的情况下才启动重置。

2）柔和控制和滤波：有些嵌入式应用的输出需要某种程度的柔性控制，可通过滤波方法来实现。

总之，系统的稳定性关系到产品的成败，所以在实际产品的整个开发过程中都必须要予以重视，通过科学的方法解决干扰问题，以减少错误的发生，提高产品的可靠性。

6.1.2 看门狗与定期复位的应用

主动复位时解决计算机长期稳定运行的重要方法。

1. 看门狗复位的应用

看门狗定时器（Watchdog Timer，WDOG），是一致通俗的说法，全称为 Computer Operating Properly Watchdog（COP）。它是一个自动计数器，目的是解决计算机程序运行时可能会出现的"跑飞"问题。一般情况下，需要给看门狗计数器设定一个初值，启动看门狗后，看门狗计数器开始自动加 1 计数，程序员需在适当的地方加入看门狗清零指令，使看门狗计数器重新从 0 开始递增计数。若程序运行正常，看门狗计数器永远达不到设定值；若程序"跑飞"，未及时执行看门狗清零操作，看门狗计数器会自动增加到设定值，强制整个系统复位。

这种自动计数器为什么称为"看门狗"？因为，正常运行过程中加入了"看门狗"清零指令，相当于给狗喂食，狗不饿就不"叫"，一旦程序"跑飞"，也就是没有人给狗喂食，看门狗计数器就会自动达到设定值，狗就发出"叫声"。此时，系统就会进行强制复位，以便回到正常状态运行。对看门狗复位过程的处理，需同其他热复位一并进行。

看门狗的作用是保证系统运行的稳定，但要注意的是，在程序开发调试阶段，建议关闭看门狗。这是因为，看门狗一旦开启，就必须要在相应的复位时间之内进行喂狗操作，这会增加测试代码的复杂性，同时开启的看门狗会在遇到可能存在的问题时复位系统，严重干扰程序调试时对错误的定位。看门狗功能的加入与检验应在软件开发的功能测试阶段后、交付阶段前之间这段时间完成。

样例程序"03-Software\CH06\Wdog"给出了看门狗的测试方法。其中使用 wdog_start( )、wdog_feed( )两个函数实现看门狗的开启和喂狗操作。

当开启看门狗时，主程序中"(2.3.2) 喂狗，灯切换状态"处的 wdog_feed( )语句保留，编译下载运行该程序，程序一直处于主循环中正常运行，现象如图 6-1 所示。

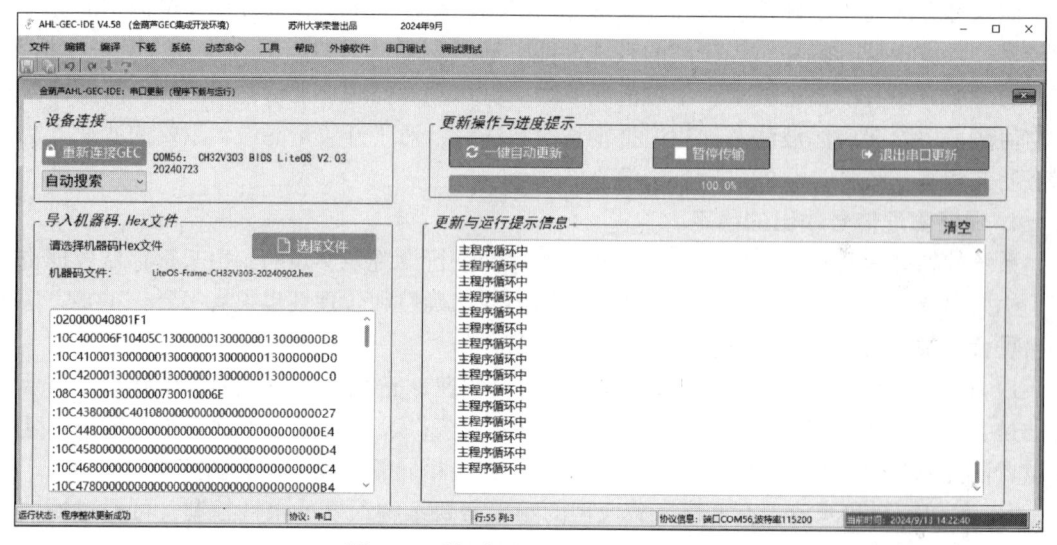

图 6-1 看门狗测试：有看门狗情况

当关闭看门狗时，即将主程序的"(2.3.2) 喂狗，灯切换状态"处的 wdog_feed( )语句改为注释，编译下载运行该程序，运行情况如图 6-2，可以看到程序不断地复位重启。

下面给出主函数文件 main.c 中的内容。

```
int main(void)
{
//(1) =====启动部分（开头）====================================
//(1.1) 声明 main 函数使用的局部变量
    uint32_t  mMainLoopCount;    //主循环次数变量
```

```
//(1.2)【不变】关总中断
    DISABLE_INTERRUPTS;

//(1.3) 给主函数使用的局部变量赋初值
    mMainLoopCount=0;   //主循环次数变量

//(1.4) 给全局变量赋初值

//(1.5) 用户外设模块初始化
    gpio_init(LIGHT_BLUE,GPIO_OUTPUT,LIGHT_ON); //初始化蓝灯
    uart_init(UART_User,115200);
//(1.6) 使能模块中断
    uart_enable_re_int(UART_User);
//(1.7)【不变】开总中断
    ENABLE_INTERRUPTS;
    printf("用户程序启动\n");
    printf("设置看门狗复位时间\n");
    wdog_start(2000);    //启动看门狗,复位定时为2s

//(1) ======启动部分(结尾)=====================================

//(2) ======主循环部分(开头)===================================
    for(;;)    //for(;;)(开头)
    {
//(2.1) 主循环次数变量+1
        mMainLoopCount++;
//(2.2) 未达到主循环次数设定值,继续循环
        if (mMainLoopCount<=2000000)  continue;
//(2.3) 达到主循环次数设定值,执行下列语句,进行灯的亮暗处理
//(2.3.1) 清除循环次数变量
        mMainLoopCount=0;
//(2.3.2) 喂狗,灯切换状态
        //wdog_feed();                  //喂狗,该语句被注释即不喂狗
        gpio_reverse(LIGHT_BLUE);       //灯状态切换
        printf("主程序循环中\n");
    }   //for(;;)结尾
//(2) =====主循环部分(结尾)====================================
}   //main 函数(结尾)
```

图 6-2　看门狗测试有喂狗操作结果输出

2. 定期复位的应用

在终端芯片中，有时会出现主程序正常运行但个别或少许功能异常的情况。此时，由于喂狗操作仍然定期进行，程序并不会为排除异常主动实现复位重启。定期复位方法就是每隔指定时间主动进行一次终端程序复位重启操作。对于对实时性要求不高的系统来说，主动重启不会对整个系统的功能造成显著影响，还能解决看门狗无法监控到的程序异常，保证系统整体功能正常运行。

在使用 RISC-V 内核的芯片中，可以通过调用 NVIC_SystemReset( ) 系统复位函数实现软件强制复位，这样更便于同类型内核芯片间的复用和移植。以 CH32V303 芯片为例，NVIC_SystemReset( ) 系统复位函数实现具体如下所示。

```
RV_STATIC_INLINE void NVIC_SystemReset(void)
{
    NVIC->CFGR=NVIC_KEY3 |(1<<7);
}
```

6.1.3 临界区的处理

一般来说，临界资源主要分硬件和软件两种。硬件临界资源，如串行通信接口等；软件临界资源，如消息缓冲队列、变量、数组、缓冲区等。访问临界资源的代码段称为临界区（Critical Section），又称代码临界段，指处理时不可分割的代码，一旦这部分代码开始执行，则不允许被任何情况打断。

在 NOS 下，为确保临界区的原子性，通常在进入临界段前关中断，执行完毕后应立即开中断。在串口中断组帧函数内，用到了临界区的概念。假设串口中用于接收数据的数组 gcRecvBuf[ ] 为全局变量，为了防止在中断过程中串口接收中断被更高级别的中断所抢占，从而有可能改变全局变量 gcRecvBuf[ ] 的数据，影响程序的正确性，因此在串口接收中断中引入临界区的概念，即将组帧函数放置于临界区内，以确保程序的正确执行。

在 RTOS 下，为确保临界区的原子性，可以利用信号量或互斥量来保证进程对临界资源的互斥访问。进程在进入临界区之前，应先对欲访问的临界资源进行检查，看它是否正被访问。如果此刻该临界资源未被访问，进程便可进入临界区对该资源进行访问，并设置它为正被访问的标志；如果此刻该临界资源正被某线程访问，则本线程不能进入临界区。还有一些如 LiteOS 操作系统，对系统临界区的保护采用关闭中断方式进行。

6.2 ISR 设计、线程划分及优先级安排问题

在 RTOS 中，ISR 与线程是程序运行的两条核心执行线路。制定 ISR 设计原则、线程划分规则及优先级安排策略，对 RTOS 下的程序设计十分必要。本节首先讨论 ISR 设计的基本要求与规范方法，再阐述线程划分的基本原则，最后分析线程优先级安排问题。

6.2.1 ISR 设计的基本要求

中断服务例程（ISR）设计的基本要求是：短、小、精、悍。

RTOS 使用 ISR 来处理硬件中断和异常。用户 ISR 并不是一个线程，而是一个能快速响

应硬件中断和异常的高速短例程，通常是用 C 语言编写的，主要功能包括：服务设备、清除错误状况、给线程发送信号等。通常情况下，用户 ISR 用于告知线程已经就绪，有多种方法使得线程处于就绪状态，例如设置一个事件位或向消息队列发送一个消息等。而线程的优先级决定了对来自中断源信息的处理速度，故一般与中断关联的线程优先级应尽可能高，这样才能保证能及时处理中断送来的信息。

ISR 是 RTOS 的重要组成部分，很多时候都会遇到 ISR 与线程之间的优先关系问题。不同操作系统对 ISR 与线程优先级的处理不同。例如，在 MQX 实时操作系统中，对线程优先级和中断优先级进行了关联处理；而在 LiteOS 中，则默认线程优先级与中断优先级不做关联，无论线程优先级设置为多少，对中断均不造成影响，不会屏蔽任何中断。在线程中，若有不允许中断的临界区，可以使用关与开总中断的方式进行编程。

6.2.2 线程划分的基本原则

在 RTOS 中，普通线程的概念是相对中断服务例程而言的。其中，硬件驱动线程直接干预硬件，由于硬件驱动通常是不可重入的，必须确保同一时刻只有一个线程访问。如串口数据发送线程在工作时，其他线程不能直接干预，否则会出现二义性。若需调用串口数据发送线程，必须通过同步机制互斥调用。这类线程的优先级不必设置得过高。还有部分紧急线程，这类线程必须在指定时间内得到执行，否则会出现重大影响，这类线程需要设置高优先级，甚至可以放到中断服务例程中。

对于线程的划分标准有多种，没有哪一种标准是最好的，只是选取最适合操作系统的一种。下面给出线程划分的几个通用原则。

1）功能集中原则。可将功能联系较紧密的操作作为一个线程来实现，以减少跨线程通信开销。但如果单一线程承担过多功能，可能导致线程臃肿、降低系统效率。此时，可将线程拆解为多个独立模块，通过消息队列或事件机制协同工作。

2）时间紧迫原则。对于实时性要求较高的线程，应分配较高的优先级，以确保事件及时响应。例如，在具有帧通信的系统中，接收数据在 ISR 中，解帧在线程中，此时解帧线程优先级应高于普通线程，使接收到的数据得到及时解帧，以避免数据缓冲区溢出。优先级可通过线程模板列表动态调整，应避免优先级反转。

3）周期执行原则。对于一个需周期性执行的线程，可以将所等待的信号量置于线程循环体之前。

6.2.3 线程优先级安排问题

大多数 RTOS 支持优先级抢占机制，即当某个高优先级的线程进入就绪状态时，可立即抢占 CPU 资源运行。合理设置线程的优先级可以减少内存的损耗、提高线程的调度速度、增强系统的实时性，所以线程优先级安排是 RTOS 设计的重要环节。

在 LiteOS 中，就绪列表按优先级索引组织，每个优先级对应一个就绪链表。若线程优先级值设置过大，会增加内存的损耗，使线程就绪列表的距离拉大，增加线程调度查询就绪线程的时间。所以，用户线程优先级的最大值，应根据系统的线程数合理设置，不宜过大。

线程的调度主要基于优先级，好的线程优先级安排可以大大提高操作系统的执行效率。在优先级的安排上，线程越紧急，安排的优先级越高；还有一些要在指定时间内被执行的线程，这些线程所指定的时间越短，线程的优先级越高；线程的执行频率越低、耗时越短，其优先级越高，这样会使系统中线程的平均响应时间最短。具体来说，线程优先级的安排要点可总结为如下几点。

1）自启动线程优先级最高。初始自启动线程是 RTOS 启动时运行的第一个线程，一般用于创建其他线程，完成初始化后进入阻塞状态。该线程的优先级应设置为最高，否则一旦有更高优先级的线程创建后，自启动线程会被抢占，导致还有一些线程无法被创建，引发系统初始化失败。

2）紧迫性及关键性线程优先级安排。对于紧迫性、关键性线程，一般与 ISR 关联，其优先级要尽可能高，有利于系统的实时性和数据信息处理的完整性。对于执行时间紧迫的线程，按照执行时间的紧迫程度排序，越紧迫优先级越高。

3）同优先级线程的安排。对于没有特殊优先执行的线程，可以将其优先级设置成同一级，这样，有利于减少就绪列表的个数，降低内存的开销，提高线程调度查询的速度。

4）有执行顺序要求的安排。对于有执行顺序要求的线程，根据信息传递顺序，上游线程安的优先级高，下游线程的优先级低。

5）低优先级的安排。运行时间较长的线程往往用于数据处理，此类线程应该分配较低的优先级。而常驻就绪态线程的优先级应设为最低，以免其长期占用 CPU 资源。

总之，合理设置线程的优先级可以减少内存开销、有利于提高线程调度速度、提高系统的可靠性和信息处理的完整性。但要注意的是，优先级安排要考虑到消息、信号量等线程间的通信方式，避免造成死锁。在软件设计时应尽量使互斥资源在相同优先级的线程中使用，若必须在不同优先级的线程中使用，则要注意对死锁的解锁处理。

6.3 利用信号量解决并发与资源共享问题

本节讨论利用信号量解决并发与资源共享的问题，并给出应用实例。

6.3.1 并发与资源共享问题

1. 银行取钱问题

银行取钱流程可以分为以下 4 个步骤。
1）用户输入账户和密码，系统判断账户和密码是否匹配。
2）用户输入取款金额。
3）系统判断账户余额是否大于取款金额。
4）如果账户余额大于取款金额，则取钱成功；如果余额小于取款金额，则取款失败。

在对上述过程进行编程时，可定义一个账户类，该账户类封装账户编号和余额两个实例变量。当多个线程并发执行取钱操作时，可能出现竞态条件（Race Condition）。

例如，现有一账户余额 1000 元，有两个取钱线程（A 和 B）同时对账户取 800 元。在并发线程中，线程 A 会在何时转去执行线程 B 是不可预知的，那么就有可能出现下述情况：当线程 A 判断完余额尚未执行取钱操作，就被系统调度切出，转去运行线程 B；由于此时的余额仍然是 1000 元，满足取钱的条件，线程 B 取走 800 元，余额为 200 元；再接着运行线程 A，由于之前已经对余额判断过了，满足条件，线程 A 取出 800 元，最终余额变为 -600 元。

上述问题主要是因多线程并发访问共享资源，未对临界资源的操作进行同步控制，从而导致数据不一致。

2. 并发的问题

现代操作系统是并发系统，并发性是它的重要特征，操作系统的并发性指它具有同时处理和调度多个程序"交替执行"的能力。例如，多个 I/O 设备同时进行输入/输出，内存中同时有多个系统和用户程序被启动交替、穿插地执行等。

并发性虽然能有效改善系统资源的利用率，但会引发一系列的共享资源竞争问题。例如上述银行取钱的问题，由于 A 和 B 两个线程并发的执行，若不加"约束"，就会对结果造成很大的影响。

3. 共享缓冲区的问题

缓冲区（Buffer）是内存空间的一部分。在内存空间中预留了一定的存储空间，这些存储空间用来缓存输入或输出的数据，这部分预留的空间就是缓冲区。缓冲区的引入是为了解决高速设备与低速设备之间处理速度的不匹配问题。例如，操作系统 I/O 中的缓冲池，CPU 的处理速度是很快的，每秒钟百万字节，而磁盘的 I/O 处理相对就慢很多，所以要有一个缓冲区用来缓解它们之间性能上的差异。

共享缓冲区有效解决了高速与低速设备之间速度不匹配的问题，但也带来了数据安全性等一些问题。例如，同时读写文件的情况，由于文件是多个线程所共享的，若同时对文件进行读写，会出现数据读写不全或数据缺失等问题。

对于上述问题，利用信号量中的生产者-消费者模型，可通过控制线程访问权限，确保共享缓冲区操作的原子性和有序性。

6.3.2 应用实例

生产者-消费者模型是信号量的经典用法之一，该模型能很好地解决多线程并发及共享缓冲区引发的一系列的问题。

1. 模型的描述

1）建立 1 个生产者线程、N 个消费者线程（N>1）。

2）生产者和消费者共用一个缓冲区，只能互斥访问缓冲区，并且缓冲区最多只能存放 Max 个资源。

3）当缓冲区未满时，生产者线程向缓冲区写入 1 个资源，当缓冲区满时，生产者不能向缓冲区写入资源，生产者线程阻塞。

4）当缓冲区非空时，消费者线程从缓冲区获取 1 个资源，当缓冲区中为空时，消费者不能从缓冲中获取资源，消费者线程阻塞。

2. 样例程序

下面举例说明如何实现生产者-消费者模型。样例工程参见"03-Software\CH06\Semaphore"，通过串口输出生产者-消费者模型在某一阶段相应的提示信息，基本过程如下。

（1）定义相关信号量并赋初值

1）定义信号量及全局变量。在 includes.h 文件中定义一个记录缓冲区中资源数的信号量 g_SPSource、一个记录缓冲区中空闲内存数的信号量 g_SPFree、一个缓冲区互斥量 g_Mutex，以及一个队列 g_Queue。具体代码如下。

```
G_VAR_PREFIX    mutex_t    g_Mutex;              //定义缓冲区互斥量
G_VAR_PREFIX    sem_t      g_SPSource;           //定义缓冲区中资源数信号量
G_VAR_PREFIX    sem_t      g_SPFree;             //定义缓冲区中空闲空间信号量
G_VAR_PREFIX    Queue_t    *g_Queue;             //声明队列
```

2）定义结构体变量。定义一个结构体类型变量，用于存放数据，并将此结构体类型放入队列中。具体声明如下。

```
typedef struct BufferDate
{
       uint32_t   data;           //数据
} BufferDate_t;                   //声明缓冲区结构体
```

3）创建信号量。在本节样例程序中，在 07_AppPrg/threadauto_appinit.c 中给信号量及队列赋初值。具体代码如下。

```
g_Mutex=mutex_create("g_Mutex",IPC_FLAG_PRIO);              //创建互斥量
g_SPFree=sem_create("g_SPFree",10,IPC_FLAG_FIFO);           //创建空闲空间信号量
g_SPSource=sem_create("g_SPSource",0,IPC_FLAG_FIFO);        //创建资源数信号量
g_Queue=queue_init(sizeof(BufferDate_t),QUE_MAXSIZE);       //初始化队列
```

其中，sem_create(const char * name,uint32_t value,uint8_t flag)表示申请 value 个信号量，初始时系统拥有 value 个信号量。

（2）生产者线程

生产者线程在进入缓冲区之前，先等待空闲空间信号量 g_SPFree，保证缓冲区中有空闲空间存放资源。若有该信号量，再等待缓冲区互斥量 g_Mutex，以保证某一时刻最多只能有一个线程进入缓冲区。当上述条件都满足时，生产者线程进入缓冲区，将一个自定义的结构体数据放入队列中。生产者线程完成后，先释放缓冲区资源数信号量 g_SPSource，以便"告知"消费者线程此时缓冲区中有可供使用的资源，再释放缓冲区互斥量，能够让别的进程进入缓冲区。具体代码如下。

```
#include "includes.h"
// ================================================================
//线程函数：thread_producer
//功能概要：生产者线程，向共享缓冲区中放入一个资源
//内部调用：无
// ================================================================
void thread_producer(void)
{
       //(1) =====申明局部变量================================
       uint32_t  node_number;          //记录队列中元素编号
       uint32_t  data;                 //资源
       BufferDate_t  buffer_data;      //缓冲区数据结构体
       Queue_node_t *indexnode;        //声明队列索引结点
       BufferDate_t out_data;          //声明读取队列结点的内容结构体变量
       data=1;                         //资源数初始化
       printf("  第一次执行生产者线程\r\n");
       //(2) =====主循环（开始）================================
       while(1)
       {
              //(2.1) 等待缓冲区中空闲空间
```

```
            printf("生产者等待空闲空间 \n");
            sem_take(g_SPFree,WAITING_FOREVER);        //等待空闲空间信号量
            //(2.2) 获得缓冲区中的空闲空间,等待进入缓冲区
            printf("生产者等待缓冲区 \n");
            mutex_take(g_Mutex,WAITING_FOREVER);       //等待缓冲区互斥量
            g_Thread_count++;      //缓冲区中线程数加 1
            //(2.3) 进入缓冲区,存放一个资源
            printf("生产者进入缓冲区 \n");
            printf("生产者生产一个资源 \n");
            printf("队列中放入一个数据 \n");
            buffer_data.data=data;                      //将资源放入缓冲区中
            data++;
            queue_in(g_Queue,&buffer_data,QUE_MAXSIZE); //结构体入队
            printf("入队完成!当前队列中有%d个元素:\n",queue_count(g_Queue));
            indexnode=g_Queue->m_front;                 //初始化索引结点为队首结点
            node_number=1;                              //初始化索引节点的标号
            while(indexnode!=NULL)                      //打印输出队列中的数据
            {
                out_data=*(BufferDate_t*)indexnode->m_data;
                printf("第%d个数据为:%d\n",node_number,out_data.data);
                indexnode=indexnode->m_next;
                node_number++;
            }
            sem_release(g_SPSource);                    //释放资源数信号量
            g_Free_count--;                             //缓冲区中空闲数减 1
            g_Source_count++;                           //缓冲区中资源数加 1
            printf("空闲数=%d\n",g_Free_count);
            //(2.4) 离开缓冲区
            mutex_release(g_Mutex);                     //释放缓冲区
            //(2.5) 延迟 2s
            delay_ms(2000);
    }
    //(2)===== 主循环(结束)=====================================
}
```

(3) 消费者线程

消费者线程在进入缓冲区之前,首先等待缓冲区资源数信号量 g_SPSource,保证缓冲区中有可供使用的资源。若获得该信号量,再区等待缓冲区互斥量 g_Mutex,保证某一时刻最多只能有一个线程使用缓冲区。当上述条件都满足时,消费者可进入缓冲区,从队列中取出一个数据。消费者线程完成以后,先释放空闲空间信号量 g_SPFree,以便"告知"生产者线程此时缓冲区中有空闲空间存放资源,再释放缓冲区互斥量,能够让别的进程进入缓冲区。以消费者 1 线程为例,其他消费者线程类似,具体代码如下。

```
#include "includes.h"
// =================================================================
//函数名称:thread_consumer1
//函数返回:无
//参数说明:无
//功能概要:消费者线程,从公共缓冲区中取出一个资源
//内部调用:无
```

```c
// ================================================================
void thread_consumer1(void)
{
    //(1) =====声明局部变量====================================
    in  tnode_number;                   //记录队列中元素编号
    Queue_node_t *indexnode;            //声明队列索引结点
    BufferDate_t out_data;              //声明读取队列结点的内容结构体变量
    printf("第一次执行消费者1线程\r\n");
    //(2) =====主循环(开始)==================================
    while(1)
    {
        //(2.1) 等待缓冲区中资源
        printf("消费者1等待资源\n");
        sem_take(g_SPSource,WAITING_FOREVER);       //等待资源数信号量
        //(2.2) 获得缓冲区中的资源，等待进入缓冲区
        printf("消费者1等待缓冲区\n");
        mutex_take(g_Mutex,WAITING_FOREVER);        //等待缓冲区互斥量
        //(2.3) 进入缓冲区
        printf("消费者1进入缓冲区\n");
        printf("消费者1消耗一个资源\n");
        printf("队列中取出一个数据\n");
        queue_out(g_Queue);                         //出队列一个结点
        indexnode=g_Queue->m_front;                 //初始化索引结点为队首结点
        node_number=1;                              //初始化索引结点的标号
        printf("出队完成!当前队列中有%d个元素:\n",queue_count(g_Queue));
        while(indexnode!=NULL)                      //打印输出队列中的数据
        {
            out_data=*(BufferDate_t *)indexnode->m_data;
            printf("第%d个数据为:%d\n",node_number,out_data.data);
            indexnode=indexnode->m_next;
            node_number++;
        }
        sem_release(g_SPFree);                      //释放空闲空间信号量
        g_Free_count++;                             //缓冲区中的空闲空间数加1
        g_Source_count--;                           //缓冲区中的资源数减1
        printf("资源数=%d\n",g_Source_count);
        //(2.4) 释放缓冲区互斥量
        mutex_release(g_Mutex);                     //释放缓冲区
        //(2.5) 延迟2s
        delay_ms(2000);
    }
    //(2)=====主循环(结束)====================================
}
```

3. 程序执行流程分析与运行结果

每当生产者线程想要生产一个资源时，会经过以下流程：申请一个空闲空间信号量→申请互斥量→进入缓冲区→生产一个资源（数据入队）→释放一个缓冲区资源数信号量→释放互斥量→离开缓冲区。

每当消费者线程想要消费一个资源时，会经过以下流程：申请一个缓冲区资源数信号量→申请互斥量→进入缓冲区→消耗一个资源（数据出队）→释放一个空闲空间信号量→释放互斥量→离开缓冲区。

程序开始运行后，通过串口输出某一个线程（可能是消费者线程或者生产者线程）在某一时刻的运行情况，如图6-3所示。

第 6 章 RTOS 下的程序设计方法

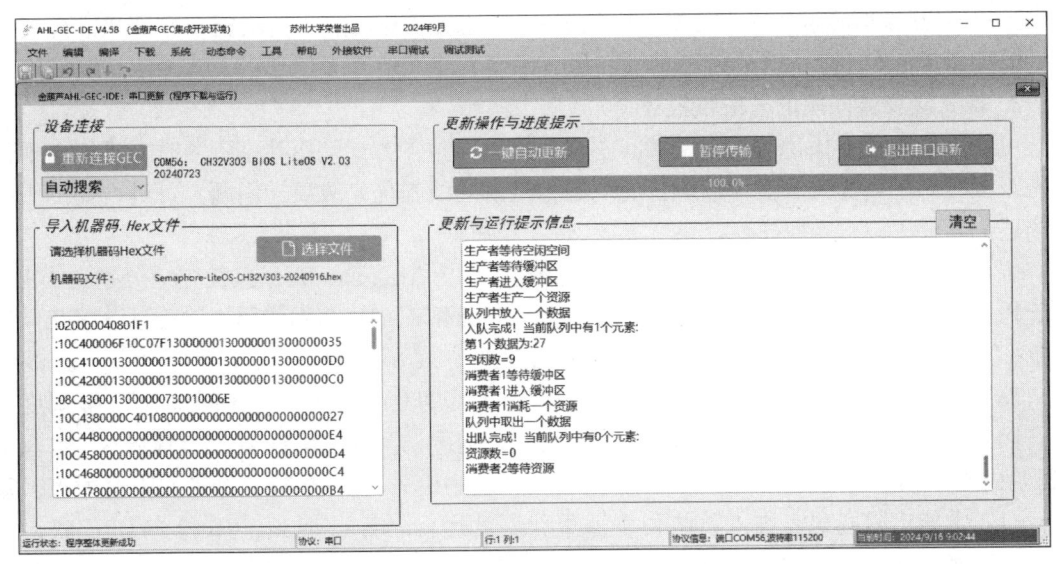

图 6-3 生产者–消费者模型的运行结果

6.4 优先级反转问题

优先级反转是实时操作系统中因共享资源竞争引发的调度异常问题，可能导致高优先级任务被无限期阻塞。本节首先说明优先级反转问题的来由，再介绍优先级反转问题的一般描述，并利用程序进行演示，以直观地描述出现优先级反转的场景，随后介绍使用 LiteOS 互斥量避免产生优先级反转问题的编程方法。

6.4.1 优先级反转问题的出现

1. 优先级反转问题实例——火星探路者问题

"火星探路者"号飞船于 1997 年 7 月 4 日在火星表面着陆。在开始的几天内工作稳定，并传回大量数据，但是几天后，开始出现系统复位、数据丢失的现象。经过研究发现是发生了优先级反转问题。

其中有如下三个线程需要互斥访问共享资源"信息总线"。

T1：总线管理线程，高优先级，负责总线数据的实时读写，频繁进行总线数据 I/O，需周期性访问总线。对总线的异步访问是通过互斥信号量来保证的。

T6：数据收集线程，低优先级，它运行频度不高，偶尔向总线写入数据，并通过同一互斥信号量将数据发布到"信息总线"。

T3：通信线程，中优先级（高于 T6 组低于 T1），运行时间较长。

如果 T6 持有互斥信号量，此时 T1 就绪并申请互斥信号量，因互斥信号量被占用，T1 阻塞，等待 T6 释放。

这样看起来会工作得很好，当 T6 很快完成后，高优先级的 T1 会很快得到运行。

但是，在某些情况下，如果 T3 被中断程序激活，并且刚好在 T1 等待 T6 完成期间就绪，由于 T3 的优先级高于 T6，T3 将被系统调度，T6 被抢占而无法运行，T3 长时间运行，导致

T6 无法释放互斥信号量,因而使最高优先级的 T1 也无法运行,一直被阻塞在那里。经过一定的时间后,"看门狗"观测到"总线"没有活动,将其解释为严重错误,并使系统复位。

2. 优先级反转问题的一般性描述

可从一般意义上描述优先级反转问题。当线程以独占方式使用共享资源时,可能出现低优先级线程先于高优先级线程被运行的现象,这就是线程优先级反转问题,可进行如下一般性描述。

假设有 3 个线程 taskA、taskB、taskC,分别简记为 Ta、Tb、Tc,其优先级分别记为 Pa、Pb、Pc,且有 Pa>Pb>Pc。Ta 和 Tc 需要共享一个资源 S,Tb 并不使用 S。又假设用互斥信号量 $x(x=0,1)$ 标识对 S 的独占访问,初始时 $x=1$。表 6-1 列出了一个运行时序。设 t0 时刻,Tc 开始运行并且获取互斥信号量(即将 x 由 1 变为 0),使用 S。t1 时刻,Ta 被调度运行(因为 Pa>Pc,可以抢占 Tc),运行到 t2 时刻,需要访问 S,但 Tc 并没有释放 S(也就是 x 还是处于 0 状态,只有 Tc 把 x 返回为 1,Ta 才能使用 S),所以 Ta 只好进入阻塞列表,直到 $x=1$,才能出阻塞列表进入就绪列表被重新调度运行。若 t2 时刻,Tb 抢占 CPU 获得运行,这样就出现了 Tb 虽然优先级比 Ta 低,但比 Ta 先运行的不合理情况,这就是优先级反转问题。

表 6-1 优先级反转过程

时 刻	线程 taskA (高优先级 Pa)	线程 taskB (中优先级 Pb)	线程 taskC (低优先级 Pc)	情 况 描 述
t0	处于延时阻塞列表	处于阻塞列表中	运行并获取信号量	
t1	抢占 Tc 并运行	处于阻塞列表中	就绪	
t1	试图获取信号量,获取失败后阻塞,等待 Tc 释放信号量	处于阻塞列表中	就绪	
t2	阻塞	运行	就绪	优先级反转

样例工程"03-Software\CH06\PrioReverseProblem",给出了其模拟演示,图 6-4 所示为演示结果,可以直观地了解优先级反转问题。

```
t0时刻: Tc获得二值信号量,使用共享资源,蓝灯亮
t1时刻: Ta抢占Tc获得CPU使用权,试图获取二值信号量,二值信号量获取失败
       等待Tc释放二值信号量....
t2时刻: Tb获得CPU使用权,将持续运行,出现优先级反转现象
       Tb释放CPU使用权,Tc将重新获得CPU使用权
       Tc释放二值信号量,共享资源可供他人使用
       Ta获得二值信号量,可以使用共享资源,蓝灯暗
       Ta释放二值信号量,共享资源可供他人使用
```

图 6-4 优先级反转问题运行结果

3. 解决优先级反转的基本思路

从上述分析可以看出,要解决优先级反转问题,可以在 Tc 获取共享资源 S 期间,将其优先级临时提高到 Pa,使 Tb 不能抢占 Tc,这就是所谓的优先级继承。一般表述为:设有两个线程 Ta、Tc,其优先级分别记为 Pa、Pc,且 Pa>Pc,Ta 和 Tc 需要使用一个共享资源 S。优先级继承是指当 Tc 锁定一个同步量使用 S 期间,若 Ta 申请访问 S,则将 Pc 临时提高到

Pa，直到其释放同步量后，再恢复到原有的优先级 Pc，这样优先级介于 Pa 与 Pc 之间的线程就不会在 Tc 锁定 S 时抢占 Tc，避免了优先级反转问题。

事实上，现代操作系统大多具有避免优先级反转的方法。优先级反转现象的根本原因在于高优先级的线程抢夺临界资源失败后，被优先级更低的线程"钻了空子"，导致自身长时间得不到运行。解决此现象的方法很简单，只需提升低优先级线程的优先级，使其优先于"钻空子"的线程运行，尽快释放临界资源，从而避免发生优先级反转。

6.4.2 LiteOS 中避免优先级反转问题的方法

LiteOS 中的互斥量就具有避免优先级反转的功能，使用互斥量作为同步量即可解决优先级反转问题。具体解决方法见 7.5 节关于信号量和互斥量释放与获取流程的分析，关键点就在于互斥量有关于优先级的判断操作，而信号量没有。

本小节通过示例演示使用互斥量的优先级继承方法解决优先级反转问题的效果，具体程序参见"03-Software\CH06\PrioReverseSolve"。设置三个线程 taskA、taskB、taskC，优先级分别为 Pa、Pb、Pc，且 Pa>Pb>Pc。程序具体的一次运行过程见表 6-2。

表 6-2 互斥量解决优先级反转问题的运行过程

时刻	线程 taskA （高优先级 Pa）	线程 taskB （中优先级 Pb）	线程 taskC （低优先级 Pc）
t0	处于延时阻塞列表中	处于阻塞列表中	获得 CPU 的使用权，运行并获取互斥量
t1	就绪并抢占 Tc，试图获取线程 Tc 的互斥量，未获得，临时提升线程 Tc 的优先级至 Pa，阻塞等待互斥量释放	处于阻塞列表中	就绪
	阻塞	处于阻塞列表中	恢复运行
t2	阻塞	就绪	释放互斥量，一次流程执行完毕，进入就绪列表，等待下一次执行
	获取互斥量和 CPU 的使用权并运行	就绪	就绪
t3	一次流程执行完毕，进入延时阻塞列表，等待下一次执行	就绪	就绪
	处于阻塞列表中	获得 CPU 的使用权运行	就绪

图 6-5 所示为程序运行结果，可以直观地看到优先级反转问题已经得到解决。具体操作步骤如下。

1. 声明和初始化互斥量

在 includes.h 文件中对要使用的互斥量进行声明。

```
G_VAR_PREFIXmutex_t mutex_S;
```

```
----------------------------------------
t0时刻: Tc获得互斥量, 使用共享资源, 蓝灯亮
t1时刻: Ta抢占Tc获得CPU使用权, 试图获取互斥量, 但获取失败
       临时提升Tc的优先级至Pa, 等待Tc释放互斥量...
t2时刻: Tc解释放斥量,优先级降为Pc, 释放共享资源, 蓝灯亮...
       Ta获得互斥量, 可以使用共享资源, 蓝灯暗
t3时刻: Ta释放互斥量,共享资源可供他人使用
       Tb获得CPU使用权, 成功避免优先级反转...
       Tb放弃CPU使用权...
----------------------------------------
```

图 6-5 用互斥量解决优先级反转问题的运行结果

在 threadauto_appinit.c 文件中对该互斥量进行初始化。

```
mutex_S=mutex_create("mutex_S",IPC_FLAG_PRIO);//初始化互斥量, 启用优先级继承
```

2. 声明和运行线程

在 includes.h 文件中声明三个线程函数。

```
voidthread_taskA(void);        //taskA 线程函数声明
voidthread_taskB(void);        //taskB 线程函数声明
voidthread_taskC(void);        //taskC 线程函数声明
```

在 threadauto_appinit.c 文件中创建三个线程并启动它们。

```
thread_t  thd_taskA;
thread_t  thd_taskB;
thread_t  thd_taskC;
//创建三个任务线程
thd_taskA=thread_create("taskA",(void *)thread_taskA,0,512,Priority_High,10);
thd_taskB=thread_create("taskB",(void *)thread_taskB,0,512,Priority_Mid,10);
thd_taskC=thread_create("taskC",(void *)thread_taskC,0,512,Priority_Low,10);
thread_startup(thd_taskA);     //启动任务线程 taskA
thread_startup(thd_taskB);     //启动任务线程 taskB
thread_startup(thd_taskC);     //启动任务线程 taskC
```

3. 样例程序

（1）线程 taskC

```
#include "includes.h"
// ================================================================
//线程函数名称: thread_taskC
//功能概要: 最低优先级线程
// ================================================================
void thread_taskC(void)
{
    uint64_t i;
    gpio_init(LIGHT_BLUE,GPIO_OUTPUT,LIGHT_OFF);    //初始化蓝灯
    while(1)
    {
        event_send(event,TaskARunEvent);            //发送同步信号, 通知 taskA 可以
                                                    //  运行
        printf("----------------\r\n");
        gpio_set(LIGHT_BLUE,LIGHT_ON);
        mutex_take(mutex_S,WAITING_FOREVER);        //Tc 申请互斥量
```

```
    printf("t0 时刻：Tc 获得互斥量，使用共享资源，蓝灯亮\r\n");
    //模拟 Tc 处于临界区运行状态（延时+LED 闪烁）
    for(i=0;i < 50000000;i++)  gpio_set(LIGHT_BLUE,LIGHT_ON);
    printf("t2 时刻：Tc 释放斥量，优先级降为 Pc，释放共享资源,蓝灯亮 ...\r\n");
    mutex_release(mutex_S);                    //Tc 释放互斥量
  }
}
```

(2) 线程 taskB

```
#include "includes.h"
// ================================================================
//线程函数名称：thread_taskB
//功能概要：中优先级线程
// ================================================================
void thread_taskB(void)
{
    uint64_t i;
    uint32_t recvState;
    while(1)
    {
        //等待事件发生（等待同步信号）
        event_recv(event,TaskBRunEvent,EVENT_FLAG_OR
                        | EVENT_FLAG_CLEAR,WAITING_FOREVER, &recvState);
        if (recvState==TaskBRunEvent)
        {
            //模拟 Tb 比 Tc 晚 6s 到达
            delay_ms(6000);
            //实际上 Tb 会先执行完上行语句进入延时等待队列后，再将 CPU 使用权让给 Tc
            printf("        Tb 获得 CPU 使用权，成功避免优先级反转 ...\r\n");
            //模拟 Tb 处于运行状态
            for (i=0; i < 150000000; i++);
            //到此 Tb 结束运行状态
            printf("        Tb 放弃 CPU 使用权 ...\r\n");
        }
    }
}
```

(3) 线程 taskA

```
#include "includes.h"
// ================================================================
//线程函数名称：thread_taskA
//功能概要：最高优先级线程
// ================================================================
void thread_taskA(void)
{
    uint64_t i;
    uint32_t recvState;
    gpio_init(LIGHT_BLUE,GPIO_OUTPUT,LIGHT_OFF);
    while(1)
    {
        //等待事件发生（等待同步信号）
```

```
                event_recv(event,TaskARunEvent,EVENT_FLAG_OR
                            |EVENT_FLAG_CLEAR,WAITING_FOREVER,&recvState);
        if (recvState==TaskARunEvent)
        {
                //发出同步信号
                event_send(event,TaskBRunEvent);
                //模拟 Ta 比 Tc 晚 5s 到达
                delay_ms(5000);
                //实际上 Ta 会先执行完上行语句进入延时等待队列后，再将 CPU 使用权让给 Tc
                printf("t1 时刻：Ta 抢占 Tc 获得CPU 使用权，试图获取互斥量，但获取失败\r\n");
                printf("        临时提升 Tc 的优先级至 Pa,等待 Tc 释放互斥量 ...\r\n");
                mutex_take(mutex_S,WAITING_FOREVER);        //申请互斥量
                printf("        Ta 获得互斥量，可以使用共享资源，蓝灯暗\r\n");
                for(i=0;i<8000000;i++)      gpio_set(LIGHT_BLUE,LIGHT_OFF);
                //到此 Ta 结束运行状态
                printf("t3 时刻：Ta 释放互斥量，共享资源可供他人使用\r\n");
                mutex_release(mutex_S);                     //释放互斥量
        }
    }
}
```

4. 运行流程分析

taskC 首先运行，获得 CPU 使用权进入临界区，点亮小灯并锁定互斥量。5s 后，taskA 就绪，由于 Pa>Pc，所以抢占 taskC 获得 CPU 使用权并熄灭小灯，但是当 taskA 请求锁定互斥量时，发现 taskC 此时已锁定互斥量，因此 LiteOS 会临时提升 taskC 的优先级至与 taskA 相同（即 Pa），使得 taskC 重新获得 CPU 使用权，使 taskA 等待 taskC 解锁互斥量。taskB 随后就绪，由于 taskC 优先级的提升，它也进入等待状态。taskC 执行完毕后解锁互斥量并点亮小灯，taskA 获得 CPU 使用权继续运行，锁定互斥量。taskA 运行完毕后释放 CPU 使用权并熄灭小灯，taskB 获得 CPU 使用权后开始运行。在 taskA 等待 taskC 释放互斥量期间，由于临时提升了 taskC 的优先级，当 taskB 到来时不会因抢占 taskC 的 CPU 使用权而导致 taskA 的等待时间更长，成功解决了优先级比 taskA 低的 taskB 先于 taskA 运行的优先级反转问题。

6.5 本章小结

本章讨论 RTOS 下程序设计的核心问题，包括稳定性问题、ISR 设计、线程划分及优先级安排问题、利用信号量解决并发与资源共享的问题，以及优先级反转问题等。

稳定性是软件的基石，嵌入式软件设计要努力做到保证 CPU 运行的稳定、通信的稳定、物理信号输入的稳定、物理信号输出的稳定等。看门狗技术、定时复位技术、临界区处理技术等都是增强软件运行稳定性的有效手段。

中断服务例程的基本要求是：短、小、精、悍。对于线程的划分，可以按照功能集中原则、时间紧迫原则、周期执行原则等进行划分。关于线程优先级安排问题，可参照以下几点：自启动线程优先级最高；紧迫性线程优先级按其紧迫性排列；没有特殊优先执行要求的多个线程，可设置为同一优先级；有执行顺序的线程，根据其执行顺序排列优先级；数据处理耗时长的线程优先级较低；可以一直处于就绪状态的线程优先级最低。

对于利用信号量解决并发与资源共享问题的方法与技巧，以及避免优先级反转问题，可以作为思维训练例子加以理解。

习 题

1. 简述如何保证 CPU 运行的稳定。
2. 简述如何保证通信的稳定。
3. 简述如何保证物理信号输入的稳定。
4. 简述如何保证物理信号输出的稳定。
5. 说明看门狗复位和定时复位的作用及用法。
6. 请说明在 NOS 下和 RTOS 下对临界区处理方式有何不同。
7. 线程调度主要是基于优先级的，进行线程优先级安排时需要考虑哪些问题？
8. 有 5 名哲学家，他们的生活方式是交替地进行思考和进餐，哲学家们共用一张圆桌，分别坐在周围的 5 张椅子上，在圆桌上有 5 支筷子。平时哲学家进行思考，饥饿时便试图先取其左边的筷子，再取其右边的筷子，如果没有拿到筷子将进行等待；只有在他拿到两支筷子时才能进餐。该哲学家进餐完毕后，放下左右两只筷子继续思考。

请用信号量机制描述如何确保哲学家能正确地完成进餐。

9. 生产者-消费者模型是操作系统中的经典模型，请举一个现实生活中的场景来描述生产者-消费者模型。
10. 分析优先级反转对程序造成的影响，LiteOS 采用何种方法来避免优先级反转？

第 7 章 初步理解 LiteOS 的调度原理

俗话说，知其然，还要知其所以然，对于本书而言，即不仅要学会在 RTOS 下进行应用程序的开发，还要理解 RTOS 的工作原理。若能理解原理，对应用编程肯定有益处，但需避免过度深究原理而忽视应用编程。基于本书目标定位在应用编程，因此在原理层面，将目标定为"知其然且了解其所以然"，使原理服务于应用。这里用一章篇幅，高度概括 RTOS 的基本原理及 LiteOS 的调度原理，为应用编程奠定理论基础。

7.1 理解 RTOS 所需的相关基础知识

RTOS 是直接与硬件打交道的操作系统，理解 RTOS 原理需要了解一些相关软硬件的基础知识，主要包括 RISC-V 内核中的主要寄存器、C 语言中的构造类型、编译相关问题、常用数据结构及汇编语言基础等。

7.1.1 CPU 内部寄存器及 RISC-V 中的主要寄存器

RTOS 在运行过程中需要对 CPU 的寄存器频繁进行操作。本书采用的是基于 RISC-V 内核的微控制器，了解其 CPU 内部主要寄存器的作用是理解 RTOS 基本原理的前提条件。计算机所有指令的运行均由 CPU 完成，CPU 内部寄存器负责信息暂存，其数量与性能直接影响 CPU 的处理能力。下面先从一般意义上阐述寄存器的基本分类，随后介绍 RISC-V 微处理器的内部寄存器。

1. CPU 内部寄存器的基本分类

从共性知识及功能来看，CPU 内至少应该包含通用寄存器、栈指针类寄存器、程序指针类寄存器、程序运行状态类寄存器及其他功能寄存器。

1）通用寄存器。CPU 内数量最多的寄存器是通用寄存器，一般作为数据缓冲用途。有些 CPU 架构说明中，也把栈指针（SP）、程序计数器（PC）等纳入通用寄存器范畴。

2）栈指针类寄存器。在计算机编程中，存在全局变量与局部变量的概念。从存储器角度看，对一个具有独立功能的完整程序来说，全局变量具有固定的地址，每次读写都指向该地址。而在一个子程序中开辟的局部变量则不同，用 RAM 中的哪个地址是不固定的，采用"后进先出"（Last In First Out，LIFO）原则使用一段 RAM 区域，这段 RAM 区域被称为栈区⊖。

⊖ 这里的栈，其英文单词为 Stack，在微型计算机中的基本含义是 RAM 中存放临时变量的一段区域。在现实生活中，Stack 的原意是指临时叠放货物的地方，但是叠放的方法是一个一个码起来，故必须先取下来目标货物之前先放的货物才能取，否则无法取。在计算机科学的数据结构学科中，栈是允许在同一端进行插入和删除操作的特殊线性表。允许进行插入和删除操作的一端称为栈顶（Top），另一端称为栈底（Bottom）。栈底固定，而栈顶浮动。栈中元素个数为零时称为空栈。插入操作一般称为进栈（PUSH），删除操作则称为出栈（POP）。栈也称为后进先出表。

栈区的栈底地址在初始化时确定，当有数据进栈或出栈时，地址会自动连续变动㊀，确保每次操作指向不同的存储单元。CPU 中用于保存该动态地址的寄存器称为栈指针（Stack Pointer，SP）寄存器。

3）程序指针类寄存器。计算机程序存储于存储器中，CPU 中需要有个寄存器指示下一条待执行指令在存储器中的位置，这类寄存器称为程序指针类寄存器。在许多 CPU 中，该寄存器叫作程序计数寄存器（Program Counter，PC），它负责告诉 CPU 将要执行的指令在存储器的什么地方。

4）程序运行状态类寄存器。CPU 在计算过程中会产生诸如进位、借位、结果为 0、溢出等状态，CPU 内需要有个地方把它们保存下来，以便后续指令结合这些情况进行处理，这类寄存器就是程序运行状态类寄存器。不同 CPU 中其名称不同，有的叫作标志寄存器，有的叫作程序状态字寄存器，等等。在这类寄存器中，常用单个英文字母表示状态含义。例如，N 表示有符号运算结果为负（Negative）、Z 表示结果为零（Zero）、C 表示有进位（Carry）、V 表示溢出（Overflow）等。

5）其他功能寄存器。在不同 CPU 中，除了包含数据缓冲、栈指针、程序指针、程序运行状态类寄存器外，还可能包含浮点数运算寄存器、中断屏蔽寄存器等专用功能寄存器。

2. RISC-V 中的主要寄存器

RISC-V 处理器的寄存器主要包括 32 个通用寄存器 x0~x31、控制与状态寄存器（Control Status Register，CSR），以及程序计数器（PC），如图 7-1 所示。

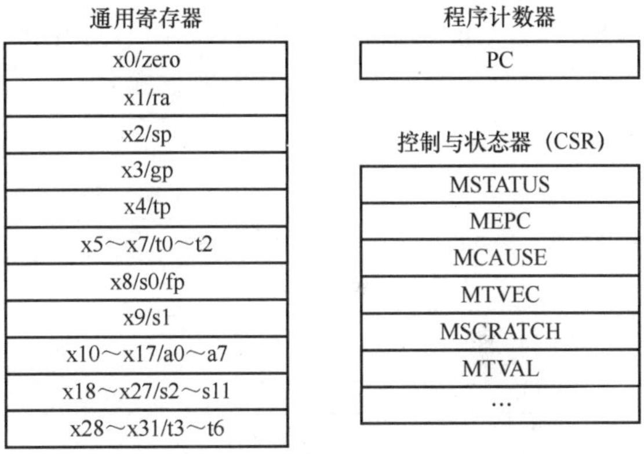

（1）通用寄存器 x0~x31

x0~x31 是最具"通用功能"的 32 位通用寄存器，用于数据操作。x0 为零值（Zero）寄存器，硬件编码为 0，写入数据无效，读取数据恒为 0；x1 为返回地址（Return Address，RA）寄存器，用于存储子程序调用的返回地址；x2 为栈顶指针（Stack Pointer，SP）寄存器，其最低两位永远是 0，即堆栈总是 4 字节对齐的；x3 为全局指针（Global Pointer，GP）寄存器，用于协助链接器优化符号地址访问的指令序列，压缩指令的长度；x4 为线程指针（Thread Pointer，TP）寄存器，常用于操作系统中保存指向线程控制块数据结构的指针；x8(s0/fp)、x9(s1)、x18~x27(s2~s11) 为保存寄存器，用于函数调用，被调用的函数需要保存的数据；x10~x17(a0~a7) 用于函数调用时传递参数和返回值；x5~x7、x28~x31 是临时寄存器（t0~t6），无须被调用函数保存。

通用寄存器
x0/zero
x1/ra
x2/sp
x3/gp
x4/tp
x5~x7/t0~t2
x8/s0/fp
x9/s1
x10~x17/a0~a7
x18~x27/s2~s11
x28~x31/t3~t6

程序计数器
PC

控制与状态器（CSR）
MSTATUS
MEPC
MCAUSE
MTVEC
MSCRATCH
MTVAL
…

图 7-1 RISC-V 处理器的寄存器组

（2）程序计数器

程序计数器（PC）用于存储下一条待执行指令的地址。其值的变化直接反映程序的执行流程（很多高级技巧隐藏其中）。在 RISC-V 架构中，PC 无法通过通用指令直接访问，因

㊀ 地址变动方向是增还是减，取决于计算机的架构规则。

为 PC 的值没有被映射到通用寄存器组。由于 RISC-V 内部使用指令流水线架构，读取 PC 时返回的值是当前指令地址+4（指向下一条指令）。RISC-V 中的指令至少是半字对齐的，所以 PC 的第 0 位总是 0。理解 RTOS 运行流程的关键就是要理解 PC 值是如何变化的，PC 值的变化反映了程序的真实流程。

（3）控制与状态寄存器

RISC-V 的控制与状态寄存器基于特权模式划分。例如机器模式下主要包括机器模式处理器状态寄存器、机器模式异常程序指针寄存器、机器模式异常原因寄存器等，在操作系统分析时需要用到。

1）机器模式处理器状态寄存器（MSTATUS）：用于保存全局中断使能，同时其他位字段还可用于管理处理器的特权级别、虚拟化、调试模式等。通过读取和写入处理器状态寄存器，可以控制和监控处理器的状态，例如启用或禁用中断、设置特权级别、处理异常等。以 CH32V303 所使用的青稞 V4 芯片为例，处理器状态寄存器具体的位字段定义见表 7-1。其中，FS 域用于描述和维护浮点单元状态，所以该域只有在含有硬件浮点功能的处理器上才有意义。本书中使用的例程均不使用浮点计数器，因此其值默认为 0 表示浮点单元处于关闭状态，且此时如果使用浮点指令将会触发异常。MPP 域用于保存进入中断或异常前的特权模式，用于退出中断或异常后的特权模式恢复。MPIE 域则用于保存进入中断或异常前的全局中断使能状态，当进入中断或异常时，MPIE 的值会被更新为 MIE 的值。当退出中断或异常后，处理器恢复为 MPP 保存的特权模式，并将 MIE 更新为 MPIE 的值恢复全局中断使能状态。

表 7-1 RISC-V 机器模式下状态寄存器（MSTATUS）

数 据 位	名 称	描 述	复位值
[31：15]	Reserved	保留	0
[14：13]	FS	浮点单元状态	0
[12：11]	MPP	进中断前特权模式	0
[10：8]	Reserved	保留	0
7	MPIE	进中断前全局中断使能状态	0
[6：4]	Reserved	保留	0
3	MIE	机器模式全局中断使能	0
[2：0]	Reserved	保留	0

2）机器模式异常程序指针寄存器（MEPC）：用于保存进入中断或异常时的程序指针（PC），当处理完中断或异常后，MEPC 的值将会被作为返回地址用于中断或异常的返回。需要注意的是：当发生异常时，MEPC 被更新为当前产生异常的指令的 PC 值；当发生中断时，MEPC 的值被更新为发生中断前下一条指令地址。

3）机器模式异常原因寄存器（MCAUSE）和异常值寄存器（MTVAL）：MCAUSE 寄存器主要用于保存产生中断的中断编号及异常的原因，其最高位用于指示当前发生的是中断还是异常，低位是异常编码，用于指示具体的原因。MTVAL 寄存器用于保存发生异常时引起异常的值。这两个寄存器的值合起来能有效定位当前出现问题的原因，具体的异常编码或是异常值根据处理器不同有所差距，需要查看具体芯片手册。

7.1.2 C 语言概述

1978 年,美国电话电报公司(AT&T)贝尔实验室正式发布了 C 语言。B. W. Kernighan 和 D. M. Ritchit 合著的 *The C Programming Language*(简称为 *K&R*)一书奠定了 C 语言基础,但书中并没有定义完整的标准。后来,美国国家标准学会(ANSI)于 1983 年制定了首个 C 语言标准,通常称之为 ANSI C 或标准 C。

下面简要介绍 C 语言的基本知识,特别是和嵌入式系统编程密切相关的内容。未学习过标准 C 语言的读者可以通过本小节快速了解 C 语言,后续通过实例逐步积累相关编程知识。对 C 语言很熟悉的读者可以跳过本小节。

1. 基本数据类型

C 语言的数据类型分为基本类型和构造类型两大类。基本类型见表 7-2。

表 7-2 C 语言的基本数据类型

数据类型		含 义	位 数	字节数	值 域
字符型	signed char	有符号字符型	8	1	$-128 \sim +127$
	unsigned char	无符号字符型	8	1	$0 \sim 255$
整型	signed short	有符号短整型	16	2	$-32768 \sim +32767$
	unsigned short	无符号短整型	16	2	$0 \sim 65535$
	signed int	有符号整型	32	4	$-2147483648 \sim +2147483647$
	unsigned int	无符号整型	32	4	$0 \sim 4294967295$
	signed long	有符号长整型	32	4	$-2147483648 \sim +2147483647$
	unsigned long	无符号长整型	32	4	$0 \sim 4294967295$
实型	float	单精度浮点型	32	4	约 $\pm 3.4 \times 10^{-38} \sim \pm 3.4 \times 10^{+38}$
	double	双精度浮点型	64	8	约 $\pm 1.7 \times 10^{-308} \sim \pm 1.7 \times 10^{+308}$

构造类型有数组、结构、联合、枚举、指针和空类型。结构和联合是基本数据类型的组合。枚举是一个被命名为整型常量的集合。空类型字节长度为 0,主要有两个用途:一是明确地表示一个函数不返回任何值;二是产生一个同一类型指针(可根据需要动态地分配给其内存)。

嵌入式中常用到 register 变量,下面对其进行简要说明。一般情况下,变量(包括全局变量、静态变量、局部变量)的值存放在内存中,CPU 访问变量要通过三总线(地址总线、数据总线、控制总线)。如果变量使用频繁,则存取变量的值要耗费不少时间。为提高执行效率,C 语言允许使用关键字"register"声明,将局部变量的值放在 CPU 寄存器中,需要用时直接从寄存器取出参与运算,不必再到内存中存取。register 变量使用时需注意:①只有局部变量和形式参数可声明为寄存器变量,其他(如全局变量、静态变量)不适用;②由于计算机系统中 CPU 寄存器的数量是有限的,无法定义任意多个 register 变量。

2. 运算符

C 语言的运算符分为算术、逻辑、关系、位运算及一些特殊的操作符。表 7-3 列出了 C 语言常用的运算符。

表 7-3　C 语言常用的运算符

运算类型	运算符	含义	举例
算术运算	+－*/	加、减、乘、除	N=1,N=N+5 等同于 N+=5,N=6
	%	取模运算	N=5,Y=N%3,Y=2
逻辑运算	||	逻辑或	A=TRUE，B=FALSE，C=A||B，C=TRUE
	&&	逻辑与	A=TRUE，B=FALSE，C=A&&B，C=FALSE
	!	逻辑非	A=TRUE，B=!A，B=FALSE
关系运算	>	大于	A=1，B=2，C=A>B，C=FALSE
	<	小于	A=1，B=2，C=A<B，C=TRUE
	>=	大于或等于	A=2，B=2，C=A>=B，C=TRUE
	<=	小于或等于	A=2，B=2，C=A<=B，C=TRUE
	==	等于	A=1，B=2，C=(A==B)，C=FALSE
	!=	不等于	A=1，B=2，C=(A!=B)，C=TRUE
位运算	~	按位取反	A=0b00001111，B=~A，B=0b11110000
	<<	左移	A=0b00001111，A<<2=0b00111100
	>>	右移	A=0b11110000，A>>2=0b00111100
	&	按位与	A=0b1010，B=0b1000，A&B=0b1000
	^	按位异或	A=0b1010，B=0b1000，A^B=0b0010
	|	按位或	A=0b1010，B=0b1000，A|B=0b1010
增量和减量运算	++	增量	A=3，A++，A=4
	--	减量	A=3，A--，A=2
复合赋值运算	+=	加法赋值	A=1，A+=2，A=3
	-=	减法赋值	A=4，A-=4，A=0
	>>=	右移位赋值	A=0b11110000，A>>=2，A=0b00111100
	<<=	左移赋值	A=0b00001111，A<<=2，A=0b00111100
	*=	乘法赋值	A=2，A*=3，A=6
	|=	按位或赋值	A=0b1010，A|=0b1000，A=0b1010
	&=	按位与赋值	A=0b1010，A&=0b1000，A=0b1000
	^=	按位异或赋值	A=0b1010，A^=0b1000，A=0b0010
	%=	取模赋值	A=5，A%=2，A=1
	/=	除法赋值	A=4，A/=2，A=2
指针和地址运算	*	取内容	A=*P
	&	取地址	A=&P
输出格式转换	0x	无符号十六进制数	0xa=0d10
	0o	无符号八进制数	0o10=0d8
	0b	无符号二进制数	0b10=0d2
	0d	带符号十进制数	0d10000001=-127
	0u	无符号十进制数	0u10000001=129

3. 流程控制

在程序设计中，主要有三种基本控制结构：顺序结构、选择结构和循环结构。

（1）顺序结构

顺序结构就是从前向后依次执行语句的流程。从整体上看，所有程序的基本结构都是顺序结构，中间的某个过程可以是选择结构或循环结构。

（2）选择结构

选择结构根据指定条件是否满足，决定执行路径。在 C 语言中，主要有 if 和 switch 两种选择结构。

1）if 结构。

一般格式为

```
if(表达式)语句项；
```

或

```
if(表达式)
    语句项;
else
    语句项;
```

如果表达式取值真（除 0 以外的任何值），则执行 if 分支；否则，如果 else 存在，则执行 else 分支。每次只会执行 if 或 else 中的某一个分支。语句项可以是单独的一条语句，也可以是多条语句组成的语句块（要用一对大括号"{}"括起来）。

if 语句可以嵌套，else 默认与最近的一个 if 配对。对于多分支场景，可以使用 if…else if…else if…else…的多重判断结构，也可以使用下面讲到的 switch 语句。

2）switch 结构。switch 是 C 语言的多分支选择语句，它根据表达式的值与若干整型或字符常量的匹配结果，决定执行路径。switch 语句的一般格式如下。

```
switch(表达式)
{
    case 常数1:
        语句项1;
        break;
    case 常数2:
        语句项2;
        break;
    …
    default:
        语句项;
}
```

switch 语句执行流程是：计算表达式的值，按顺序与 case 后的常量匹配，若匹配成功则执行该 case 下的语句项，直到遇到 break 语句或 switch 结束。若没有一个常量与表达式的值匹配，则执行 default 下的语句项。default 是可选的，如果它不存在，并且所有的常量与表达式的值都不匹配，那么就不做任何处理。

switch 语句与 if 语句的不同之处在于，switch 只支持等式匹配，而 if 可以计算关系表达式或逻辑表达式。

注意：break 语句在 switch 语句中是可选的，但是不用 break，则从当前满足条件的 case 语句开始连续执行后续指令，不判断后续 case 语句的条件，一直到碰到 break 语句或 switch 结束为止。为了避免输出不应有的结果，建议在每一个 case 之后都添加 break 语句，使每次执行后均可跳出 switch 语句。

（3）循环结构

C 语言中常用的循环结构包括 for 循环、while 循环与 do…while 循环。

1) for 循环。

一般格式为

```
for(初始化表达式;条件表达式;修正表达式)
    {循环体}
```

执行过程：先求解初始化表达式；再判断条件表达式，若为假（0），则结束循环，转去执行循环下面的语句，若为真（非 0），则执行循环体；求解修正表达式；再返回第 2 步，根据条件表达式的情况决定是否继续执行循环体。

2) while 循环。

一般格式为

```
while(条件表达式)
    {循环体}
```

执行过程：判断条件表达式的值，若为真（非 0）则执行循环体。其特点是先判断后执行。

3) do…while 循环。

一般格式为

```
do
    {循环体}
while(条件表达式);
```

执行过程：当流程到达 do 后，立即执行循环体一次，然后才对条件表达式进行计算、判断。若条件表达式的值为真（非 0），则重复执行一次循环体。

其特点是先执行后判断。

（4）break 和 continue 语句在循环中的应用

在循环中常使用 break 语句和 continue 语句，这两个语句都会改变循环的执行情况。break 语句用于强行跳出当前循环，终止整个循环的执行。continue 语句是跳过当前循环体中剩余的语句，进入下一次循环条件判断（相当于提前返回循环开始处执行）。

4. 函数

所谓函数，即子程序，是"语句的集合"。将常用语句群封装为函数，供其他程序调用，实现代码复用。函数的设计与使用需遵循软件工程的基本规范。

使用函数要注意：函数定义时要指定返回类型；若函数定义在调用之后，要先声明函数原型；传给函数的参数值，其类型要与函数原定义一致；接收函数返回值的变量，其类型也要与函数返回类型一致。

函数的返回值是"return 表达式;"，return 语句用来立即结束函数，并返回一确定值给调用程序。如果函数的类型和 return 语句中表达式的值不兼容，则以函数类型为准。对于数值型数据，可以自动进行类型转换。也就是说，函数类型决定返回值的类型。

5. 数组

在 C 语言中，数组是一个构造类型的数据，是由基本类型数据按照一定的规则组成的。数组是有序数据的集合，数组中的每一个元素都属于同一个数据类型。用一个统一的数组名和下标唯一地确定数组中的元素。

（1）一维数组的定义和引用

定义格式：

```
类型说明符 数组名[常量表达式];
```

其中，数组的命名规则和变量相同。定义数组的时候，需要指定数组中元素的个数，即常量表达式需要明确设定，不可以包含变量。例如：

```
int a[10];    //定义了一个整型数组,数组名为a,有10个元素,下标为0-9
```

数组必须先定义，然后才能使用。而且只能通过下标一个一个地访问，形如"数组名[下标]"。

（2）二维数组的定义和引用

定义格式：

```
类型说明符 数组名[常量表达式][常量表达式]
```

例如：

```
float a[3][4]    //定义3行4列的数组a,行下标为0-2、列下标为0-3
```

其实，二维数组可以看作两个一维数组，a 是一个包含 3 个元素的一维数组，而每个元素又是一个包含 4 个元素的一维数组。二维数组的表示形式为"数组名[下标][下标]"。

（3）字符数组

用于存储字符数据（char 类型）的数组是字符数组，每个元素存放一个字符。例如：

```
char c[5];
c[0]='t';c[1]='a';c[2]='b';c[3]='l';c[4]='e';
//字符数组c[5]中存放的就是字符串"table"。
```

在 C 语言中，是将字符串作为字符数组来处理的。但是，在实际应用中，关于字符串的实际长度，C 语言规定了一个"字符串结束标志"，以字符'\0'作为标志（实际值为 0x00），即如果有一个字符串，前面 $n-1$ 个字符都不是空字符，而第 n 个字符是'\0'，则此字符的有效字符为 $n-1$ 个。

（4）动态数组

动态数组是相对于静态数组而言的。静态数组的长度是预先定义好的，在整个程序中，一旦给定大小后就无法改变。而动态数组则可以随程序需要而重新指定大小。动态数组的内存空间是从堆（Heap）上分配（即动态分配）的，需通过执行代码为其分配存储空间。当程序执行到这些语句时，才为其分配。用完后还需要调用 free 函数释放内存。

在 C 语言中，可以通过 malloc、calloc 函数进行内存空间的动态分配，从而实现数组的动态化,以满足实际需求。

(5) 数组与指针的关系

数组名在表达式中会被隐式地转换为指向这个数组元素集合首元素的指针,因此可以通过指针算术运算访问元素。例如:

```
int a[5];      //定义了一个整型数组,数组名为a,有5个元素,下标为0-4
```

访问数组 a 的第 3 个元素有以下两种方式:a[2]; *(a+2)。

注意:数组名与指针本质不同,数组名是地址常量,指针是变量。

6. 指针

指针是 C 语言中广泛使用的一种数据类型,运用指针是 C 语言重要风格之一。在嵌入式编程中,指针尤为重要。利用指针变量可以表示各种数据结构,很方便地使用数组和字符串,并能像汇编语言一样处理内存地址,从而编出精练而高效的程序。但是使用指针要特别细心,计算得当,避免指向不适当区域。

指针是一种特殊的数据类型,在其他语言中一般没有。指针是指向变量的地址,实质上指针就是存储单元的地址。根据指向的数据类型,可分为整型指针(int *)、浮点型指针(float *)、字符型指针(char *)、结构体指针(struct *)和联合指针(union *)。

(1) 指针变量的定义

其一般格式为

```
类型说明符*变量名;
```

其中,*表示这是一个指针变量,变量名即为定义的指针变量名,类型说明符指定本指针变量所指变量的数据类型。例如:

```
int *p1;     //p1是指向整型变量的指针,p1的值是整型变量的地址
```

(2) 指针变量的赋值

指针变量同普通变量一样,使用之前不仅要进行声明,而且必须赋予具体的值。未经赋值的指针变量不能使用,否则将造成系统混乱,甚至死机。指针变量的赋值只能赋予地址。例如:

```
int a;        //a 为整型数据变量
int *p1;      //声明 p1 是整型指针变量
p1=&a;        //将 a 的地址赋给 p1
```

(3) 指针的运算

1) 取地址运算符 &:单目运算符,其结合性为自右向左,其功能是取变量的地址。

2) 取值运算符 *:单目运算符,其结合性为自右向左,用来表示指针变量所指的变量。* 运算符后跟的变量必须是指针变量。例如:

```
int a,b;      //a,b 为整型数据变量
int *p1;      //声明 p1 是整型指针变量
p1=&a;        //将 a 的地址赋给 p1
a=80;
b=*p1;        //b=80,即为 a 的值,等价于 b=a
```

注意:取内容运算符"*"和指针变量声明中的"*"虽然符号相同但含义不同。在

指针变量声明中,"＊"是类型说明符,表示其后的变量是指针类型;而表达式中出现的"＊"则是取值运算符,用以表示指针变量所指的变量。

3)指针的加减算术运算:对于指向数组的指针变量,可以加/减一个整数 n(由于指针变量的值是地址,给地址加/减一个非整数是错误的)。设 pa 是指向数组 a 的指针变量,则 pa+n、pa-n、pa++、++pa、pa--、--pa 运算都是合法的。指针变量加/减一个整数 n 的意义是把指针指向的当前位置(指向某数组元素)向前或向后移动 n 个位置。

需要注意的是,数组指针变量前/后移动 1 个位置和地址加/减 1 在概念上是不同的。因为数组可以有不同的类型,各种类型的数组元素所占的字节长度是不同的。如指针变量加 1,即向后移动 1 个位置,表示指针变量指向下一个数据元素的首地址,而不是在原地址的基础上加 1。例如:

```
int a[5],*pa;         //声明 a 为整型数组(下标为 0~4),pa 为整型指针变量
pa=a;                 //pa 指向数组 a,即指向 a[0]
pa=pa+2;              //pa 指向 a[2],即 pa 的值为 &pa[2]
```

注意:指针变量的加/减运算只能对数组指针变量进行,对指向其他类型变量的指针变量做加/减运算是无意义的。

(4) void 指针类型

顾名思义,void＊为无类型指针,即用来定义指针变量,不指定它是指向哪种类型数据,但可以把它强制转化成任何类型的指针。

众所周知,如果指针 p1 和 p2 的类型相同,那么可以直接在 p1 和 p2 间互相赋值;如果 p1 和 p2 指向不同的数据类型,则必须使用强制类型转换运算符把赋值运算符右边的指针类型转换为左边指针的类型。例如:

```
float*p1;             //声明 p1 为浮点型指针变量
int*p2;               //声明 p2 为整型指针变量
p1=(float*)p2;        //强制转换整型指针 p2 为浮点型指针值赋值给 p1
```

而 void＊则不同,任何类型的指针都可以直接赋值给它,无须进行强制类型转换。例如:

```
void*p1;              //声明 p1 为无类型指针变量
int*p2;               //声明 p2 为整型指针变量
p1=p2;                //将整型指针 p2 的值直接赋值给 p1
```

但这并不意味着,"void＊"也可以无须强制类型转换地赋给其他类型的指针,也就是说 p2=p1 这条语句编译时,必须将 p1 强制类型转换成"int＊"类型。因为"无类型"可以包容"有类型",而"有类型"则不能包容"无类型"。

7. 构造类型

C/C++语言提供了许多基本数据类型(如 int、float、double、char 等)供用户使用,但是由于程序需要处理的问题往往比较复杂,而且呈多样化,基本数据类型不能满足使用需求。因此,C 语言允许用户根据需要声明一些自定义构造类型,包括有结构体类型(structure)、共用体类型(union)、枚举类型(enumeration)、类类型(class)等。这些类型将不同类型的数据组合成一个有机的整体,数据之间在整体内是相互联系的,这些类型就称为构造类型。本书涉及的构造类型主要为结构体类型和枚举类型两种,下面对这两种类型进行详

细介绍。

（1）结构体类型

1）结构体基本概念。

C 语言允许用户将一些不同类型（当然也可以相同）的元素组合在一起定义成一个新的类型，这种新类型就是结构体。其中的元素称为结构体成员或域，这些成员可以是不同的类型，成员一般通过名称访问。结构体可以被声明为变量、指针或数组等，用于实现较复杂的数据结构。

声明结构体类型的一般格式为

```
struct 结构体类型名{成员表列};
```

例如，可以通过下面的声明来建立结构体类型。

```c
//声明一个结构体类型 Date
struct Date
{
    int  year;        //年
    int  month;       //月
    int  day;         //日
};
```

结构体类型名作为该结构体类型的标志，例如上面声明中的 Date。大括号内是该结构体的全部成员，如上例中的 year、month 和 day。结构体类型大小是其成员大小之和。在声明一个结构体类型时必须对各成员都进行类型声明。结构体的成员类型可以是另一个已声明的结构体类型，也就是说可以嵌套定义，例如：

```c
//声明一个结构体类型 Student
struct Student
{
    int num;                       //一个整型变量 num
    char  name[20];                //一个字符数组 name，可以存储 20 个字符
    char sex;                      //一个字符变量 sex
    int age;                       //一个整型变量 age
    float score;                   //一个单精度浮点型变量
    struct Date birthday;          //一个 Date 结构体类型变量 birthday
    char addr[30];                 //一个字符数组 addr，可以存储 30 个字符
};
```

这样就声明了一个新的结构体类型 Student，它向编译系统声明：这是一种结构体类型，包括 num、name、sex、age、score、birthday 和 addr 等不同类型的数据项。需要注意的是，Student 是一个类型名，它和系统提供的标准类型（如 int、char、float、double）一样，都可以用来定义变量，只不过结构体类型需要事先由用户自己声明而已。在实际使用中，根据需要还可以通过 typedef 关键字将已定义的结构体类型命名为其他各种别名。

2）结构体变量的引用。

结构体变量成员的引用格式为

```
结构体变量名.成员名;
```

例如：

```
struct Student stu1;        //定义一个 Student 类型的结构体变量 stu1
stu1.num=10001;             //给 stu1 的成员 num 赋值 10001
stu1.age=20;                //给 stu1 的成员 age 赋值 20
```

"."是成员运算符，它在所有运算符中优先级最高，因此可以把 stu1.num 和 stu1.age 当作一个整体来看待，相当于一个变量。如果成员本身又属于一个结构体类型，则要用若干个"."运算符，一级一级找到最低一级的成员，只能对最低级的成员进行赋值、存取及运算。例如：

```
struct Student stu1;
stu1.birthday.year=2000;
stu1.birthday.month=12;
stu1.birthday.day=30;
```

结构体变量成员和结构体变量本身都具有地址，可通过 & 运算符引用，例如：

```
struct Student stu1;        //定义一个 Student 类型的结构体变量 stu1
scanf("%d",&stu1.num);      //输入 stu1.num 的值
printf("%o",&stu1);         //输出结构体变量 stu1 的首地址
```

注意：结构体变量的地址主要用作函数参数，传递结构体变量的地址。

3）结构体指针。

结构体指针是指存储结构体变量起始地址的指针变量。一旦一个结构体指针变量指向了某个结构体变量，那么就可以通过结构体指针对该结构体变量进行操作。如上例中的结构体变量 stu1，也可以通过指针变量来进行操作：

```
struct Student stu1;        //定义结构体变量 stu1
struct Student *p;          //定义结构体指针变量 p
p=&stu1;                    //将 stu1 的起始地址赋给 p
p->num=10001;
(*p).age=20;
```

上述代码中定义了一个 struct Student 类型的指针变量 p，并将变量 stu1 的首地址赋值给指针变量 p，然后通过指针操作符"->"引用其成员并进行赋值。(*p) 表示 p 指向的结构体变量，因此，(*p).age 也就等价于 stu1.age。在本书中，可以看到结构体指针是构建链式存储结构的基础。

(2) 枚举类型

枚举类型是 C 语言中另一种构造数据类型，用于声明一组命名常量。当一个变量有几种可能的取值时，可以将它定义为枚举类型。所谓"枚举"是指将变量的可能值一一列举出来，这些值也称为"枚举元素"或"枚举常量"。枚举变量的值只限于列举出来的值的范围内，这样能有效防止用户输入无效值。同时，枚举变量可使代码更加清晰，因为它可以描述特定的值。

枚举的声明格式为

```
enum 枚举类型名 {枚举值表};
```

例如：

```
enum color{red,green,blue,yellow,white};    //定义枚举类型color
enum color select;                          //定义枚举类型变量select
```

在 C 编译中，枚举元素是作为常量来处理的，因为不是变量，不能对它们直接进行赋值，但可以通过强制类型转换来赋值。枚举元素的值按定义的顺序从 0 开始递增，如 red 为 0、green 为 1、blue 为 2、yellow 为 3、white 为 4。枚举元素可直接进行比较，比较规则是按其在定义时的顺序号进行逻辑判断。

8. 编译预处理

C 语言的编译预处理是编译系统的重要组成部分。C 语言允许在程序中使用几种特殊的命令（非 C 语句）它们以#开头。在 C 编译系统对程序进行正式编译（包括语法分析、代码生成、优化等）之前，先对程序中的这些特殊命令进行"预处理"，然后将预处理的结果和源程序一起再进行后续的正式编译，最终生成目标代码。C 语言的预处理功能主要有宏定义、撤销宏定义、条件编译和文件包含。

（1）宏定义

```
#define 宏名 表达式
```

其中，表达式可以是数字、字符，也可以是若干条语句。在预处理阶段，所有引用该宏的地方都将自动被替换成宏所对应的表达式。例如：

```
#define PI  3.1415926    //以后程序中用到数字3.1415926就写PI
#define S(r)  PI*r*r     //以后程序中用到PI*r*r就写S(r)
```

（2）撤销宏定义

```
#undef 宏名
```

（3）条件编译

```
#if 表达式
#else
#endif
```

条件编译用于控制代码的编译范围。如果表达式成立，则编译#if 下的程序，否则编译#else 下的程序，#endif 为条件编译结束标志。

此外，还有宏名判断形式：

```
#ifdef 宏名      //如果宏名称被定义过，则编译以下程序
#ifndef 宏名     //如果宏名称未被定义过，则编译以下程序
```

条件编译通常用于代码调试、保留程序（但不编译），或者在需要对两种状况做不同处理时使用。

（4）文件包含

所谓文件包含，是指一个源文件将另一个源文件的全部内容包含进来，其一般格式为

```
#include "文件名"
```

9. 用 typedef 定义类型

除了可以直接使用 C 语言提供的标准类型名（如 int、char、float、double、long 等）和

自己定义的结构体、指针、枚举等类型外，还可以用 typedef 定义新的类型名来代替已有的类型名。例如：

```
typedef unsigned char  uint_8;
```

指定用 uint_8 代表 unsigned char 类型，这样下面的两个语句是等价的：

```
unsigned char n1;
uint_8  n1;
```

用法说明：

1）用 typedef 可以定义各种类型名，但不能用来定义变量。
2）用 typedef 只是对已经存在的类型增加一个类型别名，并没有创造新的类型。
3）typedef 与#define 有相似之处，例如：

```
typedef  unsigned int  uint_16;
#define  uint_16  unsigned int
```

这两句的作用都是用 uint_16 代表 unsigned int（注意顺序）。但事实上它们二者不同，#define 是在预编译时处理，它只能做简单的字符串替代，而 typedef 是在编译时处理。

4）当不同源文件中用到复杂类型数据（尤其是像数组、指针、结构体、共用体等较复杂数据类型）时，常用 typedef 定义数据类型别名，并把它们单独存放在一个文件中，然后在需要用到它们时，用#include 命令把该文件包含进来。

5）使用 typedef 有利于程序的通用性与移植性。特别是用 typedef 定义结构体类型，在嵌入式程序中常用到。例如：

```
typedef  struct student
{
  char  name[8];
  char  class[10];
  int age;
}STU;
```

上述代码声明了新类型名 STU，代表一个结构体类型。可以用这个新类型名来定义结构体变量。例如：

```
STU  student1;       //定义 STU 类型的结构体变量 student1
STU  *S1;            //定义 STU 类型的结构体指针变量 S1
```

7.1.3 RTOS 内核常用数据结构

RTOS 内核代码中使用了栈、堆、队列、链表等数据结构，本小节来介绍它们的基本概念。

1. 栈与堆

在数据结构中，栈（Stack）是一种操作受限的线性表，只允许在表的一端进行插入和删除操作。允许插入和删除操作的一端被称为栈顶（Top），另一端称为栈底（Bottom）。向一个栈插入新元素又称作进栈、入栈或压栈，它是把新元素放到栈顶元素的上面，使之成为新的栈顶元素；从一个栈删除元素又称作出栈或退栈，它是把栈顶元素删除掉，使其相邻的元素成为新的栈顶元素。栈的操作是按后进先出（Last In First Out，LIFO）原则进行的。如图 7-2 所示，按 $a_1,a_2,\cdots,a_n$ 的顺序入栈，最后加入栈的 a_n 元素为栈顶，而出栈的顺序则反过来，a_n 先出栈，然后 a_{n-1} 才能出栈，最后 a_1 出栈。

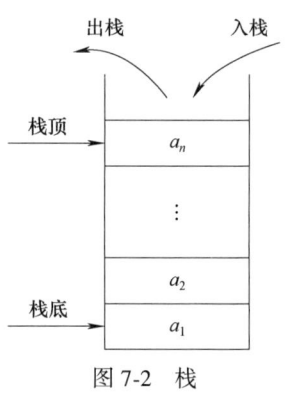

图 7-2　栈

在操作系统中，栈是 RAM 中的存储单元，常用于保存和恢复中断现场，也用于保存一个函数调用所需要的被称为栈帧（Stack Frame）的维护信息。栈帧一般包括：函数的返回值和参数、临时变量（包括函数的非静态局部变量以及编译器自动生成的其他临时变量）、上下文（包括函数调用前后需要保持不变的寄存器）。在 ARM Cortex-M 中，栈地址是向下（低地址）扩展的，是一块连续的内存区域，因此栈指针初始值一般为 RAM 的高地址上边界，进栈地址减小，出栈地址增加，栈的操作按 LIFO 原则进行。栈空间资源由编译器自动分配和释放，存取速度比堆快，其操作方式类似于数据结构中的栈。

在数据结构中，堆（Heap）是一个特殊的完全二叉树，有最小堆和最大堆之分，常用堆来实现排序。在操作系统中，堆是内存中的存储单元，堆空间分配方式类似于链表，堆地址是向上（高地址）扩展的，是不连续的内存区域。在 C 语言中，堆存储空间是由 malloc 函数动态分配的内存区域，一般速度比较慢，而且容易产生内存碎片，但是堆的空间较大，使用起来灵活方便。堆一般由用户分配和释放，若用户不释放，程序结束时可能由操作系统回收（操作系统内核需要有这种处理功能）。

2. 队列

和栈相反，队列（Queue）是一种先进先出（First In First Out，FIFO）的线性表，它只允许在表的一端插入，在另一端删除。允许插入的一端称为队尾（Rear），允许删除的一端称为队头（Front），如图 7-3 所示。队列中没有元素时，称为空队列。在队列中插入一个队列元素称为入队，从队列中删除一个队列元素称为出队，只有最早进入队列的元素才能最先从队列中删除。队列按照存储结构的不同可以分为顺序队列与链队列两种。在操作系统中经常使用队列来进行对象的管理和调度。

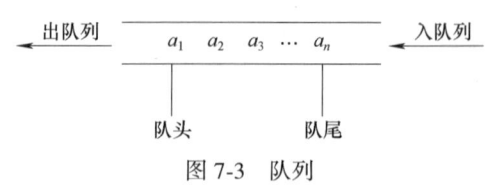

图 7-3　队列

3. 链表

链表是一种物理存储单元上非连续、非顺序的存储结构，数据元素的逻辑顺序是通过链表中的指针链接次序实现的。链表由一系列结点组成，结点可以在运行时动态生成，每个结点包括两个部分：一是存储数据元素的数据域，二是存储后继结点（双向链表还包含前驱结点）地址的指针域。在程序实现时，必须通过包含指针的变量来存放后继结点的地址信息，可使用结构体变量定义结点，结点之间通过结点的指针域串联成一个链表。链表具有不必按顺序存储、可以动态生成结点并为其分配存储单元、插入和删除结点时不需要移动结点只需要修改结点的指针域等优点。因此，在 RTOS 的很多场合都采用链表作为管理媒介。

按照结点是否包含前驱指针，链表可分为单向链表（Singly Linked List）和双向链表

（Doubly Linked List）两种，如图 7-4 所示。一个链表通常都有一个头指针来指向链表的第一个结点，其他结点的地址存放在前驱结点的指针域中，最后一个结点没有后继结点，其指针域为 NULL（在图中用符号^表示）。因此，对链表中任一结点的访问必须从头指针开始，按指针顺序遍历查找。链表的操作包括判空、遍历、插入与删除，以及取结点元素等。链表在初始化时，将第一个结点的地址赋给链表的头指针，头指针是操作链表的基础。

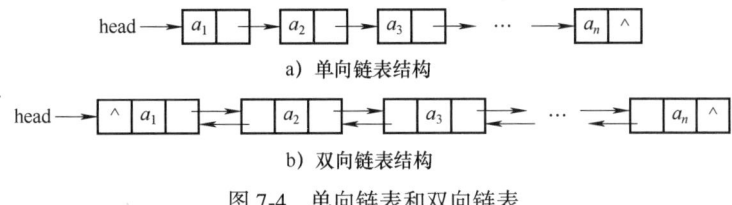

图 7-4 单向链表和双向链表

7.1.4 汇编语言概述

能够在 MCU 内直接执行的指令序列是机器语言，用助记符号表示机器指令便于记忆，这就形成了汇编语言。因此，用汇编语言写成的程序不能直接放入 MCU 的程序存储器中去执行，必须先转为机器语言。把用汇编语言写成的源程序"翻译"成机器语言的工具叫作汇编程序或汇编器（Assembler），以下统一称作汇编器。

汇编编程时推荐使用 GNU v8.2.0 汇编器，其汇编语言格式遵循 GNU 汇编语法（以下简称 GNU 汇编）。为了理解汇编指令，下面介绍一些汇编语言的基本知识。

1. 汇编语言格式

汇编器将汇编语言源程序"翻译"成机器语言。源程序可用通用的文本编辑软件编辑，以 ASCII 码形式存盘。具体的汇编器对汇编语言源程序的格式有一定的要求，同时，除了识别 MCU 的指令系统外，为了能够正确地产生目标代码及方便汇编语言的编写，汇编器还提供了一些在汇编时使用的命令和操作符号，在编写汇编程序时，必须正确使用它们。汇编器提供的指令仅是为了更好地做好"翻译"工作，并不产生具体的机器指令，因此被称为伪指令（Pseudo Instruction）。伪指令告诉汇编器：从哪里开始编译、到何处结束、汇编后的程序放置在何处等相关信息。当然，这些信息必须包含在汇编源程序中，否则无法生成正确的目标代码。

汇编语言源程序以行为单位进行设计，每一行最多可以包含以下 4 个部分。

标号： 操作码 操作数 注释

（1）标号

标号（Label）的要求及说明：

1）如果一个语句有标号，则标号必须书写在汇编语句的开头部分。

2）标号由字母（A~Z、a~z）、数字（0~9）、下划线（_）、美元符号（$）组成，但开头的第一个符号不能为数字和 $。

3）汇编器对标号中字母的大小写敏感，但指令不区分大小写。

4）标号长度理论上不受限制，但实际使用时通常不超过 20 个字符。若希望更多的汇编器能够识别，建议标号（或变量名）的长度小于 8 个字符。

5）标号后必须带冒号":"。

6）标号在文件（程序）中只能定义一次，否则重复定义会导致编译失败。

7）一行语句只能有一个标号，汇编器将把当前程序计数器的值赋给该标号。

（2）操作码

操作码（Opcode）包括指令码和伪指令。其中，伪指令是指开发环境 RISC-V 汇编器可以识别的指令。对于有标号的行，必须用至少一个空格或制表符（TAB）将标号与操作码隔开；对于没有标号的行，不能从第一列开始写指令码，需以空格或制表符（TAB）开头。汇编器不区分操作码中字母的大小写。

（3）操作数

操作数（Operand）可以是地址、标号或指令码定义的常数，也可以是由伪运算符构成的表达式。若一条指令或伪指令有操作数，则操作数与操作码之间必须用空格隔开。操作数多于一个的，操作数之间用逗号","分隔。操作数也可以是 RISC-V 内部寄存器，或者另一条指令的特定参数。操作数中一般都有一个存放结果的寄存器，这个寄存器在操作数的最前面。

1）常数标识。汇编器可以识别十进制（默认不需要前缀标识）、十六进制（用 0x 前缀标识）、二进制（用 0b 前缀标识）常数。

2）常量加载。在 RISC-V 架构中，加载立即数常使用 LI（Load Immediate）指令，该指令可以将一个 16 位的立即数加载到指定寄存器中，格式为

```
    LI    a3,0x1234    //给寄存器 a3 赋值为 0x1234
```

如果要获取地址（通常是函数或变量的地址），应使用 LA（Load Address）指令，将其完整的 32 位地址存储到寄存器中，格式为

```
    LA    a3,symbol    //将符号 symbol（函数或变量）所在的地址存储到寄存器 a3 中
```

3）圆点"."。若圆点"."单独出现在操作数的位置上，则代表当前程序计数器的值。例如，b . 指令代表转向本身，相当于永久循环。在调试时希望程序停留在某个地方可以添加这种语句，调试之后应将其删除。

（4）注释

注释（Comment）即说明文字。在 RISC-V 处理器汇编语言中，单行注释以"#"引导，"#"必须为单行的第一个字符。可以使用连续的单行注释来实现多行注释效果。

2. 常用伪指令

不同汇编器（如 GNU、Keil 等）的伪指令稍有不同，其书写格式与所使用的汇编器有关，可参照具体的工程样例编写。

伪指令主要用于常量定义、宏定义、条件判断、文件包含等场景。在 GNU 汇编器环境中，所有的汇编命令都是以"."开头的。

（1）系统预定义的段

C 语言程序经过 gcc 编译器生成 .elf 格式的可执行文件，该文件以段为单位来组织，通常划分为如下几个段：.text、.data 和 .bss。其中，.text 是只读代码区，.data 是可读可写的初始化数据区，而 .bss 则是可读可写的未初始化数据区。.text 段的起始地址通常由链接脚

本指定（如裸机程序中常设为0x0），随后依次是.data 段和.bss 段。

```
.text       //声明以下代码在 .text 段
.data       //声明以下代码在 .data 段
.bss        //声明以下代码在 .bss 段
```

（2）常量的定义

汇编代码常用的功能之一为常量的定义。使用常量定义，能够提高程序代码的可读性和可维护性。常量的定义可以使用.equ 汇编指令，下面是 GNU 汇编器中一个常量定义的例子。

```
.equ    _NVIC_ICER,0xE000E180     //定义常量_NVIC_ICER
...
LI      A0,_NVIC_ICER             //将 0xE000E180 存入寄存器 A0 中
```

常量的定义还可以使用.define 汇编指令，其语法结构与.equ 相同。

```
.define ROM_size,128 * 1024            //定义 ROM 大小为 128KB(131072 字节)
.define start_ROM,0xE0000000           //定义 ROM 起始地址
.define end_ROM,start_ROM + ROM_size   //计算 ROM 结束地址
```

（3）在程序中插入常量

对于大多数汇编工具来说，一个典型特性为可以在程序中插入数据。在 GNU 汇编器中可以写成

```
LA A3,NUMNER            //获取 NUMNER 的存储地址
LW A4,0(A3)             //读取地址中的字数据（0x123456789）存入 A4
...
LA A0,HELLO_TEXT        //获取 HELLO_TEXT 字符串的起始地址
CALL  printf            //调用 printf 函数显示字符串
...
.align 4
NUMNER:
    .word  0x123456789  //定义字数据
HELLO_TEXT:
    .ascii "hello\n\0"  //手动添加' \0'结束字符
```

为了在程序中插入不同类型的常量，GNU 汇编器中包含许多不同的伪指令，常用伪指令见表 7-4。

表 7-4 在程序中插入不同类型常量的常用伪指令

插入数据的类型	GNU 汇编器	示例
字	.word	.word 0x12345678
字节	.byte	.byte 0x12
字符串	.ascii/.asciz	.ascii" hello\n" .asciz" world"

（4）条件伪指令

.if：后跟常量表达式（即该表达式的值为真），以.endif 结尾中间如果有其他条件，可

以用.else 添加分支。

.ifdef：如果标号已定义，则执行后续代码。

（5）文件包含伪指令

```
        .include    "filename"
```

.include 是一个附加文件的链接指示命令，利用它可以把另一个源文件插入当前的源文件一起汇编，成为一个完整的源程序。filename 是一个文件名，可以包含文件的绝对路径或相对路径，但建议将一个工程的相关文件放到同一个文件夹中，所以更多的时候使用的是相对路径。

（6）其他常用伪指令

1）.section 伪指令：自定义段。例如：

```
        .section    .isr_vector, "a"    //定义一个.isr_vector段,"a"表示允许段
```

2）.global 伪指令：定义一个全局符号。例如：

```
        .global    symbol    //定义一个全局符号 symbol
```

3）.extern 伪指令：声明外部函数，调用的时候可以遍访所有文件找到该函数并且使用它。例如：

```
        .extern    main    //声明 main 为外部函数
        BL         main    //进入 main 函数
```

4）.align 伪指令：通过添加填充字节使当前位置满足一定的对齐方式。语法结构为 .align [exp [, fill]]，其中，exp 为 0~16 之间的数字，表示下一条指令对齐至 2^{exp} 位置。若未指定，则将当前位置对齐到下一个字的位置，fill 代表为对齐而填充的字节值，可省略，默认为 0x00。例如：

```
        .align    3    //把当前位置计数器的值增加到 2³ 的倍数上，若已是 2³ 的倍数，不做改变
```

5）.end 伪指令：声明汇编文件结束。

此外，还有有限循环伪指令、宏定义伪指令和宏调用伪指令等，可参考 GNU 汇编语法文档。

7.1.5 编译连接流程

不论是否使用 RTOS，芯片的启动过程是一致的，均是从复位向量处获取上电复位后要执行的第一个语句，随后进行系统时钟初始化等操作，最后跳转到 main 函数处。

明确第一条被执行指令的存放位置，是理解芯片启动的关键一环。这需要了解源程序生成机器码的基本过程及链接脚本文件的作用，从而定位到第一条指令。

1. C 语言源程序生成机器码的基本过程

将 C 语言源程序转换成可以下载到 MCU 运行的机器码，需要经过预编译、编译、汇编、链接 4 个阶段，这一切都是由开发环境自动完成的，如图 7-5 所示。

预编译是对源文件和头文件进行预处理，主要处理以"#"开头的预编译指令：展开所有的宏定义（#define）、处理所有条件预编译指令（如#if、#ifdef、#elif、#else 等）、处理所

有包含指令（即#include 指令），将被包含的文件插入到该语句的位置（该过程是递归执行的，因为一个文件可能又包含其他文件）等。预编译生成.i文件。

编译是将高级语言（此处为 C 语言）翻译成汇编语言。编译生成汇编语言文件（扩展名为.s）。

汇编是将汇编代码转换为机器可以直接执行的机器码。每条汇编指令基本都对应于一条或多条机器指令，根据汇编指令和机器指令的对照表完成翻译。汇编生成目标代码文件（扩展名为.o）。但它们中的有关存储器的地址是相对的，绝对地址未确定，需要参考链接文件（.ld）才能将各个.o 文件"链接"在一起。

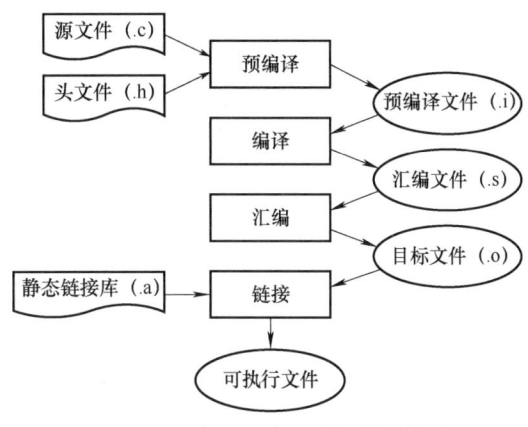

图 7-5 C 语言源程序生成机器码的过程

链接是在链接文件（.ld）的指引下，将目标文件（.o）和静态链接库（.a）等合并，解析符号引用并分配全局绝对地址。链接生成机器码文件（如.hex 及.elf 等）。

2. 链接文件的作用

脚本是指表演戏剧、拍摄电影等所依据的底本又或者书稿的底本，也可以说是故事的发展大纲，是用来确定故事到底是在什么地点、什么时间、有哪些角色、角色的对白、动作和情绪的变化等。而在计算机中，脚本（Script）是一种批处理文件的延伸，是一种纯文本保存的程序，由确定的一系列控制计算机操作的指令组合而成，在其中可以实现一定的逻辑分支等。链接脚本文件（简称链接文件）用于控制链接器的工作过程，规定了如何将目标文件（.o）中的段（Section）映射到最终可执行文件中，并控制可执行文件内各段的地址分配。它是链接器的输入文件，扩展名通常是.ld 或.lds。

集成开发环境通常通过 Makefile 文本文件进行自动编译，其中会调用到链接脚本文件，通过它完成整个链接过程。但在集成开发环境中，用户一般只以"编译"菜单命令触发该流程，无须直接操作链接文件。

7.2 LiteOS 的启动流程分析

LiteOS 的启动过程包括芯片上电启动到 main 函数之前的运行过程和 RTOS 的启动过程两大部分。这些内容涉及面广、知识点多且触及硬件底层编程，在学习过程中必须有足够的耐心，才能较好地理解复杂的启动过程。为了更好地理解这个过程，样例程序部分源码已经添加了注释，可结合该样例分析 LiteOS 的启动过程。

7.2.1 芯片启动到 main 函数之前的运行过程

1. 构建 LiteOS 源码样例工程 LiteOS-Analysis-A

第 2 章介绍了 LiteOS 的第一个样例工程，并在随后的章节中对 LiteOS 基本要素进行了介绍。之前的工程通过引用 BIOS 中的接口函数调用 LiteOS 功能，虽简化了用户工程，并减少了工程编译时间，但不利于对 LiteOS 的源码进行分析。在本小节中取消对 BIOS 中 LiteOS 函数的引用，将 LiteOS 源码放置到用户工程下，并对其进行调用和分析。

以第 2 章 "03-Software \ CH02 \ LiteOS-Frame" 工程为例，按以下操作修改为 LiteOS 源码可见的工程。

1）复制第 2 章 "03-Software \ CH02 \ LiteOS-Frame" 工程到 "03-Software \ CH07"，重命名为 "LiteOS-Analysis-A"。

2）将 LiteOS 源码文件 "03-Software \ CH07 \ LiteOS" 放入工程的 05_UserBoard 文件夹。

3）删除 05_UserBoard 文件夹下的 OS_Self_API.h 文件。

4）将 05_UserBoard 文件夹下 Os_United_API.h 文件中的 "#include" Os_Self_API.h"" 为 "#include" OsFunc.h""。

5）删除 05_UserBoard 文件夹下 Os_United_API.h 文件中与 "typedef" 相关的结构体定义代码。

6）删除 04_GEC 文件夹下 gec.c 文件中 Vectors_Init 函数内对 BIOS 时钟中断和软件中断处理程序的引用的代码。相关代码如下：

```
user[BIOS_SYSTICK_IRQn + 14]=(uint32_t)bios[BIOS_SYSTICK_IRQn];
user[BIOS_SW_IRQn + 14]=(uint32_t)bios[BIOS_SW_IRQn];
```

7）删除工程内的 Debug 文件夹，重新编译工程，该工程即为启动分析使用样例工程，最终工程路径为 "03-Software \ CH07 \ LiteOS-Analysis-A"。

2. 从链接文件 CH32V307.ld 中得到信息

链接文件 CH32V307.ld 在样例工程的 03_MCU \ Linker_file 文件夹中。

（1）在链接文件中找到中断向量表存放在 Flash 中的起始地址

中断向量表是一个连续的存储区域，它按照中断向量号从小到大的顺序存储中断服务例程（ISR）的首地址。中断向量表一般存放在 FLASH 段中，需要在链接文件中定义存储区域。该文件中的 MEMORY 命令段如下。

```
/*(2)【固定】MEMORY 段定义*/
MEMORY
{
    /*中断向量表*/
    INTVEC(rx):ORIGIN=MCU_FLASH_ADDR_START+
                MCU_SECTORSIZE * GEC_USER_SECTOR_START,
           LENGTH=MCU_SECTORSIZE * 4
    ...
}
```

其中，"INTVEC(rx)：…" 语句定义了一个名为 INTVEC 的存储区域，rx 表示该区域存放可读（readable，r）可执行（executable，x）。根据段前面的符号值：

MCU_FLASH_ADDR_START = 0x08000000

MCU_SECTORSIZE = 256

GEC_USER_SECTOR_START = 452

可计算出中断向量表（INTVEC）起始地址为 0x08000000+256×452=0x0801C400，长度为 256×4=1024 字节。建议读者使用 AHL-GEC-IDE 开发环境编译工程，结合符号值验证计算结果。或者通过编译链接生成的机器码文件.hex的第1行、第2行内容（需了解.hex文件格式，请读者自行查阅相关内容）验证中断向量表的起始地址是0x0801C400。

（2）在链接文件中确定.init及.vector标号值

由于CH32V307的中断向量表存在偏移，所以定义.init段来表示中断向量表的偏移空间。在startup_ch32V30x_D8.S文件中可以看到.init代码段内存放了Jhandler_reset（跳转指令）、12个nop（空操作指令），以及1个ebreak（调试中断指令），共14条指令，所以中断向量表偏移量为14×4=56字节（0x38）。在CH32V307.ld文件中，SECTIONS命令定义标号.init，处于FLASH段中，且4字节对齐，表示中断向量表的偏移空间。

```
.init:
{
    _sinit=.;                          /* .init 段起始地址 */
    .=ALIGN(4);
    KEEP(*(SORT_NONE(.init)))
    .=ALIGN(4);
    _einit=.;                          /* .init 段结束地址 */
} >FLASH AT>FLASH
```

接下来的SECTIONS命令定义标号.vector，处于FLASH段中，且64字节对齐，表示中断向量表放在.vector段中。

```
.vector :
{
    *(.vector);
    .=ALIGN(64);
} >FLASH AT>FLASH
```

至此，.vector标号地址为0x0801C400（INTVEC起始地址）+0x38（.init段长度）=0x0801C438。后续就可以使用.vector标号引用中断向量表首地址了。

3. 从芯片启动文件 startup_ch32v30x_D8.S 得到信息

（1）在芯片启动文件使用链接文件确定中断向量表首地址

在芯片启动文件03_MCU\startup\startup_ch32v30x_D8.S中，通过".section .vector"定义中断向量表。

```
.section    .vector,"ax",@progbits          /* 定义中断向量表的数据段 */
```

编译后，可在"..\Debug"文件夹下的.map文件中确认.vector的地址为0x0801C438，这就是中断向量表的起始地址。

```
.vector    0x0801c438    0x1a0 ./obj/startup_ch32v30x_D8.o
```

（2）从启动文件startup_ch32v30x_D8.S理解芯片启动过程

在启动文件03_MCU\startup\startup_ch32v30x_D8.S中，包含了中断向量表及启动代码。中断向量表按照中断向量号的顺序存放中断服务例程入口地址，每个中断服务例程入口地址占用4个字节地址单元，本书所采用的MCU在存储区0x0801_c400～0x0801_c600地址范围存放中断向量表，每4个字节存放一个中断服务例程的入口地址。中断服务例程的入口地址又称为中断向量或中断向量指针，它指向中断服务例程在存储器中的位置。例如，.init 段的首条指令 J handle_reset，硬件上确定其功能为跳转执行程序复位指令，所以俗称"复位向量"。这里为"handle_reset:"，也就是第一条被执行指令的存放处，那么复位后，程序就从此开始执行了。可以看到，第一条可执行指令就是一个汇编语句，用于控制 PC 值复位，第二条指令表示将栈顶地址_eusrstack 的值读取到 SP 寄存器，这个"栈顶地址"就是在 CH32V307.ld 文件中确定的_eusrstack 的初值 0x20020000（芯片 RAM 的最高地址，这个芯片是进栈后地址递减，芯片设计时确定的）。

```
handle_reset:              /*handle_reset 起始位置*/
    .option push           /*保存编译设置*/
    .option norelax        /*禁用相对寻址*/
    CSRWmepc,t0            /*恢复 PC 到 mepc，最后由 mret 伪指令恢复到 PC 寄存器*/
    .option pop            /*将最近保存的选项设置恢复出来重新生效*/
1:                         /*在当前地址添加标号，记作 1*/
    LA sp, _eusrstack      /*将标签_eusrstack 的地址赋值给 sp 寄存器*/
```

（3）启动文件 startup_ch32v30x_D8.S 分析

下面对 startup_ch32v30x_D8.S 文件部分内容进行剖析，具体见表 7-5。

表 7-5　剖析启动文件 startup_ch32v30x_D8.S

内　　容	剖　　析
``` /*handle_reset 入口*/ .section .text.handle_reset,"ax",@progbits .weak handle_reset .align1 handle_reset: CSRWmepc, t0 .option pop 1: LA sp, _eusrstack ... /*把数据从 ROM 复制到 RAM 中*/ /*给未初始化的变量赋初值"0"*/ ... /*以机器模式启动，启用浮点和中断*/ LI t0, 0x7888 CSRSmstatus, t0 JAL SystemInit JAL Vectors_Init ```	1）复位处理程序 handle_reset 的实现： • 把数据从 Flash 复制到 RAM 中（因为 RAM 的数据段中所定义变量的初值在芯片上电时是存在 Flash 中的，故需要将它复制到 RAM 中） • 给未初始化的 bss 段变量赋初值 0 • 调用 SystemInit 函数初始化系统时钟 • 调用 Vectors_Init 函数继承 BIOS 中断向量表
``` LA t0, main CSRW mepc, t0 MRET ```	2）跳转到 main 函数（即转到 ..\main.c 函数运行，由它完成操作系统的启动）
``` .section .vector,"ax",@progbits .align 1 ```	3）定义中断向量表，与链接文件 CH32V307.ld 中指定区域 .vector 关联。这里标号 .vector 就是 CH32V307.ld 中 .vector[1]，地址为 0x0801C438

(续)

内容	剖析
.word _start .word 0 .word NMI_Handler /* NMI Handler */ .word HardFault_Handler /* Hard Fault Handler */ … … .word USART2_IRQHandler /* USART2 */ …	4）初始化中断向量表。为中断向量表的所有表项填入默认值，即以中断向量所对应外设的英文名作为中断服务例程的函数名。0x0801C438~0x0801C43B 地址填写 _start（起始地址）。后续各区域填写对应的默认中断处理函数的函数名。例如，在串口 2 模块的中断向量表项里填入 USART2_IRQHandler[②]
.weak NMI_Handler .weak HardFault_Handler … .weak USART2_IRQHandler …	5）以弱符号[③]的方式定义默认中断处理函数，函数名指向空值。在实际使用时，只需在中断服务例程文件 isr.c 再定义一个与所需中断处理函数的函数名同名函数即可。例如，USART2_IRQHandler{ }，其中函数名 USART2_IRQHandler 与此处相同，此时编译器默认将其识别为强符号，在编译时会覆盖掉这里的以弱符号定义的默认值。至此，中断向量表实现

① .vector 地址可在 .map 和 .lst 文件中确认（均为 0x0801_c438）。
② 这里把 Handler 翻译成"处理程序"，有的文献翻译成"句柄"，就是中断服务例程的入口地址，也就是中断服务例程的函数名。
③ 弱符号可被同名强符号覆盖，C 语言中编译器默认函数和初始化了的全局变量为强符号。

这里对弱符号做一些说明，例如下列语句：

```
.weak    USART2_IRQHandler
```

使用弱定义（.weak）来定义 handler_name，当用户在 isr.c 中重写 handler_name 对应的中断服务例程，将会覆盖这里给出的对应默认中断服务例程。若不使用弱定义（.weak）重写对应中断服务例程，编译器会认为是重复定义，将会报错。

初始化后跳转到 main 函数，若不需要启动操作系统，可在 main 函数中编程，若要启动操作系统则调用 OS_start(thread_auto)，启动 RTOS 并执行自启动线程，由自启动线程 thread_auto 初始化外设模块、初始化全局变量、使能中断模块、创建并启动其他用户线程等。

4. 芯片启动 main 函数过程总结

下面以 CH32V307 芯片为例，简要总结一下芯片启动流程。

1）从链接文件 CH32V307.ld 中获取 RAM 区域结束地址（_eusrstack = 0x20020000）和中断向量表的起始地址（0x0801C438）。

2）在芯片启动文件 startup_ch32v30x_D8.S 中定义：中断向量表，硬件从地址 0x0801C438 读取复位向量（指向复位函数 handle_reset 的地址）到 PC 寄存器，触发复位流程；跳转到复位处理函数，完成堆栈指针 SP、RAM 初值、bss 段等初始化。

3）在复位（中断）服务例程 handler_reset 中，对变量和系统进行初始化，随后转到 main 函数（07_AppPrg 文件夹下 main.c 文件中）运行，由它完成后续的实时操作系统的启动。

7.2.2 LiteOS 启动流程解析

对 LiteOS 启动流程的解析仍使用样例工程"03-Software \ CH07 \ LiteOS-Analysis-A"。

1. LiteOS 启动的总体流程

（1）启动 LiteOS 的总入口

芯片上电后开始启动，执行到 07_AppPrg \ main.c 中的 main 函数后，接着从 main 函数调用 OS_start 函数触发 LiteOS 的启动。

```
//主函数，一般情况下可以认为程序从此开始运行（实际上有启动过程）-----------
int main(void)
{
        printf("main 开始：启动实时操作系统...\r\n\r\n");
        OS_start(thread_auto);
} //main 函数(结尾)
```

（2）以实参 thread_auto 执行 OS_start 函数

OS_start 函数位于 05_UserBoard \ LiteOS_Src \ OsFunc.c 文件中，OsFunc.c 是为了收拢启动相关函数而自定义的一个文件。为了方便用户自主决定自启动线程函数的名称，在该文件中定义了 OS_start 函数。自启动线程 thread_auto 用于创建其他线程，是用户要完成的第一个线程，首先设法使之被调度运行。

```
// ===============================================================
//函数名称：OS_start
//函数返回：无
//参数说明：func-自启动线程函数指针
//功能概要：启动 RTOS 并执行自启动线程 thread_auto
// ===============================================================
void  OS_start(void (*func)(void))
{
    LOS_KernelInit();
    osThreadAttr_t attr={
            "main thread", 0, NULL, 0, NULL, 512*2, osPriorityNormal1, 0, 0
        };
    osThreadNew((osThreadFunc_t*)func, NULL, &attr);
    LOS_Start();
}
```

OS_start 完成系统的启动，特别强调，在实际调用中 OS_start 函数的实际参数为指向 thread_auto 函数的指针，这个指针将在后续调用中逐级传递，由 osThreadAttr_t 结构体定义该函数的 TCB，并由 osThreadNew 函数创建该线程，由操作系统根据 TCB 进行调度，从而完成自启动线程的运行。启动过程主要工作有：初始化相关资源、创建自启动线程及空闲线程、启动调度器等。当调度器启动后，自启动线程会首先被调度运行，即运行用户自定义的自启动线程函数 thread_auto。thread_auto 函数初始化外设、初始化全局变量、使能中断、创建并启动其他用户线程。thread_auto 函数运行完成后，自启动线程自行结束[⊖]，之后的线程运行和切换都由调度器完成。

（3）LiteOS 启动流程图

LiteOS 启动流程图如图 7-6 所示。

⊖ 由于 thread_auto 函数内部没有永久循环，是一次性线程，在 LiteOS 中，线程执行完成后会自行退出，关闭该线程。一般线程内部含有永久性循环，与 NOS 下 main 函数一样，不会退出，该线程就不会关闭。

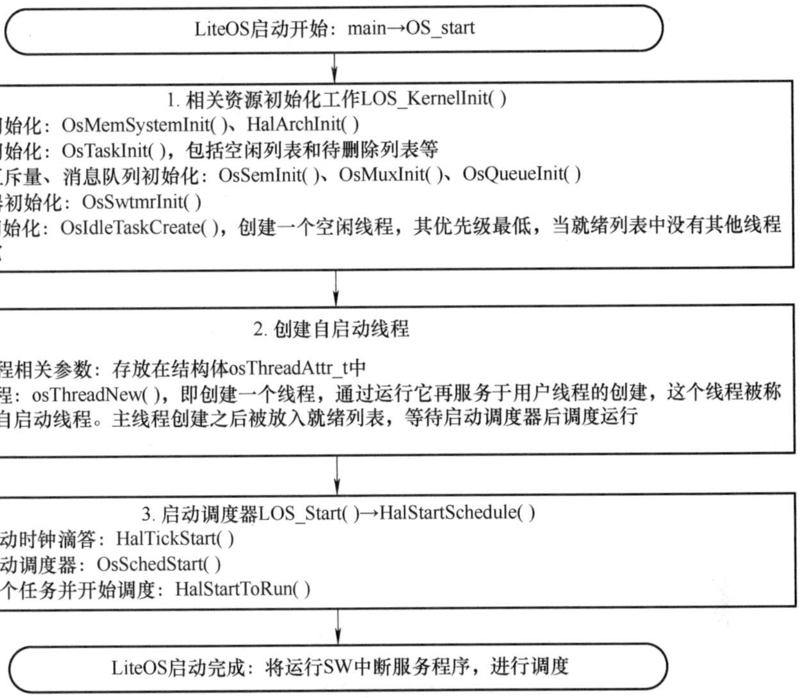

```
┌─────────────────────────────────────────────────────────┐
│          LiteOS启动开始: main→OS_start                   │
└─────────────────────────────────────────────────────────┘
                          ↓
┌─────────────────────────────────────────────────────────┐
│        1. 相关资源初始化工作LOS_KernelInit( )            │
│  板级硬件初始化: OsMemSystemInit( )、HalArchInit( )      │
│  相关列表初始化: OsTaskInit( ), 包括空闲列表和待删除列表等│
│  信号量、互斥量、消息队列初始化: OsSemInit( )、OsMuxInit( )、OsQueueInit( ) │
│  软件定时器初始化: OsSwtmrInit( )                        │
│  空闲线程初始化: OsIdleTaskCreate( ), 创建一个空闲线程, 其优先级最低, 当就绪列表中没有其他线程│
│  时, 就运行它                                            │
└─────────────────────────────────────────────────────────┘
                          ↓
┌─────────────────────────────────────────────────────────┐
│               2. 创建自启动线程                          │
│  定义主线程相关参数: 存放在结构体osThreadAttr_t中        │
│  创建主线程: osThreadNew( ), 即创建一个线程, 通过运行它再服务于用户线程的创建, 这个线程被称│
│  为主线程或自启动线程。主线程创建之后被放入就绪列表, 等待启动调度器后调度运行│
└─────────────────────────────────────────────────────────┘
                          ↓
┌─────────────────────────────────────────────────────────┐
│      3. 启动调度器LOS_Start( )→HalStartSchedule( )       │
│  初始化并启动时钟滴答: HalTickStart( )                   │
│  初始化并启动调度器: OsSchedStart( )                     │
│  切换到第一个任务并开始调度: HalStartToRun( )            │
└─────────────────────────────────────────────────────────┘
                          ↓
┌─────────────────────────────────────────────────────────┐
│     LiteOS启动完成: 将运行SW中断服务程序, 进行调度       │
└─────────────────────────────────────────────────────────┘
```

图 7-6　LiteOS 启动流程

下面对启动流程的详细分析会与实际代码的执行流程稍有不同，主要从相关资源初始化（包括硬件资源、相关列表、软件资源）、创建自启动线程与空闲线程、启动调度器三个方向进行。

2. 相关资源的初始化

相关资源初始化主要包括板级硬件、相关列表及软件资源等。

（1）板级硬件的初始化

1）SysTick 初始化（HalTickStart 函数）。SysTick 是 LiteOS 整个系统的时钟基准，系统通过每次时间"嘀嗒"进入中断服务例程对任务状态进行管理。系统时钟**频率** System Core Clock = 72MHz，LOSCFG_BASE_CORE_TICK_PER_SECOND 为 target_config.h 中设置的嘀嗒频率，默认为 1000Hz，因此系统 SysTick 调度的频率被设置为 1ms 一次。

该函数在实际执行时传入的参数 handler 为函数 OsTickHandler 的首地址，经由 LiteOS 函数逐级传递。在 HalTickStart 函数中 handler 被赋值给全局变量 systick_handler，同时，在 05_UserBoard\LiteOS\kernel\arch\risc-v\V4A\gcc\los_timer.c 中可以查询到中断服务例程 SysTick_Handler（通过#define 重定义为 HalTickSysTickHandler），该中断服务例程通过直接调用 systick_handler 指向的函数（即 OsTickHandler）实现 SysTick 的中断处理。

在 05_UserBoard\LiteOS\kernel\arch\risc-v\V4A\gcc\los_timer.c 文件中有硬件**嘀嗒**启动函数，该函数在 OS_start( )→LOS_Start( )→HalStartSchedule( ) 调用链中被执行。

```
//=================================================================
//函数名称: HalTickStart
//函数返回: 无
//参数说明: handler_时钟嘀嗒中断处理函数
```

```
//功能概要：初始化 Systick
// =====================================================================
WEAK UINT32 HalTickStart(OS_TICK_HANDLER handler)
{
    //初始化系统时钟滴答的相关参数
    g_sysClock=OS_SYS_CLOCK;
    g_cyclesPerTick=g_sysClock /LOSCFG_BASE_CORE_TICK_PER_SECOND;
    g_intCount=0;
    //使能中断并设置 Systick 及 SW 中断的优先级
    NVIC_EnableIRQ(SysTicK_IRQn);
    NVIC_EnableIRQ(Software_IRQn);
    NVIC_SetPriority(SysTicK_IRQn,0xf0);
    NVIC_SetPriority(Software_IRQn,0xf0);
    //配置 Systick 中断处理函数
    //在 los_timer.c 中定义的 SysTick_Handler 中断服务例程
    //通过调用 systick_handler 指向的函数实现中断处理
    systick_handler=handler;
    //配置 Systick 寄存器
    SysTick->SR=0;
    SysTick->CMP=g_cyclesPerTick-1;
    SysTick->CNT=0;
    SysTick->CTLR=0xf;
    return  LOS_OK;          /* 函数无返回 */
}
```

2）堆空间初始化（OsMemSystemInit 函数）。堆是操作系统中一种常用的数据结构，通常用于存放临时变量，动态分配和释放，一般采用链表的方式来管理变量。堆在内存中一般位于 BSS 段和栈之间，从 RAM 的低地址向高地址方向使用。在 LiteOS 中，系统使用的堆空间由自定义的静态数组 g_memStart 实现，在内存中属于 BSS 段。在 05_UserBoard\LiteOS\kernel\src\mm\los_memory.c 文件中包含 OsMemSystemInit 函数，该函数在 OS_start( )→LOS_KernelInit( )调用链中被执行。

```
// =====================================================================
//函数名称：OsMemSystemInit
//函数返回：初始化成功/失败标志
//参数说明：无
//功能概要：初始化堆空间
// =====================================================================
UINT32 OsMemSystemInit(VOID)
{
UINT32 ret;                //堆空间初始化成功/失败标志
//使用芯片内部堆内存还是外部堆内存，默认为 0（即使用内部堆内存）
#if (LOSCFG_SYS_EXTERNAL_HEAP == 0)
    m_aucSysMem0=g_memStart;
#else
    m_aucSysMem0=LOSCFG_SYS_HEAP_ADDR;
#endif
//操作系统线程堆内存分配
ret=LOS_MemInit(m_aucSysMem0,              //分配堆内存的起始地址
    LOSCFG_SYS_HEAP_SIZE);                 //堆空间大小
```

```
        PRINT_INFO("LiteOS heap memory address:%p, size:0x%lx\n", m_aucSysMem0,
            LOSCFG_SYS_HEAP_SIZE);
    return ret;
}
```

3)中断向量表初始化（HalArchInit 函数）。中断向量表已在启动文件 startup_ch32v30x_D8.S 中完成初始化，因而此处的 HalArchInit 函数定义为空实现。若先前未对中断向量表进行初始化，或要动态修改中断向量表，可以在此处实现。在 05_UserBoard\LiteOS\kernel\arch\risc-v\V4A\gcc\los_context.c 文件中包含 HalArchInit 函数，该函数在 OS_start( )→LOS_KernelInit( )调用链中被执行。

（2）相关列表的初始化

1）空闲列表与待删除列表初始化（OsTaskInit 函数）。LiteOS 通过空闲列表管理已释放的任务控制块（TCB），可以在需要创建新任务时从这里获取空闲的任务控制块，提高任务的创建和销毁效率；通过待删除列表暂存将要被销毁的任务控制块，当任务实际被删除或销毁时，其占用的资源（例如堆栈内存）会被释放并加入到空闲列表中，这样可以避免资源浪费，提高内存利用率。在 05_UserBoard\LiteOS\kernel\src\los_task.c 文件中包含 OsTaskInit 函数，该函数在 OS_start( )→LOS_KernelInit( )调用链中被执行。

```
//================================================================
//函数名称：OsTaskInit
//函数返回：成功/失败标志
//参数说明：无
//功能概要：初始化空闲列表、待删除列表
//================================================================
LITE_OS_SEC_TEXT_INIT UINT32 OsTaskInit(VOID)
{
    UINT32 size;
    UINT32 index;
    size=(g_taskMaxNum + 1) * sizeof(LosTaskCB);          //列表大小=任务数量×控制块大小
    g_taskCBArray=(LosTaskCB *)LOS_MemAlloc(m_aucSysMem0, size);    //分配列表内存
    if (g_taskCBArray==NULL) {
        return LOS_ERRNO_TSK_NO_MEMORY;
    }
    //Ignore the return code when matching CSEC rule 6.6(1).
    (VOID)memset_s(g_taskCBArray,size,0,size);
    LOS_ListInit(&g_losFreeTask);                          //初始化空闲列表
    LOS_ListInit(&g_taskRecyleList);                       //初始化待删除列表
    //初始状态下所有任务都处于空闲状态，加入空闲列表
    for (index=0; index<=LOSCFG_BASE_CORE_TSK_LIMIT; index++) {
        g_taskCBArray[index].taskStatus=OS_TASK_STATUS_UNUSED;
        g_taskCBArray[index].taskID=index;
        LOS_ListTailInsert(&g_losFreeTask, &g_taskCBArray[index].pendList);
    }
    //Ignore the return code when matching CSEC rule 6.6(4).
    //初始化全局变量 g_losTask,该全局变量维护当前运行的任务和要调度执行的任务
    (VOID)memset_s((VOID *)(&g_losTask), sizeof(g_losTask), 0, sizeof(g_losTask));
    g_losTask.runTask=&g_taskCBArray[g_taskMaxNum];
    g_losTask.runTask->taskID=index;
```

```
        g_losTask.runTask->taskStatus=(OS_TASK_STATUS_UNUSED |OS_TASK_STATUS_RUNNING);
        g_losTask.runTask->priority=OS_TASK_PRIORITY_LOWEST + 1;
        g_idleTaskID=OS_INVALID;
        returnOsSchedInit();
    }
```

2）任务排序列表与优先级队列初始化（OsSchedInit 函数）。LiteOS 中任务排序列表（g_taskSortLinkList）和优先级队列（g_priQueueList）都是与任务调度相关的全局变量。任务排序列表用于存储系统中的所有任务，并按照优先级对其排序，每当新的任务被创建或是任务的状态发生变化，系统都会更新该列表保证其始终反映任务的最新状态。优先级队列的每个元素都代表一个特定优先级，在该优先级后会跟有一个双向链表记录在该优先级下的所有就绪任务，所以总体来看优先级队列是一个二维结构。在 05_UserBoard\LiteOS\kernel\src\los_task.c 文件中包含 OsSchedInit 函数，该函数在 OS_start( )→LOS_KernelInit( )→OsTaskInit 调用链中被执行。

```
// ================================================================
// 函数名称：OsSchedInit
// 函数返回：成功/失败标志
// 参数说明：无
// 功能概要：初始化任务排序列表和优先级队列
// ================================================================
UINT32 OsSchedInit(VOID)
{
    UINT16 pri;
    for (pri=0; pri < OS_PRIORITY_QUEUE_NUM; pri++) {    //初始化优先级队列
        LOS_ListInit(&g_priQueueList[pri]);              //对每一优先级建立双向链表
    }
    g_queueBitmap=0;

    //获取任务排序列表指针
    g_taskSortLinkList=OsGetSortLinkAttribute(OS_SORT_LINK_TASK);
    if (g_taskSortLinkList==NULL) {
        return LOS_NOK;
    }

    OsSortLinkInit(g_taskSortLinkList);//初始化任务排序列表
    g_schedResponseTime=OS_SCHED_MAX_RESPONSE_TIME;       //设置最大调度响应时间

    return LOS_OK;
}
```

(3) 软件资源的初始化

下面介绍的有关函数请读者自行查找对应文件进行阅读。

1）互斥量、信号量、消息队列的初始化。在 LiteOS 中，互斥量和信号量都是用于控制并发访问共享资源的同步机制，消息队列则是线程间或线程与中断间的同步与通信手段。启用这些机制首先需要在配置文件 target_config.h 中启用对应宏定义。

```
#define LOSCFG_BASE_IPC_SEM              1              //启用信号量
#define LOSCFG_BASE_IPC_MUX              1              //启用互斥量
#define LOSCFG_BASE_IPC_QUEUE            1              //启用消息队列
```

然后调用其初始化函数进行初始化,这样就可使用这些同步机制了。

```
OsSemInit();                                            //初始化信号量
OsMuxInit();                                            //初始化互斥量
OsQueueInit();                                          //初始化消息队列
```

2)软件定时器初始化(OsSwtmrInit 函数)。软件定时器是基于系统时钟嘀嗒(Systick 中断)且由软件来模拟的定时器。当检测到经过了设定值的 tick 数之后,会触发用户自定义的回调函数。软件定时器可以在一定程度上解决硬件定时器受硬件限制而导致数量上不足的问题。05_UserBoard\LiteOS\kernel\src\los_swtmr.c 文件中包含 OsSwtmrInit 函数,该函数在 OS_start( )→LOS_KernelInit( )调用链中被执行。

```
// ================================================================
//函数名称:OsSwtmrInit
//函数返回:成功/失败标志
//参数说明:无
//功能概要:初始化软件定时器
// ================================================================
LITE_OS_SEC_TEXT_INIT UINT32 OsSwtmrInit(VOID)
{
    UINT32 size;
    UINT16 index;
    UINT32 ret;
    //内存对齐
    #if(LOSCFG_BASE_CORE_SWTMR_ALIGN==1)
        (VOID)memset_s((VOID*)g_swtmrAlignID, sizeof(SwtmrAlignData) *
            LOSCFG_BASE_CORE_SWTMR_LIMIT,0,sizeof(SwtmrAlignData) *
            LOSCFG_BASE_CORE_SWTMR_LIMIT);
    #endif
    //分配软件定时器控制块内存
    size=sizeof(SWTMR_CTRL_S) * LOSCFG_BASE_CORE_SWTMR_LIMIT;
    SWTMR_CTRL_S * swtmr=(SWTMR_CTRL_S *)LOS_MemAlloc(m_aucSysMem0, size);
    if(swtmr==NULL){
      return LOS_ERRNO_SWTMR_NO_MEMORY;
    }
    //初始化软件定时器控制块
    (VOID)memset_s((VOID*)swtmr, size, 0, size);
    g_swtmrCBArray=swtmr;
    g_swtmrFreeList=swtmr;
    swtmr->usTimerID=0;
    SWTMR_CTRL_S * temp=swtmr;
    swtmr++;
    for(index=1;index<LOSCFG_BASE_CORE_SWTMR_LIMIT;index++,swtmr++){
        swtmr->usTimerID=index;
        temp->pstNext=swtmr;
        temp=swtmr;
    }
    //创建软件定时器处理队列
    ret=LOS_QueueCreate((CHAR *)NULL,OS_SWTMR_HANDLE_QUEUE_SIZE,
                    &g_swtmrHandlerQueue,0,sizeof(SwtmrHandlerItem));
```

```
        if(ret!=LOS_OK) {
            (VOID)LOS_MemFree(m_aucSysMem0,swtmr);
            return LOS_ERRNO_SWTMR_QUEUE_CREATE_FAILED;
        }
    //创建软件定时器任务
        ret=OsSwtmrTaskCreate();
        if(ret!=LOS_OK) {
            (VOID)LOS_MemFree(m_aucSysMem0,swtmr);
            return LOS_ERRNO_SWTMR_TASK_CREATE_FAILED;
        }
    //初始化软件定时器排序列表
        g_swtmrSortLinkList=OsGetSortLinkAttribute(OS_SORT_LINK_SWTMR);
        if(g_swtmrSortLinkList==NULL) {
            (VOID)LOS_MemFree(m_aucSysMem0,swtmr);
            return LOS_NOK;
        }
        ret=OsSortLinkInit(g_swtmrSortLinkList);
        if(ret!=LOS_OK) {
            (VOID)LOS_MemFree(m_aucSysMem0,swtmr);
            return LOS_NOK;
        }
    //注册软件定时器扫描函数
        ret=OsSchedSwtmrScanRegister((SchedScan)OsSwtmrScan);
        if(ret!=LOS_OK) {
            (VOID)LOS_MemFree(m_aucSysMem0,swtmr);
            return LOS_NOK;
        }
        return LOS_OK;
    }
```

在执行软件定时器的初始化过程也会创建定时器。其创建流程：LOS_KernelInit( )→OsSwtmrInit( )→OsSwtmrTaskCreate( )。由于软件定时器对时间精度要求较高，因此在OsSwtmrTaskCreate函数中，将软件定时器任务的优先级设置为0（最高优先级），任务名称为"Swt_Task"，任务的执行函数为OsSwtmrTask( )。

```
    LITE_OS_SEC_TEXT_INIT UINT32 OsSwtmrTaskCreate(VOID)
    {
        UINT32 ret;
        TSK_INIT_PARAM_S swtmrTask;

        //Ignore the return code when matching CSEC rule 6.6(4).
        (VOID)memset_s(&swtmrTask,sizeof(TSK_INIT_PARAM_S),0,sizeof(TSK_INIT_PARAM_S));

        swtmrTask.pfnTaskEntry=(TSK_ENTRY_FUNC)OsSwtmrTask;   //软件定时器任务入口函数，
                                                              //通常阻塞于队列
        swtmrTask.uwStackSize=LOSCFG_BASE_CORE_TSK_SWTMR_STACK_SIZE;
        swtmrTask.pcName="Swt_Task";
        swtmrTask.usTaskPrio=0;
        ret=LOS_TaskCreate(&g_swtmrTaskID,&swtmrTask);
        return ret;
    }
```

第 7 章 初步理解 LiteOS 的调度原理

在这里，会有两个疑问：
- 软件定时器优先级最高，其他任务要想执行，软件定时器必须得挂起。那么，什么时候挂起？
- 软件定时器优先级最高，那么它是不是内核启动的第一个任务？

在 OsSwtmrTask 函数中，只要知道通过 LOS_QueueReadCopy 从 g_swtmrHandlerQueue 读取定时器事件（SwtmrHandlerItem 结构体），参数 LOS_WAIT_FOREVER 表示无事件时任务挂起，避免空转消耗 CPU。

```
LITE_OS_SEC_TEXT VOID OsSwtmrTask(VOID)
{
    SwtmrHandlerItem swtmrHandle;       //存储从队列读取的定时器事件
    UINT32 readSize;
    UINT32 ret;
    UINT64 tick;                        //用于计算回调函数执行耗时
    readSize = sizeof(SwtmrHandlerItem);

    for(;;){//无限循环，持续处理定时器事件
        //g_swtmrHandlerQueue 是定时器超时事件的消息队列，存储待处理的回调信息
        //（SwtmrHandlerItem 结构体）
        //阻塞式读取定时器事件队列
        ret = LOS_QueueReadCopy(g_swtmrHandlerQueue, &swtmrHandle, &readSize, LOS_WAIT_FOREVER);
        //LOS_WAIT_FOREVER 使任务在没有事件时挂起，避免空转消耗 CPU
        //校验读取结果的有效性
        if((ret == LOS_OK) && (readSize == sizeof(SwtmrHandlerItem))){
            //安全防护：跳过空回调
            if(swtmrHandle.handler == NULL){
                continue;
            }
            //记录回调开始时间点
            tick = LOS_TickCountGet();
            //执行定时器超时回调（关键路径）
            swtmrHandle.handler(swtmrHandle.arg);
            //计算回调耗时（Tick 数）
            tick = LOS_TickCountGet() - tick;
            //耗时检测：超过阈值则打印警告
            if(tick >= SWTMR_MAX_RUNNING_TICKS){
                PRINT_WARN("timer_handler(%p)cost too many ms(%d)\n",
                    swtmrHandle.handler,(UINT32)((tick * OS_SYS_MS_PER_SECOND)/
                    LOSCFG_BASE_CORE_TICK_PER_SECOND));
            }
        }
    }
}
```

进入 LOS_QueueReadCopy 函数中，会执行队列操作函数 OsQueueOperate。在 OsQueueOperate 函数中会检测定时器的消息队列是否为空，如果为空，就会阻塞当前的任务，然后执行 LOS_Schedule（任务调度）函数。例如：

```c
UINT32 OsQueueOperate(UINT32 queueID,UINT32 operateType,VOID * bufferAddr,UINT32
                      * bufferSize,UINT32 timeOut)
{
    LosQueueCB * queueCB=NULL;
    LosTaskCB * resumedTask=NULL;
    UINT32 ret;                             //错误处理
    UINT32 readWrite=OS_QUEUE_READ_WRITE_GET(operateType);
    UINT32 readWriteTmp=!readWrite;

    UINT32 intSave=LOS_IntLock();

    queueCB=(LosQueueCB * )GET_QUEUE_HANDLE(queueID);//通过队列 ID 获取控制块
    //检查队列状态和参数合法性
    ret=OsQueueOperateParamCheck(queueCB,operateType,bufferSize);
    if(ret!=LOS_OK){
        goto QUEUE_END;
    }

    //队列空（读操作）或满（写操作）时进入阻塞状态
    if(queueCB->readWriteableCnt[readWrite]==0){
        //非阻塞模式立即返回
        if(timeOut==LOS_NO_WAIT){
            ret=OS_QUEUE_IS_READ(operateType)? LOS_ERRNO_QUEUE_ISEMPTY:LOS_ER-
                RNO_QUEUE_ISFULL;
            goto QUEUE_END;
        }

        if(g_losTaskLock){//系统调度被锁定时禁止阻塞任务
            ret=LOS_ERRNO_QUEUE_PEND_IN_LOCK;
            goto QUEUE_END;
        }
        //阻塞当前任务
        LosTaskCB * runTsk=(LosTaskCB * )g_losTask.runTask;
        OsSchedTaskWait(&queueCB->readWriteList[readWrite],timeOut);
        LOS_IntRestore(intSave);      //临时恢复中断
        LOS_Schedule();               //触发调度切换任务
        //任务被唤醒后重新关中断
        intSave=LOS_IntLock();

        if (runTsk->taskStatus & OS_TASK_STATUS_TIMEOUT) { //超时唤醒
            runTsk->taskStatus &=~OS_TASK_STATUS_TIMEOUT;
            ret=LOS_ERRNO_QUEUE_TIMEOUT;
            goto QUEUE_END;
        }
    } else {
        queueCB->readWriteableCnt[readWrite]--;
    }
    //数据操作
    OsQueueBufferOperate(queueCB, operateType, bufferAddr, bufferSize);

    //唤醒对立操作任务
    if(!LOS_ListEmpty(&queueCB->readWriteList[readWriteTmp])){//检查对立等待列表
        resumedTask = OS_TCB_FROM_PENDLIST(LOS_DL_LIST_FIRST(&queueCB->read-
            WriteList[readWriteTmp]));
```

```
                OsSchedTaskWake(resumedTask);           //唤醒第一个等待任务
                LOS_IntRestore(intSave);
                LOS_Schedule();                          //优先运行被唤醒的高优先级任务
                return LOS_OK;
            } else {
                queueCB->readWriteableCnt[readWriteTmp]++;  //无等待任务则增加可用计数
            }

        QUEUE_END:
            LOS_IntRestore(intSave);
            return ret;
        }
```

那么，上面提出的两个问题就能解答了：
- 软件定时器虽然优先级最高，但当没有使用它的时候，会在软件定时器任务函数中关闭，并且触发任务调度，执行其他线程。
- 内核在启动之前创建了空闲线程、软件定时器线程、thread_auto 线程。它们的优先级从大到小为：软件定时器 > thread_auto > 空闲线程。由于软件定时器线程优先级最高，它是第一个启动的线程。在其启动之后，执行软件定时器任务函数，因为没有线程使用软件定时器，它就会将自己挂起，然后执行任务调度，即执行 thread_auto 线程。

为了验证上方所诉的正确性，打开 LiteOS-Analysis-startUp-CH32V303-20250606 程序，运行编译查看输出信息，运行结果如图 7-7 所示。

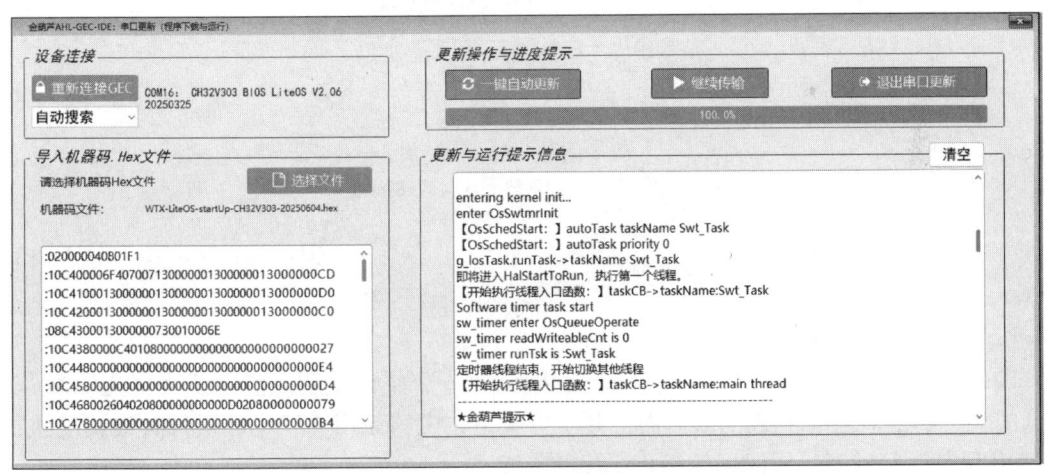

图 7-7　LiteOS 启动流程分析

由图中的输出信息可以看出，程序首先进入 kernel init（内核初始化），之后进行软件定时器初始化。首次调度时，由于软件定时器的优先级最高，所以先执行的是软件定时器任务。从图中可以看出，第一个线程的名称为 Swt_Task、优先级为 0。接下来运行的程序（runTask）为 Swt_Task。在执行第一个线程的时候，程序首先进入到软件定时器的入口函数。在软件定时器函数中，队列数量为 0，所以会挂起任务，正在运行的 runtask 就是 Swt_Task。然后调度切换其他线程，切换到的线程名称为 main thread。

3. 创建自启动线程与空闲线程

（1）创建自启动线程

从用户的角度来看，自启动线程扮演了用户程序"入口"的角色，入口函数为 thread_auto，通过该函数创建用户线程，这个函数由用户自行编写。这里要介绍的是如何把 thread_auto 这个函数变成线程，即创建自启动线程。整个过程分为两部分：在 OS_start 函数内先初始化线程描述符相关信息，然后再调用 osThreadNew 函数创建自启动线程。在 LiteOS 中，自启动线程被创建后，并没有立刻运行，而是被挂载到线程就绪列表上，当其优先级为最高时候才会运行。

注意：开软件定时器时，其优先级最高，当软件定时器阻塞之后，进行线程调度才会执行自启动线程。由于自启动线程是没有"无限循环"的，所以在自启动线程任务函数执行完之后，才会删除自启动线程。这个在后续会有演示。

OS_start 函数在 OsFunc.c 文件中。

```
void OS_start(void(*func)(void))
{
    ...
    osThreadAttr_t attr = {
        "main thread",              //线程名
        0,                          //线程属性位，0为"分离"状态，线程结束后资源自动回收
        NULL,                       //线程控制块的内存地址
        0,                          //线程控制块大小
        NULL,                       //线程栈空间内存地址
        512*2,                      //线程栈空间大小
        osPriorityNormal1,          //线程初始优先级
        0,                          //TrustZone 模块标识符
        0                           //保留字段
    };
    osThreadNew(
        (osThreadFunc_t )func,      //线程入口函数地址
        NULL,                       //线程入口函数参数
        &attr);                     //线程描述符
    ...
}
```

（2）创建空闲线程

LiteOS 启动时会调用 OsIdleTaskCreate 函数创建一个空闲线程。空闲线程优先级默认是最低的 31，即排在就绪列表的最后面，其职责就是在内核无用户线程可执行时被调度执行，使 CPU 保持运行状态，同时回收终止线程的资源。

OsIdleTaskCreate 函数的源代码位于 05_UserBoard\LiteOS\kernel\src\los_task.c 文件中，空闲线程的创建在 OS_start( )→LOS_KernelInit( ) 调用链中被执行。

```
//================================================================
//函数名称：OsIdleTaskCreate
//函数返回：LOS_OK（成功）或错误码
//参数说明：无
//功能概要：创建空闲线程，并将其加入线程就绪列表，等待调度器启动后调度
//================================================================
```

```c
LITE_OS_SEC_TEXT_INIT UINT32 OsIdleTaskCreate(VOID)
{
    UINT32 retVal;
    TSK_INIT_PARAM_S taskInitParam;
    //初始化空闲线程参数
    (VOID)memset_s((VOID*)(&taskInitParam), sizeof(TSK_INIT_PARAM_S), 0, sizeof
                                                (TSK_INIT_PARAM_S));
    taskInitParam.pfnTaskEntry=(TSK_ENTRY_FUNC)OsIdleTask;
    taskInitParam.uwStackSize=LOSCFG_BASE_CORE_TSK_IDLE_STACK_SIZE;
    taskInitParam.pcName = "IdleCore000";
    taskInitParam.usTaskPrio=OS_TASK_PRIORITY_LOWEST;
    //创建空闲线程
    retVal=LOS_TaskCreateOnly(&g_idleTaskID, &taskInitParam);
    if (retVal!=LOS_OK) {
        return retVal;
    }
    //设置空闲线程调度函数
    OsSchedSetIdleTaskSchedParam(OS_TCB_FROM_TID(g_idleTaskID));
    return LOS_OK;
}
```

在上述代码中使用了 osThreadNew 函数对自启动线程进行创建，使用了 OsIdleTaskCreate 函数对空闲线程进行创建。两者都会动态申请 TCB 和线程堆栈，同时在 TCB 中记录线程栈指针（SP）等状态信息。不同点主要在于：参数灵活性，自启动线程通过 osThreadNew 创建，允许用户自定义线程名、优先级、栈大小等参数，空闲线程的参数由系统固定配置；优先级逻辑，osThreadNew 的 priority 参数直接对应线程优先级，数值越小优先级越高，线程在就绪队列中越靠前，而空闲线程的优先级固定为系统最低 31。

4. 启动调度器

（1）调度器启动函数 HalStartSchedule

经过初始化后，此时 LiteOS 还未真正开始运行，需要启动调度器以触发第一次线程切换，实现 LiteOS 的启动。调度器启动是由调度器启动函数 HalStartSchedule 来实现的，该函数位于 05_UserBoard\LiteOS\kernel\arch\risc-v\V4A\gcc\los_context.c 文件中，该函数在 OS_start( )→LOS_Start( )调用链中被执行。

```c
// ================================================================
//函数名称：HalStartSchedule
//函数返回：无
//参数说明：handler_SysTick 中断服务例程入口地址
//功能概要：启动调度器，实现第一次线程切换
// ================================================================
LITE_OS_SEC_TEXT_INIT UINT32  HalStartSchedule(OS_TICK_HANDLER handler)
{
    UINT32  ret;                           //关总中断
    (VOID)LOS_IntLock();                   //初始化 SysTick 定时器
    ret=HalTickStart(handler);
    if(ret!=LOS_OK) {
        return ret;
    }
```

```
    OsSchedStart();                        //启动调度器
    HalStartToRun();                       //进行第一次线程切换,切换到自启动线程
    return LOS_OK;                         //永远运行不到这一句
}
```

（2）操作系统启动调度函数 OsSchedStart

调度器启动过程中，会从线程就绪列表中找到优先级最高的线程（此时，线程就绪列表中仅有自启动线程和空闲线程，因此优先级最高的就绪线程即为自启动线程），该过程通过 OsSchedStart 函数实现。该函数中关闭了中断同时初始化了全局变量 g_losTask，该全局变量存储了当前正在运行线程（runTask）以及下一个运行线程（newTask）的 TCB 指针，通过同时将 runtask 和 newtask 设置为自启动线程，确保第一次切换线程时选择目标线程为自启动线程。05_UserBoard\LiteOS\kernel\src\los_sched.c 文件中包含 OsSchedStart 函数，该函数在 OS_start()→LOS_Start()→HalStartSchedule() 调用链中被执行。

```
VOID OsSchedStart(VOID)
{
    (VOID)LOS_IntLock();          //关闭中断
    //获取就绪的最高优先级线程,启动阶段最高优先级线程即为自启动线程
    LosTaskCB * newTask=OsGetTopTask();

    newTask->taskStatus |=OS_TASK_STATUS_RUNNING;      //将该线程装填设置为运行态
    g_losTask.newTask=newTask;                         //g_losTask 的 newtask 和 runtask 同时设置为
    g_losTask.runTask=g_losTask.newTask;               //自启动线程

    g_taskScheduled=1;                                 //设置全局变量,1 表示内核开始调度
    newTask->startTime=OsGetCurrSchedTimeCycle();      //记录自启动线程启动时间
    OsSchedTaskDeQueue(newTask);                       //将自启动线程从就绪队列移除

    g_schedResponseTime=OS_SCHED_MAX_RESPONSE_TIME;
    g_schedResponseID=OS_INVALID;
    //设置线程超时时间
    OsSchedSetNextExpireTime(newTask->startTime, newTask->taskID,
                             newTask->startTime + newTask->timeSlice, TRUE);
    PRINTK("Entering scheduler \n");
}
```

（3）首次线程切换函数 HalStartToRun

首次线程切换函数 HalStartToRun() 通过 g_losTask 得到首个线程控制块 TCB 后（如果开了软件定时器，那么首个线程就是软件定时器），通过 tcb->stackPointer 获取栈指针，赋值给 SP 寄存器，通过栈指针可以恢复栈空间的 X1 和 X5~X31 通用寄存器以及 MSTATUS 和 MEPC 寄存器的值到相应的寄存器中，并设置自启动线程的运行环境。05_UserBoard\LiteOS\kernel\arch\risc-v\V4A\gcc\los_dispatch.S 文件中包含 HalStartToRun 函数，该函数在 OS_start()→LOS_Start()→HalStartSchedule()，调用链中被执行。

```
//===================================================================
//函数名称:HalStartToRun
//参数说明:无
//功能概要:实现第一次上下文切换,并转到自启动线程执行。
```

```
// ==============================================================
HalStartToRun:
//(1) 获取自启动线程控制块相关信息
la t0, _eusrstack
addi t0,t0,-512
csrw CSR_MSCRATCH, t0
la t0,g_losTask                          //t0 存储全局任务结构体地址
LOAD t1, 0x0(t0)                         //获取 runTask 指针（t1=TCB 地址）
LOAD sp, 0(t1)                           //从 TCB 第一个字段加载栈指针到 SP 寄存器
LOAD t0,0 * REGBYTES(sp)                 //弹出 PC（任务入口地址），这里其实为 MEPC
csrw CSR_MEPC, t0                        //写入 MEPC 寄存器

LOAD t0, (portRegNum-1) * REGBYTES(sp)   //从栈中弹出状态寄存器
csrw CSR_MSTATUS, t0                     //MSTATUS 寄存器=t0
//(2) 切换到下文
//(2.1) 更新通用寄存器
LOAD x1,1 * REGBYTES(sp)                 //更新 X1 寄存器的值
LOAD x5,2 * REGBYTES(sp)                 //更新 X5~X31 寄存器的值
…
LOAD x15, 12 * REGBYTES(sp)
#ifndef __riscv_32e                      //不采用 RV32E 架构,通用寄存器 32
    LOAD x16, 13 * REGBYTES(sp)          //更新 X16~X31 寄存器的值
    …
    LOAD x31, 28 * REGBYTES(sp)
#endif
    addi sp, sp, portCONTEXT_SIZE        //更新 SP 指针
//(2.2) 如果启动浮点寄存器,更新浮点寄存器的值
#ifdef ARCH_RISCV_FPU
FPLOAD  f0, 0 * FPREGBYTES(sp)           //更新 F0~F31 寄存器的值
…
FPLOAD  f31, 31 * FPREGBYTES(sp)
addi    sp, sp, portFloatRegNum *        //恢复栈指针
FPREGBYTES
#endif
//(3) 退出中断
mret    //mret 运行后，芯片自动恢复为机器模式，在机器状态寄存器中有体现，自动将 MEPC 寄存器中
        //的内容赋给 PC, PC 就转向对应的程序运行①
```

该函数中的 g_LosTask 是一个全局变量，是一个结构体类型，第一个成员 runTask 是当前正在运行的 TCB 指针，第二个成员 newTask 为新任务的 TCB 指针。取正在运行任务的 TCB 的栈指针（stackPointer），并将该地址存储的值赋给 SP 寄存器，然后将 SP 指向地址存储的值分别赋给 MEPC 寄存器、MSTATUS 寄存器及一些通用寄存器，最后在函数结束时通过 mret 指令将 MEPC 中的值自动同步到 PC 寄存器中。

在所有线程被创建时，通过 HalTskStackInit 函数处理后栈指针指向的都是线程入口函数 OsTaskEntry，同时 TCB 中的 taskEntry 指针指向各线程实际首地址。该过程可在 05_UserBoard\LiteOS\kernel\src\los_task.c 的 OsNewTaskInit 函数中查看。

---

① 参考 The RISC-V Instruction Set Manual（Volume II Privileged Architecture, Trap Return 小节）。

```
    LITE_OS_SEC_TEXT_INIT UINT32O sNewTaskInit(LosTaskCB * taskCB,
TSK_INIT_PARAM_S * taskInitParam, VOID * topOfStack) {
    //stackPointer 指针指向 OsTaskEntry 函数
    taskCB->stackPointer=HalTskStackInit(taskCB->taskID, taskInitParam->uwStack-
Size, topOfStack);
    …
    //taskEntry 指针指向线程首地址
    taskCB->taskEntry=taskInitParam->pfnTaskEntry;
    …
    return LOS_OK;
}
```

在线程入口函数 OsTaskEntry 中，通过直接调用 TCB 中的 taskEntry（即线程首地址）实现转向对应的线程执行，在线程任务结束调用 LOS_TaskDelete 将该线程从线程列表中删除，以释放资源。该函数位于 05_UserBoard\LiteOS\kernel\src\los_task.c 中。

```
// ===================================================================
//函数名称：OsTaskEntry（线程入口函数）
//函数返回：无
//参数说明：taskID-当前线程的 ID
//功能概要：线程入口函数，线程启动前的入口，线程结束后回收线程
// ===================================================================
LITE_OS_SEC_TEXT_INIT VOID  OsTaskEntry(UINT32 taskID)
{
    UINT32 retVal;
    //通过当前线程的 ID 获取线程的 TCB
    LosTaskCB * taskCB=OS_TCB_FROM_TID(taskID);
    //直接通过线程首地址 taskEntry 执行线程
    (VOID)taskCB->taskEntry(taskCB->arg);
    //线程结束后删除线程
    retVal=LOS_TaskDelete(taskCB->taskID);
    if(retVal!=LOS_OK) {
        PRINT_ERR("Delete Task[TID:% d] Failed!\n",taskCB->taskID);
    }
}
```

HalStartToRun 函数通过读取首个线程 TCB 控制块获取 stackPointer，也就是栈指针，在该栈中可以得到需要了 MEPC 寄存器和 MSTATUS 寄存器的值，并将其存入对应寄存器。因为任务创建时，将 context->epc 设置为 OsTaskEntry 函数地址，首次运行时通过 mret 指令使程序计数器 PC 的值自动同步为 MEPC 的值（即 OsTaskEntry 函数地址），从而进入线程入口函数执行 taskTCB->taskEntry 指向的用户任务。

总的来说，该函数先获取当前正在运行 TCB 的栈指针，从栈中取出栈内保存的数据恢复到相应的寄存器（MEPC、MSTATUS、通用寄存器），最终通过返回地址（MEPC 值）跳转执行。此处返回地址为 OsTaskEntry 函数地址。

栈空间保存寄存器情况如图 7-8 所示。SP 偏移为 0，存储的是 MEPC 寄存器相关的值，在 1 * 4(SP) 偏移时为 RA(X1) 寄存器的值，之后依次存储其他寄存器的值，最后偏移存储的是 MSTATUS 寄存器的值。栈空间分布情况可以在 los_arch_context.h 文件的 TaskContext 结构体中可以查看，或者通过分析 los_dispatch.S 文件中的上下文恢复及保存现场可以得到。

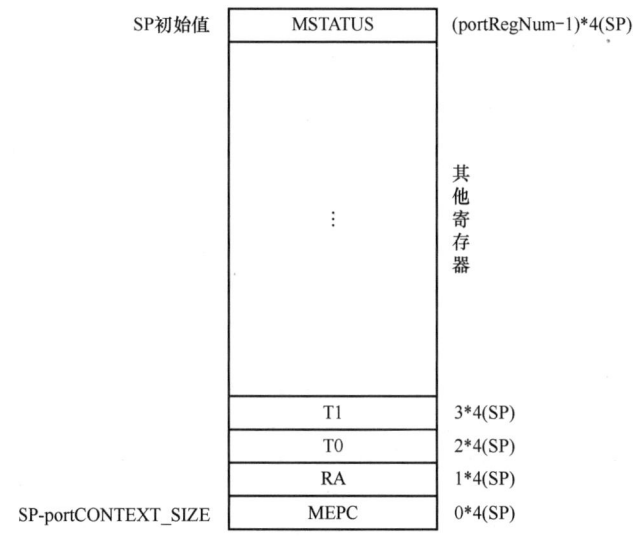

图 7-8　LiteOS 栈空间存储情况

（4）上下文切换准备函数 HalTaskSwitch

线程切换准备函数 HalTaskSwitch 的主要功能是：在触发软中断 SW_Handler 需要执行线程切换的情况下，通过 OsSchedTaskSwitch 函数将当前线程挂起，新进程设置为运行状态，同时更新 g_losTask 的值，该函数仅在 SW_Handler 中被调用执行。HalTaskSwitch 函数的主体 OsSchedTaskSwitch 函数在 LiteOS \kernel\src\los_sched.c 文件中，执行流程如图 7-9 所示。

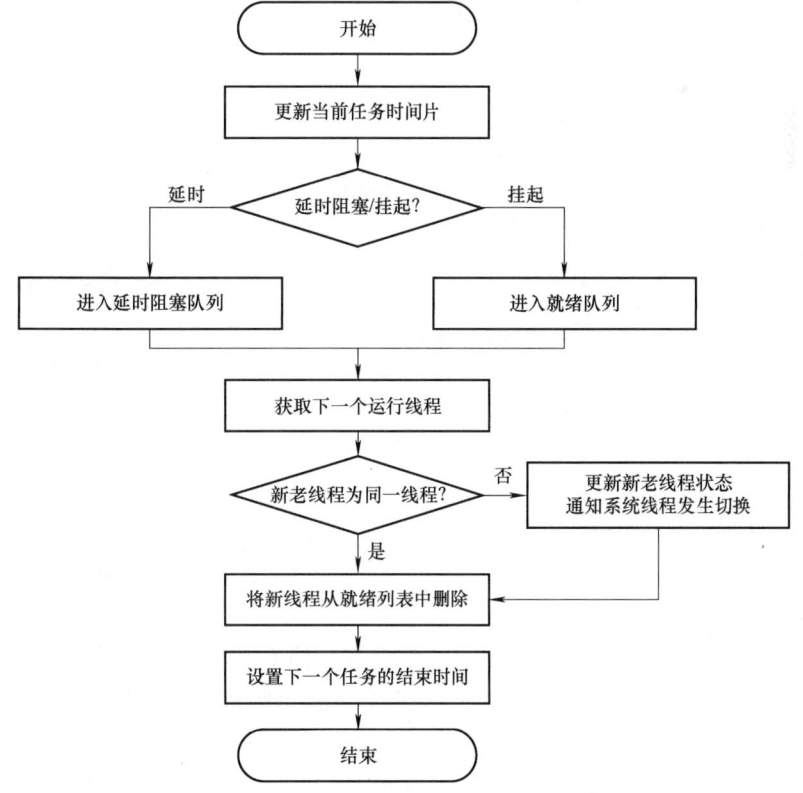

图 7-9　OsSchedTaskSwitch 函数执行流程

具体代码分析如下。

```
// ================================================================
// 函数名称：OsSchedTaskSwitch
// 函数返回：Bool 类型是否切换到新线程的标志
// 参数说明：无
// 功能概要：将当前正在运行的线程阻塞，获取下一个就绪线程并置位运行状态
// ================================================================
BOOL OsSchedTaskSwitch(VOID)
{
    UINT64 endTime;
    BOOL isTaskSwitch = FALSE;
    LosTaskCB * runTask = g_losTask.runTask;
    OsTimeSliceUpdate(runTask, OsGetCurrSchedTimeCycle());   //更新当前任务时间片计数
    //当前任务因延时被阻塞，进入延时阻塞队列
    if(runTask->taskStatus & (OS_TASK_STATUS_PEND_TIME | OS_TASK_STATUS_DELAY)){
        OsAdd2SortLink(&runTask->sortList, runTask->startTime, runTask->waitTimes,
                       OS_SORT_LINK_TASK);
    }
    //当前任务被挂起或未被使用,需要重新加入就绪队列
    else if(!(runTask->taskStatus&(OS_TASK_STATUS_PEND |
            OS_TASK_STATUS_SUSPEND |OS_TASK_STATUS_UNUSED))){
            OsSchedTaskEnQueue(runTask);
    }
    LosTaskCB * newTask = OsGetTopTask();    //从就绪队列获取下一个要运行的进程
    g_losTask.newTask = newTask;
    if(runTask != newTask){              //新老进程不一致，则确认进行线程切换，更新状态
        #if(LOSCFG_BASE_CORE_TSK_MONITOR == 1)
        OsTaskSwitchCheck();
        #endif
        runTask->taskStatus &= ~OS_TASK_STATUS_RUNNING;
        newTask->taskStatus |=OS_TASK_STATUS_RUNNING;
        newTask->startTime = runTask->startTime;
        isTaskSwitch = TRUE;
        OsHookCall(LOS_HOOK_TYPE_TASK_SWITCHEDIN);   //通知系统线程发生切换
    }
    OsSchedTaskDeQueue(newTask);             //新线程进入运行态，将其从就绪列表中删除
    //设置下一个任务的结束时间
    if (newTask->taskID != g_idleTaskID){
        endTime = newTask->startTime + newTask->timeSlice;
    } else {
        endTime = OS_SCHED_MAX_RESPONSE_TIME - OS_CYCLE_PER_TICK;
    }
    OsSchedSetNextExpireTime(newTask->startTime, newTask->taskID, endTime, TRUE);
    return isTaskSwitch;
}
```

（5）线程删除函数 LOS_TaskDelete( )

在首次线程切换函数 HalStartToRun 的解析中提到所有线程的入口均为 OsTaskEntry，当一个线程运行结束后就会回到 OsTaskEntry 函数执行线程删除函数 LOS_TaskDelete。

LOS_TaskDelete 函数会先判断当前线程状态，再根据其状态执行相应的删除操作。以自启动线程为例，自启动线程在执行 LOS_TaskDelete 前是运行态（OS_TASK_STATUS_

RUNNING),因此除删除该线程外还需要启动调度函数 LOS_Schedule 确定下一个运行线程。LOS_Schedule 函数的功能为通过设置 SW 中断标志位触发中断服务例程(SW),在中断服务例程内再通过上下文切换准备函数 HalTaskSwitch 确认下一个执行的线程后切换执行。该函数位于 05_UserBoard\LiteOS\kernel\src\los_task.c,其实参为自启动线程的 ID 号。

```
// ==================================================================
//函数名称:LOS_TaskDelete
//函数返回:无
//参数说明:taskID_线程 ID 号
//功能概要:删除 ID 为 taskID 的线程并回收其资源
// ==================================================================
LITE_OS_SEC_TEXT_INIT UINT32 LOS_TaskDelete(UINT32 taskID)
{
    //(1)
    INT32 intSave;
    LosTaskCB * taskCB=OS_TCB_FROM_TID(taskID);      //获取线程 TCB
    UINTPTR stackPtr;
    //(2) 检查线程 ID 号是否合法
    UINT32 ret=OsCheckTaskIDValid(taskID);
    if(ret!=LOS_OK){
        return ret;
    }
    //(3) 关闭中断
    intSave=LOS_IntLock();
    //(4)
    //(4.1) 如果该线程状态为未使用状态,直接退出
    if((taskCB->taskStatus) & OS_TASK_STATUS_UNUSED){
        LOS_IntRestore(intSave);
        return LOS_ERRNO_TSK_NOT_CREATED;
    }(4.2)
    //如果线程处于运行态且调度器被锁定,则无法删除
    if(((taskCB->taskStatus) & OS_TASK_STATUS_RUNNING) && (g_losTaskLock!=0)){
        PRINT_INFO("In case of task lock, task deletion is not recommended \n");
        g_losTaskLock=0;
    }
    //(5)???
    OsHookCall(LOS_HOOK_TYPE_TASK_DELETE,taskCB);
    OsSchedTaskExit(taskCB);
    //???
    taskCB->event.uwEventID=OS_NULL_INT;
    taskCB->eventMask=0;
    #if (LOSCFG_BASE_CORE_CPUP==1)
    (VOID)memset_s((VOID *)&g_cpup[taskCB->taskID], sizeof(OsCpupCB), 0, sizeof(OsCpupCB));
    #endif
    //如果线程处于运行态(自启动线程)
    if(taskCB->taskStatus & OS_TASK_STATUS_RUNNING)      //设置线程状态为未使用
    {
        taskCB->taskStatus=OS_TASK_STATUS_UNUSED;        //删除该运行态线程
        OsRunningTaskDelete(taskID, taskCB);             //开放中断
        LOS_IntRestore(intSave);
```

```
        LOS_Schedule();    //启用调用,触发 SW 中断,寻找并切换到下一个线程运行
        return LOS_OK;
    }
    else {
        taskCB->taskStatus=OS_TASK_STATUS_UNUSED;
        LOS_ListAdd(&g_losFreeTask, &taskCB->pendList);
        #if (LOSCFG_EXC_HARDWARE_STACK_PROTECTION==1)
        stackPtr=taskCB->topOfStack -OS_TASK_STACK_PROTECT_SIZE;
        #else
        stackPtr=taskCB->topOfStack;
        #endif
        (VOID)LOS_MemFree(OS_TASK_STACK_ADDR,(VOID*)stackPtr);
        taskCB->topOfStack=(UINT32)NULL;
    }

    LOS_IntRestore(intSave);
    return LOS_OK;
}
```

运行样例工程"LiteOS-Analysis-deleteTask-CH32V303-20250606"。thread_auto 函数无"死循环",执行完创建任务后应进入 LOS_TaskDelete 函数。在这个例程中,操作如下:①在 LOS_TaskDelete 函数中打印删除的 taskCB->taskName,以判断是否为要被删除的线程;②在蓝灯线程函数中去掉"死循环",应该执行一次即被删除,运行结果如图 7-10 所示。

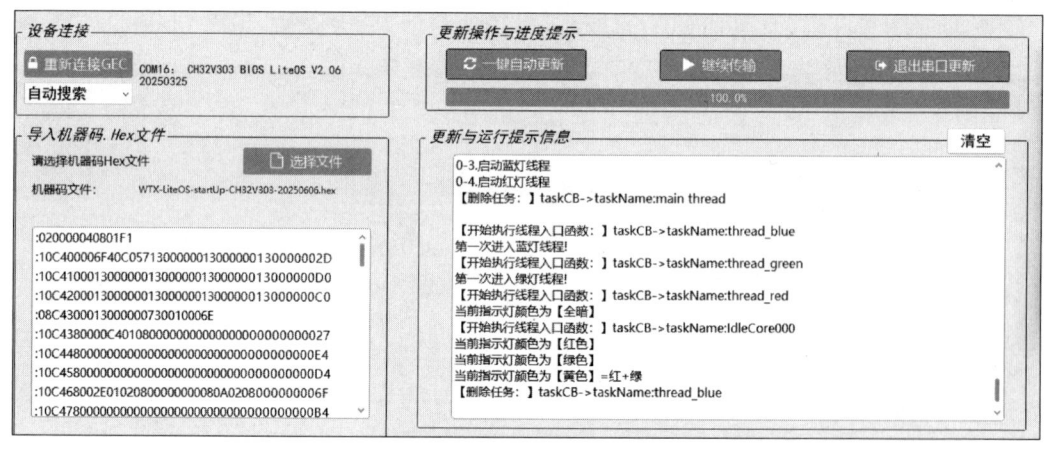

图 7-10　任务结束输出显示

可以看到,在 thread_auto 线程执行完启动红灯线程后进入到删除函数,删除的 taskCB 名字为"main thread",与 thread_auto 名字一致。当蓝灯线程执行完之后,也会把蓝灯线程删除掉。

7.2.3　SW 中断服务例程

启用任务调度函数 HalStartSchedule 中的 HalTickStart 函数使能 SW 中断,但由于自启动线程的切换是由 HalStartToRun 函数单独处理的(此点区别于 RT-Thread,其所有线程的切换都是由 SW 中断服务例程执行),同时因为在调度器启动函数 HalStartSchedule 中关闭了中

断,直到自启动线程运行结束并进行删除时才再次放开中断,所以在自启动线程结束前 SW 中断都不会被触发。自启动线程中创建了三色灯线程,自启动线程结束后返回 OsTaskEntry 执行 LOS_TaskDelete 函数对自启动线程的相关资源进行回收,回收过程中通过线程调度决定下一个运行线程(此时的就绪列表中存在三色灯线程及空闲线程)。此后,所有线程切换都由 SW 中断服务例程实现。

SW 中断服务例程的触发由 HalTaskSchedule 函数通过设置 SW 中断标志位实现。

```
// ================================================================
//函数名称:HalTaskSchedule
//函数返回:无
//参数说明:无
//功能概要:通过触发 SW 中断服务例程实现线程调度
// ================================================================
VOID HalTaskSchedule(VOID)
{
    //触发 SW 中断服务例程
    NVIC_SetPendingIRQ(Software_IRQn);
}
```

1. SW 中断概述

SW 中断由软件直接触发,在 LiteOS 中,SW 中断服务例程 SW_Handler 的主要功能是:将当前线程的上下文(X1~X31、MSTATUS、MEPC 等寄存器)存入堆栈区,然后查询下一个就绪线程(调用 HalTaskSwitch 函数),根据返回的值将下一个将要运行的线程的上下文加载到 CPU 寄存器中。SW 中断主要会在以下两种情况下触发:一是线程运行时间片结束,二是线程状态发生改变需要进行调度,包括线程由就绪态转换为运行态(反之亦然)、线程被创建/释放、获取到信号量和互斥量等。SW 中断触发的标志为手动调用了 HalTaskSchedule 函数。

2. 自启动线程创建后的线程栈帧空间内容

使用 osThreadNew 函数创建自启动线程后,将自启动线程的基本参数,如线程使用 CPU 时的 MSTATUS、入口函数、中断返回地址、X1~X31 共 136 字节存入该线程的栈帧空间(由 TCB 中的 SP 指针指向)。栈帧空间用于保存异常、中断、线程切换时的上下文数据。

运行工程 "03-Software\CH07\LiteOS-Analysis-B" 可显示出自启动线程的线程控制块(TCB)所在 RAM 中的地址、内容等信息,如图 7-11 所示。

可以看到,红灯线程栈空间首地址为 0x20009E48,红灯线程 SP 表示红灯线程 TCB 中 SP 指针指向内存地址 0x2000A154,从这个地址开始,依次存放红灯线程运行的上下文,包括 32 个通用寄存器和 MSTATUS、MEPC 等控制与状态寄存器。有关线程的具体信息,包括线程栈空间地址、运行状态、栈空间大小、函数入口地址等,存放在红灯线程的线程控制块 TCB 中。其具体内容如图 7-12 所示(图中每个格子代表一个字,即 4 字节)。

在自启动线程函数 thread_auto 中分别建立了红灯线程 thd_redlight、蓝灯线程 thd_bluelight 和绿灯线程 thd_greenlight 三个用户线程。当这三个用户线程启动完后,自启动线程进入终止状态。

LiteOS 启动后,空闲线程、红灯线程、蓝灯线程和绿灯线程这四个线程之间的指向关系如图 7-13 所示。在 LiteOS 中,就绪列表的每个优先级对应一条双向链表,即第 31 优先级的空闲线程处于一个链表，第 15 优先级的红灯线程、绿灯线程和蓝灯线程处于一个链表。此处以第 15 优先级对应的链表为例，可在最先启动的红灯线程中输出就绪列表中第 15 优先级的链表状况，输出结果为

就绪列表为：(0x2000C234)<=>(0x20008734)<=>(0x200087AC)<=>(0x2000C234)

其中，0x2000C234 地址为就绪列表中第 15 优先级对应的双链表根结点。由于此时红灯线程已经处于运行状态，LiteOS 会将其从就绪列表中删除，剩余结点 0x20008734、0x200087AC 分别对应绿灯线程和蓝灯线程。由于线程是通过自身控制块的 pendList 结点成员接入就绪列表的，故其在 TCB 中的偏移量为 0x48。以绿灯线程为例，其 TCB 首地址为 0x200086EC，pendList 结点地址为 0x200086EC+0x48=0x20008734，与就绪列表中的结点地址一致。运行样例工程"03-Software\CH07\Analysis\StartAnalysis_B"，可以在显示区看到 0x200086EC 正是绿灯线程 TCB 首地址，验证 TCB 首地址与链表结点的偏移关系。

图 7-11 自启动线程的 TCB 信息

	RAM中的内容	内存地址	对应的寄存器
红灯线程SP	0x2000A154	0x20008674（红灯线程TCB首地址）	
相关参数	…	0x20008678~0x20008698	
线程栈大小	0x00000400 (1024)	0x2000869C	
线程栈顶地址	0x20009E48	0x200086A0	
线程ID号	0x00000003	0x200086A4	
线程函数入口地址	0x0801CE9E	0x200086A8	
相关参数	…		
	…		
TCB中SP指向	0x0801F0AA	0x2000A154	MEPC
	（运行时上下文）	0x2000A158~0x2000A1C4	X1、X5~X31
	0x00007888	2000A1C8	MSTATUS
	…		

图 7-12 红灯线程栈空间初始化后的状态

3. SW_Handler 源码剖析

芯片硬件系统在进入 SW_Handler（软中断处理程序）后，软件通过汇编代码将上文的 X1、X5~X31 及 MSTATUS 和 MEPC 寄存器的值保存在线程的栈空间中，用于异常、中断或线程切换时的上下文切换。在第一次要切换到运行自启动线程 thread_auto 时，没有上文，不需要保存上文，直接由 HalStartSchedule 函数处理下文切换。SW_Handler 的核心流程：首先保存上文信息，然后调用 HalTaskSwitch 函数获取下一个切换的目标线程，最后把下文的有关信息布局好，退出 SW_Handler 前，将堆栈空间的信息载入 X1、X5~X31 及 MSTATUS 和 MEPC 寄存器，由于 PC 中的值为下文线程上次进行切换时的地址，因此，程序切换到下文上次中断处运行，实现自启动线程切换，这就是调度的真正操作。

SW_Handler 的执行流程如图 7-14 所示。

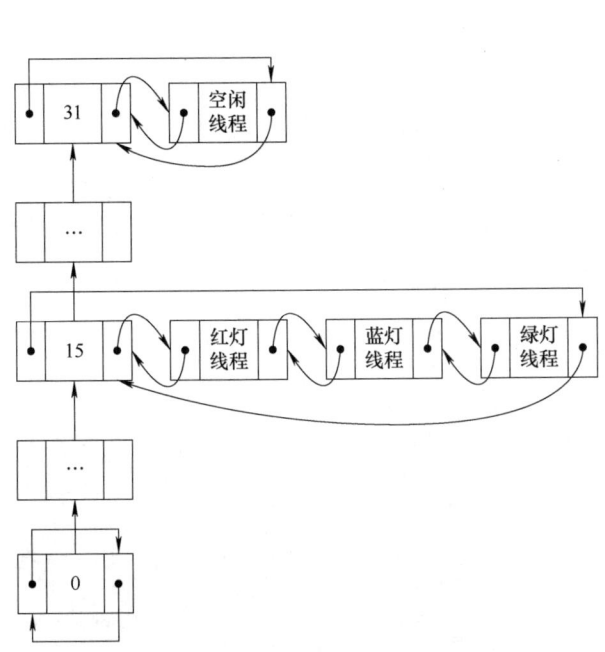

图 7-13 就绪列表中用户线程之间的关系

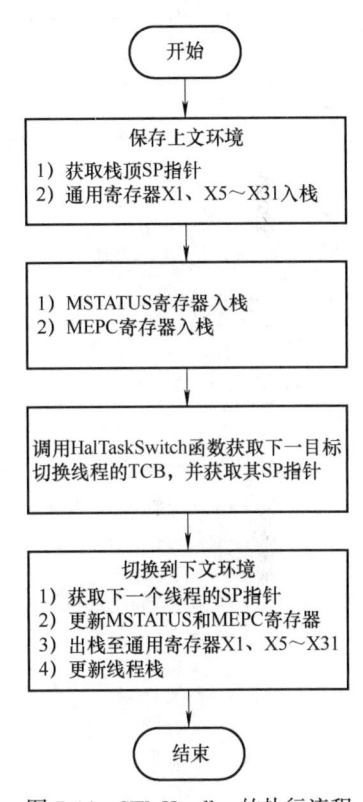

图 7-14 SW_Handler 的执行流程

SW_Handler 函数的源码可在 05_UserBoard\LiteOS\kernel\arch\risc-v\V4A\gcc\los_dispatch.S 文件中查看，这个文件是理解调度的关键点之一。

```
// ================================================================
//函数名称：SW_Handler
//参数说明：
//功能概要：上下文切换
// ================================================================
SW_Handler:
//(1) 保存上文至栈空间
//(1.1) 如果启动浮点寄存器，先将浮点寄存器的值入栈
```

```
#ifdef ARCH_RISCV_FPU                           //有浮点单元，编译此段
    addi  sp, sp, -portFloatRegNum * FPREGBYTES
    FPSTORE  f0, 0 * FPREGBYTES(sp)
    ...
    FPSTORE  f31, 31 * FPREGBYTES(sp)
#endif
//(1-2) CPU内的通用寄存器入栈
addi sp, sp, -portCONTEXT_SIZE                  //开辟栈空间，获取栈顶指针SP
STORE x1,1 * REGBYTES(sp)                       //RA寄存器，保存了返回地址
STORE x5,2 * REGBYTES(sp)                       //X5~X15寄存器依次入栈
...
STORE x15, 12 * REGBYTES(sp)
#ifndef __riscv_32e                             //本芯片不使用RV32E架构，编译本段
    STORE x16, 13 * REGBYTES(sp)                //X16~X31寄存器依次入栈
    ...
    STORE x31, 28 * REGBYTES(sp)
#endif
//(1-3) 关闭全局中断和硬件压栈使能
li t0,0x20                                      //T0 = 0x20,
csrs 0x804, t0                                  //将该寄存器的位5置1⊖
//(1-4) 将MSTATUS、MEPC入栈保存
csrr t0,CSR_MSTATUS                             //伪指令，读取MSTATUS到T0
STORE t0,(portRegNum -1) * REGBYTES(sp          //将MSTATUS存到栈29 * 4(SP)位置
//(1-5) 将当前SP保存到任务控制块
la t0,g_losTask                                 //T0 = g_LosTask的地址
LOAD t0,0(t0)                                   //T0 = LosTask+0处的地址，其实就是
                                                //runTask的地址，这里就是上文TCB
                                                //地址
STORE sp,0(t0)                                  //将SP写入到runTask->stackPointer⊜
//(1-6) 保存MEPC到栈顶
csrr t0,CSR_MEPC                                //T0为MEPC的值⊜
STORE t0,0(sp)                                  //将T0的值写入栈顶
//(1-7) 执行任务切换
jal HalTaskSwitch                               //执行任务切换函数㉘
//(1-8)下文恢复阶段
la t0,g_losTask                                 //T0为g_losTask的地址
LOAD t0,0(t0)                                   //T0为runTask的地址
LOAD sp,0x0(t0)                                 //SP为runTask->stackPointer的地址，即
                                                //SP为下文TCB的栈顶地址
//(1-8-2)从栈恢复MEPC（程序计数器）
LOAD t0,0 * REGBYTES(sp)                        //T0为栈顶的值，该位置其实放的是
                                                //MEPC的值（PC）
csrw CSR_MEPC,t0                                //MEPC寄存器为T0的值
```

⊖ 0x804是芯片厂商自定义的CSR寄存器，0x804为intsyscr（中断系统控制寄存器）第5位置1，表示全局中断和硬件压栈关闭使能，当上下文切换完成执行完中断返回后，硬件自动清除该位。

⊜ 此时SP为上面分配栈空间时候的栈指针，即sp = sp- portCONTEXT_SIZE。

⊜ MEPC寄存器用于保存进入异常或中断时的PC指针，当处理完异常或中断后，MEPC被作为返回地址。当为异常时，MEPC为当前指令PC值；当为中断时，MEPC为下一条指令的PC值。参考QingKeV4_Processor_Manual手册。

㉘ 该函数的主要作用是将runTask赋值为下文任务的TCB地址。

```
//(1-8-3)恢复机器状态（MSTATUS）
LOAD t0,(portRegNum -1)* REGBYTES(sp)      //T0 为 (sp+(portRegNum -1)*4)处的值
csrw CSR_MSTATUS,t0                         //MSTATUS 寄存器的值为 T0 的值
//(1-8-4)恢复通用寄存器
LOAD x1,  1 * REGBYTES(sp)                  //更新 X1 寄存器
LOAD x5,  2 * REGBYTES(sp)                  //更新 X5~X31 寄存器
...
LOAD x15, 12 * REGBYTES(sp)
#ifndef __riscv_32e                         //不采用 RV32E 架构，通用寄存器 32
    LOAD x16,13 * REGBYTES(sp)              //更新 X16~X31 寄存器
    ...
    LOAD x31,28 * REGBYTES(sp)
#endif
addi sp, sp, portCONTEXT_SIZE               //恢复 SP 指针
//(3-3)如果启动浮点寄存器，恢复浮点寄存器的值
#ifdef ARCH_RISCV_FPU
    FPLOAD f0,0 * FPREGBYTES(sp)
    ...
    FPLOAD f31,31 * FPREGBYTES(sp)
    addi sp,sp,portFloatRegNum * FPREGBYTES
#endif
//(4) 退出中断
mret
//退出后的实际运行流程
//g_losTask
//mret 的功能：将 MEPC 寄存器中保存的值加载到 PC 寄存器，实现程序跳转
```

4. SW_Handler 结束后切换线程运行的缘由

在 RISC-V 架构中，当处理器进入异常或中断处理程序时，硬件会自动将异常或中断发生前的 PC 值保存至 MEPC 寄存器，并将当前特权级状态记录到 MSTATUS 寄存器。mret 指令则用于从机器模式异常或中断处理程序返回，会根据 MSTATUS 和 MEPC 的值恢复异常前的上下文。

在 SW_Handler 中，首先保存当前线程的运行环境（X1、X5~X31 及 MSTATUS 和 MEPC 寄存器）；然后通过调用 HalTaskSwitch 函数获取新线程的相关信息（TCB 控制块的首地址），根据获取到的新线程信息切换 CPU 运行环境；最后执行 mret 指令，由于此时的 MEPC 已经被更新为新线程的入口地址，故返回时会转去执行新线程，从而实现线程切换。

7.2.4 LiteOS 启动过程小结

LiteOS 的启动过程实际分为两个阶段：第一个阶段，芯片复位到 main 函数之前。芯片复位从 startup\startup_ch32v30x_D8.S 文件中的_start 标号处开始执行第一条指令，启动代码完成堆栈指针初始化、系统时钟初始化等工作，然后转向 main 函数，开始 LiteOS 的启动工作。第二个阶段，在 main 函数中，LiteOS 开始启动，主要过程包括：完成时间嘀嗒、堆空间、延时阻塞列表的初始化工作；完成线程就绪列表、当前线程优先级、当前线程控制块指针、线程就绪优先级组等初始化工作；创建自启动线程，设置自启动线程优先级为 9、堆栈大小为 1024 字节，对应的自启动线程函数是 thread_auto；创建空闲线程，优先级为 31（最低），其职责是无其他线程需要运行时就运行它，使 CPU 保持运行状态，同时对无效线程进行资源回收工作；在创建完自启动线程和空闲线程后，启动调度器，即从就绪列表中找到自启动线程

控制块，调用 HalStartToRun 函数实现第一次线程切换，在 HalStartToRun 函数中完成调度自启动线程的准备工作（包括将 SP 指向自启动线程的堆栈区及上下文切换），退出 HalStartToRun 函数时，通过执行 mret 指令，PC 中的内容更新为 MEPC 寄存器的值，即线程入口函数 OsTaskEntry 的首地址，在该入口函数中直接调用自启动线程，自启动线程被调度运行。

7.3 LiteOS 中的时钟嘀嗒剖析

时钟嘀嗒是实时操作系统内核的重要组成部分，没有时钟嘀嗒调度机制难以实现。在 LiteOS 启动过程中，板级硬件初始化阶段需要首先完成系统时钟配置，再进行时钟嘀嗒的初始化。理解时钟嘀嗒是理解实时操作系统下线程被调度运行的重要一环。本节将介绍时钟嘀嗒的建立与使用、实时操作系统下的延时函数，以及对其调度机制的剖析。

7.3.1 时钟嘀嗒的建立与使用

CH32V3x 内核中包含一个 64 位加减定时器 SysTick，又称为"嘀嗒"定时器。在使用实时操作系统时，一般可用该定时器作为操作系统的时钟嘀嗒。

LiteOS 使用 SysTick "嘀嗒"定时器作为整个系统的时钟基准，在 SysTick 中断服务例程 SysTick_Handler 中对线程状态进行管理。本小节将重点分析 SysTick 中断服务例程，通过中断服务例程的实际处理程序（SysTick_Handler），阐明 SysTick 运行功能与时间片轮转（Round Robin，RR）调度机制。

1. SysTick 定时器的寄存器

SysTick 定时器是一个 64 位加减计数器，它以系统内核时钟为基准，一个时钟周期中进行一次默认的递减或递增操作，初值通过编程设定，采用减 1 或加 1 计数的方式工作，当减 1 计数到 0 或加 1 计数到最大值时，产生 SysTick 中断。

（1）SysTick 定时器的寄存器地址

SysTick 定时器中有 6 个 32 位寄存器，基地址为 0xE000_F000，其偏移地址及功能见表 7-6。

表 7-6 SysTick 定时器的寄存器偏移地址及功能

偏移地址	寄存器名	简　称	功　　能
0x00	控制寄存器	CTRL	配置系统技术功能及状态标志
0x04	状态寄存器	SR	低一位有效，计数器比较标志
0x08、0x0C	计数器	CNTL、CNTH	计数器的当前值，减 1 或加 1 计数
0x10、0x14	比较寄存器	CMPLR、CMPHR	用该寄存器的值重载

（2）控制寄存器

控制寄存器的 30~6 位为保留位，7 个位有实际含义（见表 7-7），这 7 位分别是软件中断触发使能位、计数器初始值更新选择位、计数模式控制位、自动重装载计数使能位、计数器时钟源选择位、计数器中断使能控制位和系统计数器使能控制位。

表 7-7 控制寄存器

位	英文含义	中文含义	R/W	功 能 说 明
31	SWIE	软件中断触发使能位	R/W	1：使能；0：禁止。中断标志需软件清 0
5	INIT	计数器初始值更新选择位	W1	1：向上计数时更新为 0，向下计数时更新为比较值；0：无效
4	MODE	计数模式控制位	R/W	1：向下计数；0：向上计数
3	STRE	自动重装载计数使能位	R/W	1：使能自动重载；0：禁止自动重载
2	STCLK	计数器时钟源选择位	R/W	1：HCLK 作时基；0：HCLK/8 作时基
1	STIE	计数器中断使能控制位	R/W	1：使能计数器中断；0：关闭计数器中断
0	STE	系统计数器使能控制位	R/W	1：启动计数；0：停止计数

（3）状态寄存器

系统计数状态寄存器的 31~1 位为保留位，只有第 0 位为有效位。该位为计数值比较标志，当该位为 1 时，对于向上计数模式表示向上计数达到比较值，对于向下计数模式表示向下计数到 0。对该位写 0 以清除比较标志，写 1 无效。

（4）计数器与比较寄存器

计数寄存器简称为计数器，分低 32 位和高 32 位，共同构成 64 位计数器。该寄存器为当前计数的值，可编程设置初始计数值。向下计数模式下，进行减 1 计数；向上计数模式下，进行加 1 计数。

比较寄存器分低 32 位和高 32 位，共同构成 64 位寄存器，该寄存器用于和计数器进行比较。它可以被设置为一个特定值：向下计数模式下，计数器从这个特定值开始减 1，到 0 触发中断；向上计数模式下，计数器从 0 开始计数，到这个特定值触发中断。

（5）内核优先级设置寄存器

SysTick 定时器初始化时，需用到内核的系统处理程序优先级寄存器（Interrupt Priority，IPRIOR），用于设定 SysTick 定时器中断的优先级。IPRIOR 位于嵌套向量中断控制器（Nested Vectored Interrupt Controller，NVIC）中。编程时，使用 NVIC -> IPRIOR [SysTicK_IRQn] 进行书写（结合样例工程理解）。

2. SysTick 定时器的初始化

LiteOS 在硬件初始化函数 HalTickStart 中完成 SysTick 初始化。具体实现代码在 los_timer.c 文件中。

SysTick 定时器初始化步骤如下。

1）获取系统硬件级时钟频率。

2）根据 LiteOS 的时钟嘀嗒（如 1ms），计算重载寄存器（LOAD）的值，即 SysTick 中断周期。

3）设置 SysTick 中断优先级。

4）使能中断，开启 SysTick 中断功能。

5）启动计数器，初始化寄存器并使能计数。

（1）SysTick 定时器启动功能概要

HalTickStart 函数的主要功能是配置 SysTick 定时器，使其按设定频率产生中断，为系统提供时钟嘀嗒。该函数的主要操作为：计算每嘀嗒周期对应的时钟周期数；使能 SysTick 中断；设置 SysTick 中断处理函数；使能重载寄存器；根据计算周期时钟数设置重载值；清零系统计数寄存器；设置计数模式为向上计数。

```
// ================================================================
//函数名称：HalTickStart (SysTick 配置)
//函数返回：LiteOS_OK（成功）或 LiteOS_NOK（失败）
//参数说明：handler-时钟中断处理函数
//功能概要：设置重载寄存器的值，使能时钟、软件中断和设置其优先级
// ================================================================
```

（2）SysTick 定时器初始化功能分析

LiteOS 在系统初始化阶段通过调用函数 HalStartSchedule 中的 SysTick 启动函数 HalTickStart 完成 SysTick 初始化（即时钟嘀嗒初始化）。

```
//(2) 计算并设置 SysTick 比较值
g_sysClock=OS_SYS_CLOCK;
g_cyclesPerTick=g_sysClock/LiteOSCFG_BASE_CORE_TICK_PER_SECOND;
SysTick->CMP=g_cyclesPerTick-1;
```

OS_SYS_CLOCK 是系统时钟频率，为 72MHz，由芯片硬件配置决定。LiteOSCFG_BASE_CORE_TICK_PER_SECOND 定义于 target_config.h，其默认值是 1000，表示内核嘀嗒频率为 1000Hz（即 1ms/嘀嗒），对应的比较寄存器的值为 72000000/1000-1=71999，当系统计数器的值由 0 增至 71999 时，时间刚好为 1ms，故也可以说 LiteOS 中的 1 个时钟嘀嗒为 1ms。

```
#define LiteOSCFG_BASE_CORE_TICK_PER_SECOND        (1000UL)
#define RT_TICK_PER_SECOND  1000
```

需要注意的是，LiteOSCFG_BASE_CORE_TICK_PER_SECOND 值越大，时钟嘀嗒的周期越短，反之 LiteOSCFG_BASE_CORE_TICK_PER_SECOND 值越小，时钟嘀嗒的周期越长。如果设置 2ms 的时钟嘀嗒周期，则 LiteOSCFG_BASE_CORE_TICK_PER_SECOND=500。实际时钟嘀嗒大小的设置需要考虑实时性与 CPU 运行效率之间的平衡。

3. SysTick 中断服务例程剖析

每发生一次嘀嗒中断，系统执行一次中断服务例程 OsTickHandler，其主要功能是：更新系统时钟基准；处理调度相关事件，若不需要切换任务，扫描定时器列表，看是否有定时器到期需要处理，若需要调度任务，执行任务调度函数，若不需要调度任务，更新当前任务时间片和下一个任务的到期时间。

OsTickHandler 源码在 los_tick.c 文件中，它通过调用 LiteOS_SchedTickHandler 函数完成对线程调度的处理。

```
// ================================================================
//函数名称：OsTickHandler
//函数参数：无
//函数返回：无
//功能概要：时钟嘀嗒中断服务例程
// ================================================================
LITE_OS_SEC_TEXT VOID OsTickHandler(VOID)
{
```

```
    //(1) 更新系统时钟基准
    OsSchedUpdateSchedTimeBase();
    //(2) 处理调度事件
    LiteOS_SchedTickHandler();
}
```

下面分析调度处理函数 LiteOS_SchedTickHandler。该函数的执行过程是：首先判断是否需要切换任务，若不需要切换任务，则扫描定时器列表和任务定时列表；若需要调度任务且没有任务锁则触发软件中断，进入软件中断服务函数，间接执行任务调度；若不需要调度任务则更新当前执行任务的时间片和下一个任务的到期时间。

该函数的执行流程如图 7-15 所示。

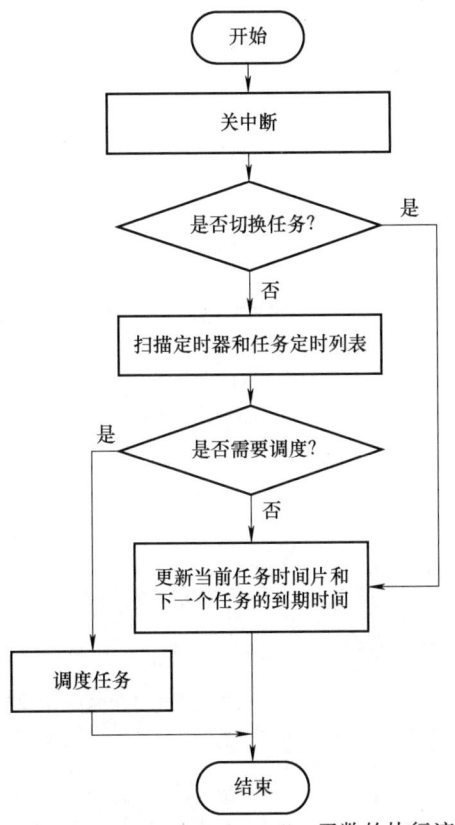

图 7-15　LiteOS_SchedTickHandler 函数的执行流程

7.3.2　延时函数的调度机制分析

线程延时函数 LiteOS_TaskDelay 供用户线程使用，与利用机器指令空跑延时不同，当用户线程调用该函数后，在该函数内部将根据传入的延时嘀嗒数，将该用户线程按照延时时间插入延时阻塞队列，让出 CPU 控制权，实现非忙等延时。每次 SysTick 中断，SysTick 中断服务例程就会查看延时阻塞队列是否有延时时间到期的线程，若有就取出重新加入就绪列表。

1. 延时函数的执行流程

LiteOS_TaskDelay 函数的源码在 los_task.c 文件中，执行流程如图 7-16 所示。基本过程为：关中断，将当前任务状态设置为延时状态，设置当前任务延时时间，开中断，触发软件中断，进入软件中断处理函数，执行任务切换函数，将为延时状态的当前任务加入延时阻塞队列，获取就绪队列中优先级最高的任务，将获取到的任务状态设置为正在运行。

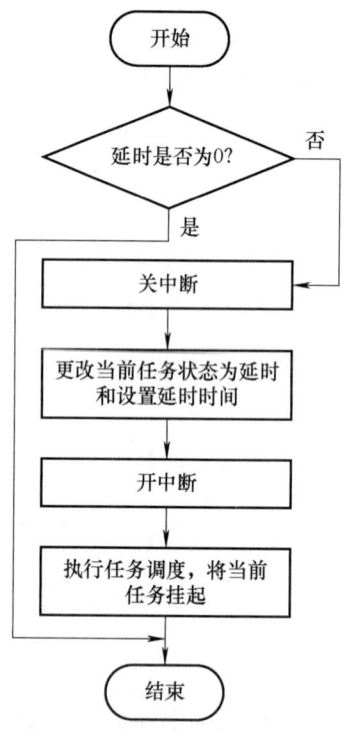

图 7-16　延时函数的执行流程

延时函数 LiteOS_TaskDelay 源码在 los_task.c 中。

```
// ================================================================
//函数名：LiteOS_TaskDelay
//函数返回：LiteOS_EOK（线程正确码）
//参数说明：tick-延时时钟嘀嗒数
//功能概要：将当前任务加入延时阻塞列表，触发调度函数让出 CPU
// ================================================================
LITE_OS_SEC_TEXT UINT32 LiteOS_TaskDelay(UINT32 tick)
{
    UINT32 intSave;
    if(OS_INT_ACTIVE)    return LiteOS_ERRNO_TSK_DELAY_IN_INT;
    if(g_losTaskLock != 0)  return LiteOS_ERRNO_TSK_DELAY_IN_LOCK;
    OsHookCall(LiteOS_HOOK_TYPE_TASK_DELAY,tick);
    if (tick==0) return LiteOS_TaskYield();
    else {
```

```
            //关中断
            intSave=LiteOS_IntLock();
            //设置当前任务状态和延时时长
            OsSchedDelay(g_losTask.runTask,tick);
            OsHookCall(LiteOS_HOOK_TYPE_MOVEDTASKTODELAYEDLIST,g_losTask.runTask);
            //开中断
            LiteOS_IntRestore(intSave);
            //触发调度任务,将当前任务阻塞
            LiteOS_Schedule();
        }
        return LiteOS_OK;
    }
```

2. 延时函数内调用的主要函数分析

延时函数的源码位于"03-Software\CH07\LiteOS-Analysis-B"工程的 los_task.c 文件。

在 LiteOS 中,定义了一个全局延时阻塞列表。当线程需要延时执行时,就将该线程阻塞然后插入这个延时阻塞列表中。延时阻塞列表是一条双向链表,其结点按照剩余延时时间做升序排列。任务切换函数内调用的 OsAdd2SortLink 函数就是将当前线程加入延时阻塞列表,而与之功能相反的是 LiteOS_ListDelete,它是从延时阻塞列表移除线程,这个函数由 OsSchedWakePendTimeTask 函数调用。

7.4 LiteOS 中的事件与消息队列的触发过程分析

LiteOS 中的通信是指线程之间或者线程与中断服务例程之间的信息交互,其作用是实现同步与数据传输。同步是协调不同程序单元的执行顺序,数据传输是在不同程序单元之间进行数据的传递。同步与通信的主要方式有事件、消息队列、信号量、互斥量等。本节将对事件与消息队列的触发过程进行分析,下一节对信号量与互斥量的触发过程进行分析。事件触发过程分析试图阐述发送事件位后,等待事件位的线程为什么会运行。消息队列触发过程分析试图阐述消息入队后,等待消息的线程为什么会运行。

7.4.1 事件的触发过程

事件具有触发调度功能,下面对事件调度机制进行实例分析。

1. 事件相关函数的功能及执行流程

(1) 事件发送函数 LiteOS_EventWrite

事件发送函数 LiteOS_EventWrite 的主要功能:①判断事件状态及参数是否正确;②设置事件字的对应事件位;③在事件阻塞列表中查找线程等待事件位与已设置事件位满足逻辑条件的线程,找到后将其从事件阻塞列表中移出,并加入到就绪列表中;④触发任务调度,取就绪列表中最高优先级任务执行。在 los_event.c 文件中可以查看 LiteOS_EventWrite 函数的源代码。LiteOS_EventWrite 函数的执行流程如图 7-17 所示。

(2) 事件接收函数 LiteOS_EventRead

事件接收函数 LiteOS_EventRead 的主要功能:①判断线程状态和事件状态及参数是否正确;②检查线程所等待的事件位是否已发生;③若线程所等待的事件位未发生,将线程放入事件阻塞列表中；④触发任务调度，将当前任务阻塞，然后从就绪列表中取优先级最高的任务执行；⑤返回当前线程的状态。在 los_event.c 文件中可以查看 LiteOS_EventRead 函数和的源代码。LiteOS_EventRead 函数的执行流程如图 7-18 所示。

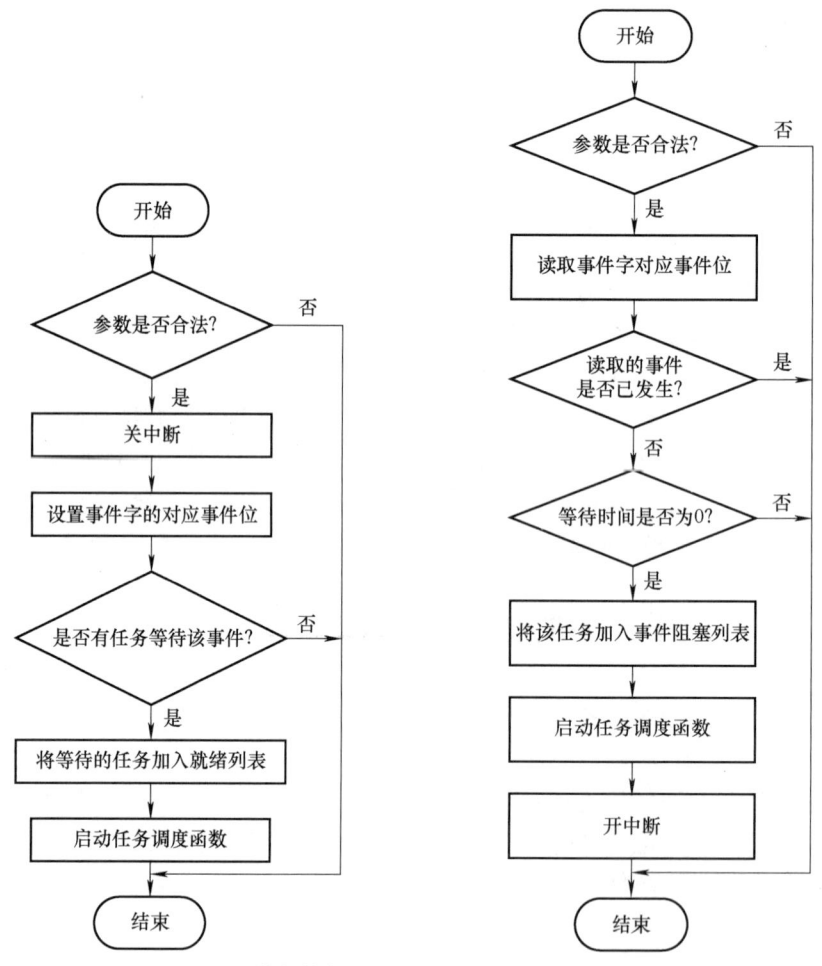

图 7-17　LiteOS_EventWrite 函数的执行流程　　图 7-18　LiteOS_EventRead 函数的执行流程

2. 线程之间的事件调度机制实例分析

线程之间的事件调度机制实例分析使用"03-Software\CH07\LiteOS-Event"工程，它实现了线程间的同步。因这里只对事件进行剖析，故在程序中不采用延时函数而采用空循环来实现延时，可以通过串口（波特率设置为 115200）打印输出运行结果，其调度流程时序如图 7-19 所示。

图 7-19 中，纵向线表示线程、中断或列表的有效运行时间；横向线表示基本过程。

下面对线程调度过程进行分段剖析，并给出各段的运行结果。

（1）线程启动

第 1~3 步，芯片上电启动最后会转到自启动线程函数 thread_auto 执行，在该函数中创建并先后启动了绿灯、蓝灯和红灯三个线程，然后终止该函数的运行，由 LiteOS 开始线程调度。

第 7 章　初步理解 LiteOS 的调度原理

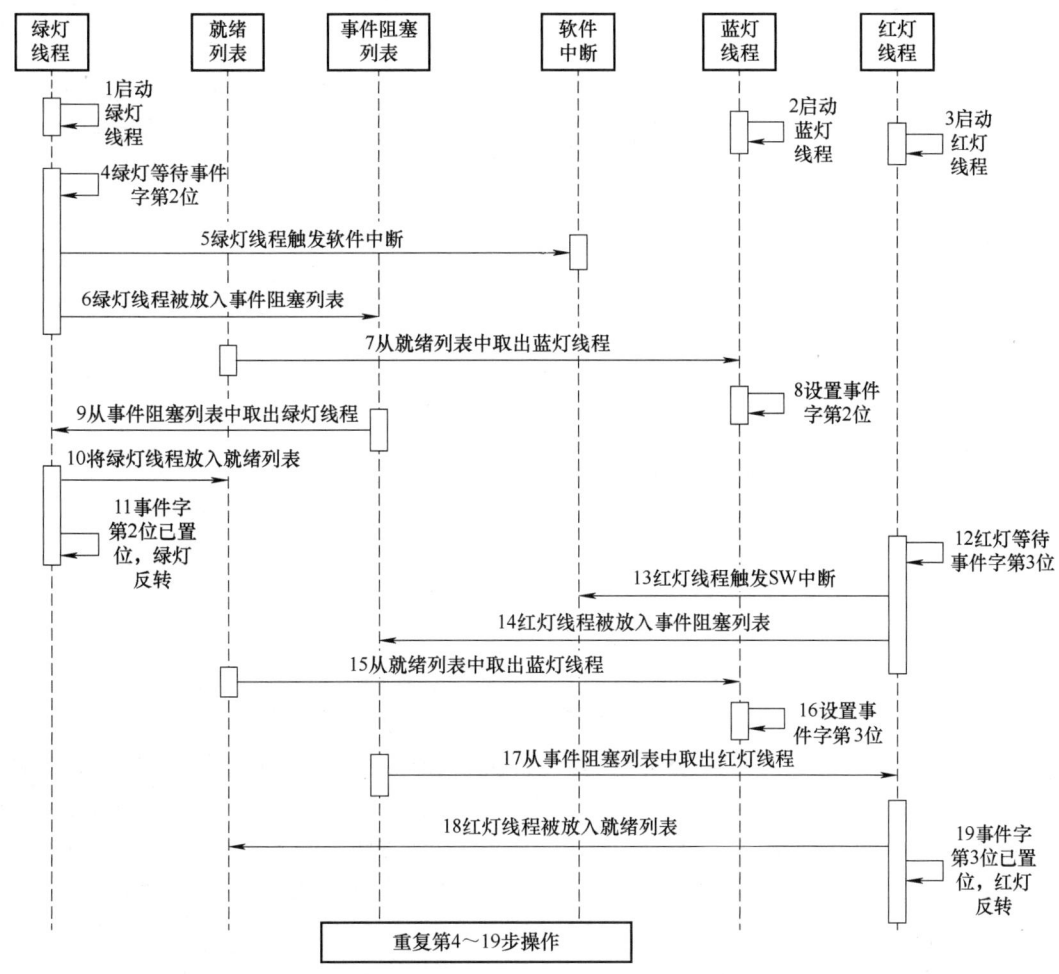

图 7-19　线程之间的事件调度流程时序分析

（2）绿灯线程等待事件字第 2 位

第 4 步，绿灯等待事件字第 2 位。

第 5 步，绿灯线程触发软件中断。

第 6 步，绿灯线程被放入事件阻塞列表。

第 7 步，将高优先级的蓝灯线程激活运行。

（3）蓝灯线程设置事件字第 2 位

第 8 步，蓝灯线程设置事件字第 2 位。

第 9 步，从事件阻塞列表中取出绿灯线程。

第 10 步，将绿灯线程放入就绪列表。由于线程优先级相同，绿灯线程不会抢占当前运行的蓝灯线程，而是会在 SysTick 中断服务例程中通过轮询调度。

第 11 步，事件字第 2 位已经置位后，绿灯反转。

（4）红灯线程等待事件字的第 3 位

第 12 步，红灯等待事件字第 3 位。

第 13 步，红灯线程触发软件中断。

第 14 步，红灯线程被放入事件阻塞列表。

第 15 步，从就绪列表中取出蓝灯线程。

此处需要注意的是，蓝灯线程处于就绪列表中的第一个，但此时调用的是红灯线程。这是由于在例程中，蓝灯设置事件字的第 2 位后，会运行一个 3 秒的空循环，以便后续设置事件字的第 3 位，在此期间蓝灯线程不会被放入事件阻塞列表中。当蓝灯线程的时间片用完之后，会通过 SysTick 轮询调度红灯线程运行。

（5）绿灯线程等到事件字的第 2 位

重复 4~7 步，绿灯线程等到事件字的第 2 位，进行绿灯亮暗切换（执行 rt_event_recv 后续语句），接着又开始新一轮的事件位等待，激活蓝灯线程运行。

（6）蓝灯线程设置事件字第 3 位

第 16 步，蓝灯线程设置事件字第 3 位。

第 17 步，从事件阻塞列表中取出红灯线程。

第 18 步，红灯线程被放入就绪列表。由于线程优先级相同，红灯线程不会抢占当前运行的蓝灯线程，而是会在 SysTick 中断服务例程中通过轮询调度，激活红灯线程运行。

第 19 步，事件字第 3 位置位完成，红灯反转。

（7）红灯线程等待事件字的第 3 位

重复第 12~15 步，红灯线程等到事件字的第 3 位，进行红灯亮暗切换（执行 rt_event_recv 后续语句），接着又开始新一轮的事件位等待，激活蓝灯线程运行。

说明：演示程序主要是在相关的代码处通过插入 printf 函数的方式，打印输出相关的信息，且执行 printf 函数需要占用一些时间。本例中采用空循环语句而不采用延时函数进行延时，主要是为了简化线程的调度过程。同时，由于线程优先级相同，每次时间片结束就会对线程进行轮询调度。为了方便演示，减少输出错位现象，时间片设为 35ms。因此，在串口实际输出执行结果时，会有些输出错位现象。

7.4.2 消息队列的触发过程

消息队列具有触发调度功能，下面对消息队列调度机制进行实例分析。

1. 消息队列主要函数剖析

（1）消息队列发送消息函数 osMessageQueuePut

消息队列发送消息函数 osMessageQueuePut 的主要功能：①判断消息队列的状态和参数的合法性；②检查消息队列的大小是否足够存放消息的数据部分；③如果消息队列中没有可写的空间，且等待时间为 0，则返回没有等待时间的错误码；④如果超时时间不为 0，且消息队列中没有可写的空间，则当前任务进入等待状态；⑤当消息队列中有写入的空间，执行写入操作；⑥如果有任务在等待写入消息操作的完成，则唤醒等待的任务。osMessageQueuePut 函数的执行流程如图 7-20 所示。

（2）消息队列接收消息函数 osMessageQueueGet

消息队列接收消息函数 osMessageQueueGet 的主要功能：①检查消息队列状态和参数的合法性；②检查消息队列中是否有可取的消息；③如果消息队列中没有可取的消息，且等待时间为 0，则返回没有等待时间的错误码；④如果超时时间不为 0，且消息队列中没有可取的消息，则当前任务进入等待状态；⑤当消息队列中有可读取的消息，执行读取操作；⑥如果有任务在等待读取消息操作的完成，则唤醒等待的任务。osMessageQueueGet 函数的执行流程如图 7-21 所示。

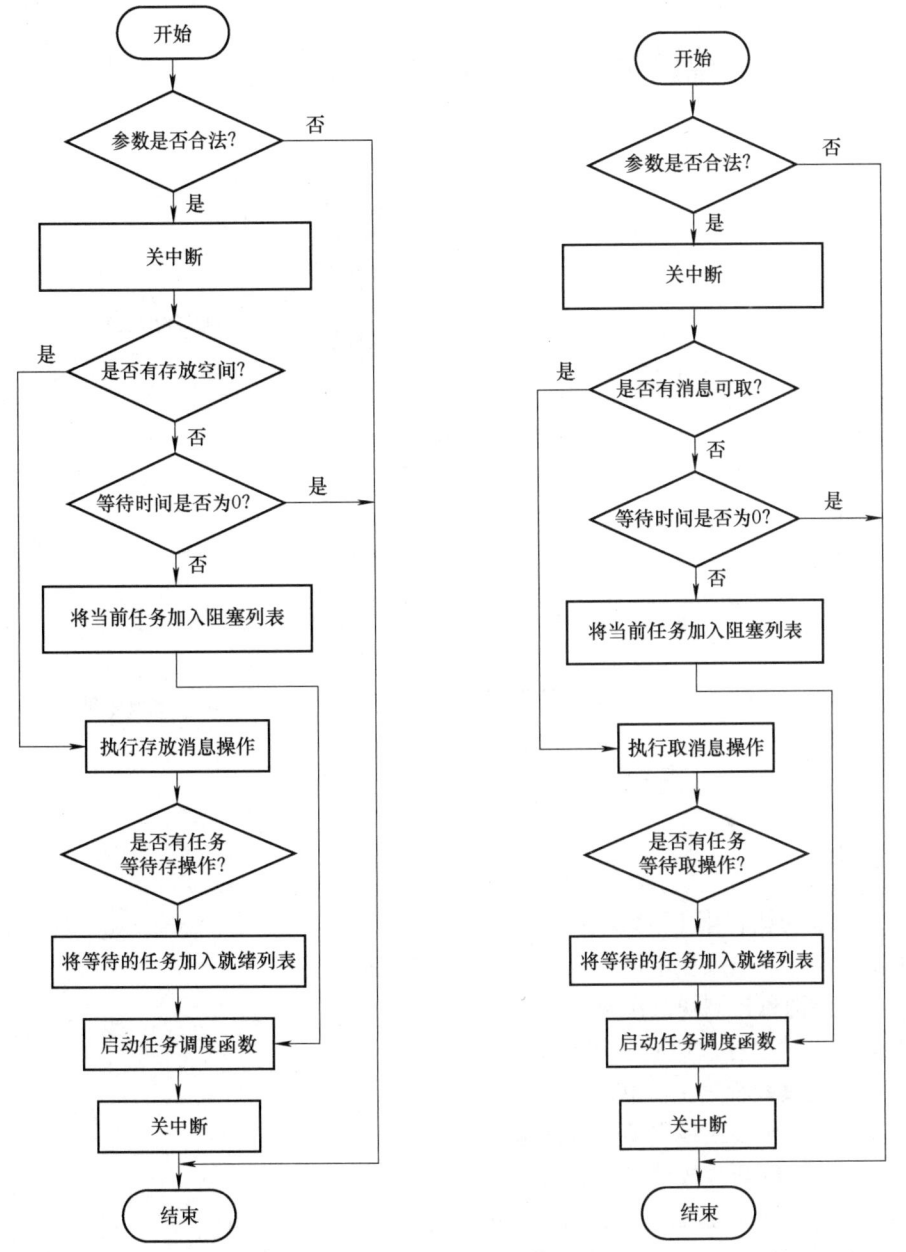

图 7-20　osMessageQueuePut 函数的执行流程　　图 7-21　osMessageQueueGet 函数的执行流程

2. 消息队列调度机制实例分析

线程间通过消息队列进行通信的演示程序，并通过串口（波特率设置为 115200）打印输出运行消息存放和获取的流程。消息队列使用方法时序如图 7-22 所示，程序工程见 "03-Software\CH07\LiteOS-MessageQueue"。

下面将对消息队列中消息的放入和获取过程进行分段剖析，并给出各段的运行结果。

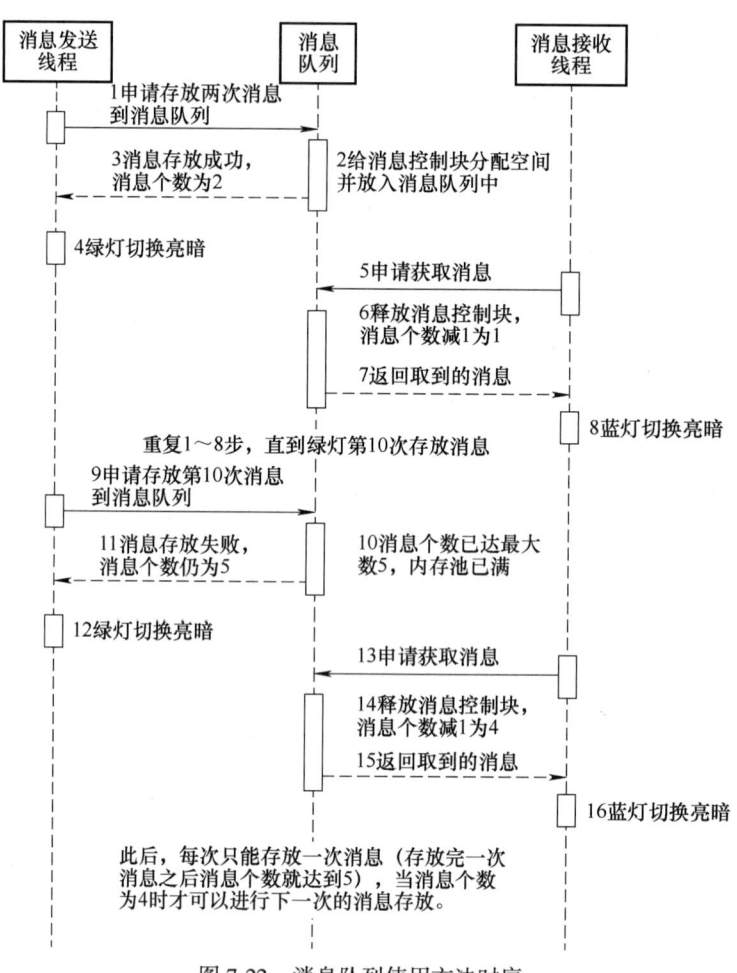

图 7-22　消息队列使用方法时序

（1）消息发送线程第 1、2 次存放消息

第 1 步，消息发送线程申请存放两次消息到消息队列。

第 2 步，给消息控制块分配空间，并放入消息队列中。

第 3~4 步，消息存放成功，绿灯切换亮暗。

（2）消息接收线程第 1 次获取消息

第 5 步，消息接收线程申请获取消息。

第 6 步，消息队列释放消息控制块，消息个数减 1。

第 7~8 步，返回取到的消息，蓝灯切换亮暗。

（3）消息发送线程第 3、4 次存放消息

重复 1~4 步，消息发送线程继续存放两次消息，消息队列中消息个数为 3。

（4）消息接收线程第 2 次获取消息

重复 5~8 步，消息接收线程开始从消息队列获取首个消息控制块地址，同时释放消息控制块（如 2000514C），且消息个数为 2。

（5）消息发送线程第 5、6 次存放消息

重复 1~4 步，消息发送线程继续存放两次消息，消息队列中消息个数为 4。

（6）消息接收线程第 3 次获取消息

重复 5~8 步，消息接收线程开始从消息队列获取首个消息控制块地址，同时释放消息控制块，且消息个数为 3。

（7）消息发送线程第 7、8 次存放消息

重复 1~4 步，消息发送线程继续存放两次消息，消息队列中消息个数为 5。

（8）消息接收线程第 4 次获取消息

重复 5~8 步，消息接收线程开始从消息队列获取首个消息控制块地址，同时释放消息控制块，且消息个数为 4。

（9）消息发送线程第 9 次存放消息

重复 1~4 步，消息发送线程继续第 9 次存放消息，消息队列中消息个数为 5。

（10）消息发送线程第 10 次存放消息

第 9 步，发送线程申请存放第 10 次消息到消息队列。

第 10~11 步，消息队列满，存放信息失败，因为此时消息队列中消息个数为 5，已达到最大消息数，内存池已满，无空间可分配，故本次存放的消息未被存入消息队列中，产生了消息溢出现象。

第 12 步，绿灯切换亮暗（提示存放失败）。

（11）消息接收线程第 5 次获取消息

第 13 步，消息接收线程申请获取消息。

第 14 步，消息队列释放消息控制块，消息个数减 1。

第 15~16 步，返回取到的消息，蓝灯切换亮暗。

消息接收线程开始从消息队列获取首个消息控制块地址，且消息个数为 4。此后，每次只能存放一次消息（存放完一次消息之后消息个数就达到 5），当消息个数为 4 时才可以进行下一次的消息存放。

说明：演示程序主要是为了说明消息的存放和获取过程，因此，在程序设计上存放消息的时间（1s）比获取消息的时间（2s）短，故产生了消息堆积和消息溢出现象。但在实际的应用场景中，应是存放消息的平均时间比获取消息的平均时间长，这样就不会产生消息溢出现象（可以允许偶尔有消息堆积）。

7.5 LiteOS 中的信号量与互斥量的触发过程分析

信号量与互斥量主要解决共享资源的使用问题，本节主要对轻量级鸿蒙 LiteOS 中的信号量与互斥量的触发过程进行分析，以帮助读者理解信号量与互斥量的工作原理。

7.5.1 信号量

信号量的含义及应用场合、信号量操作函数及信号量的编程举例已在 4.4 节中介绍过了，这里主要剖析信号量等待函数和信号量释放函数的执行流程。

1. 信号量主要函数剖析

（1）等待获取信号量函数 sem_take

sem_take 函数的主要功能：① 判断是否有可用信号量，若有，信号量的值减 1 并返回

获取成功信号；② 否则判断等待时间，若等待时间等于 0，返回超时错误，否则阻塞当前运行线程，将其插入信号量阻塞列表，若等待时间大于 0，则需要设置线程等待时间并启动定时器将当前线程放入延时列表，并从就绪列表中取出优先级最高的线程准备运行。在 LiteOS\kal\cmsis\cmsis_liteos2.c 文件中可查看 sem_take 的源代码（在文件中 sem_take 名为 osSemaphoreAcquire）。sem_take 函数的执行流程如图 7-23 所示。

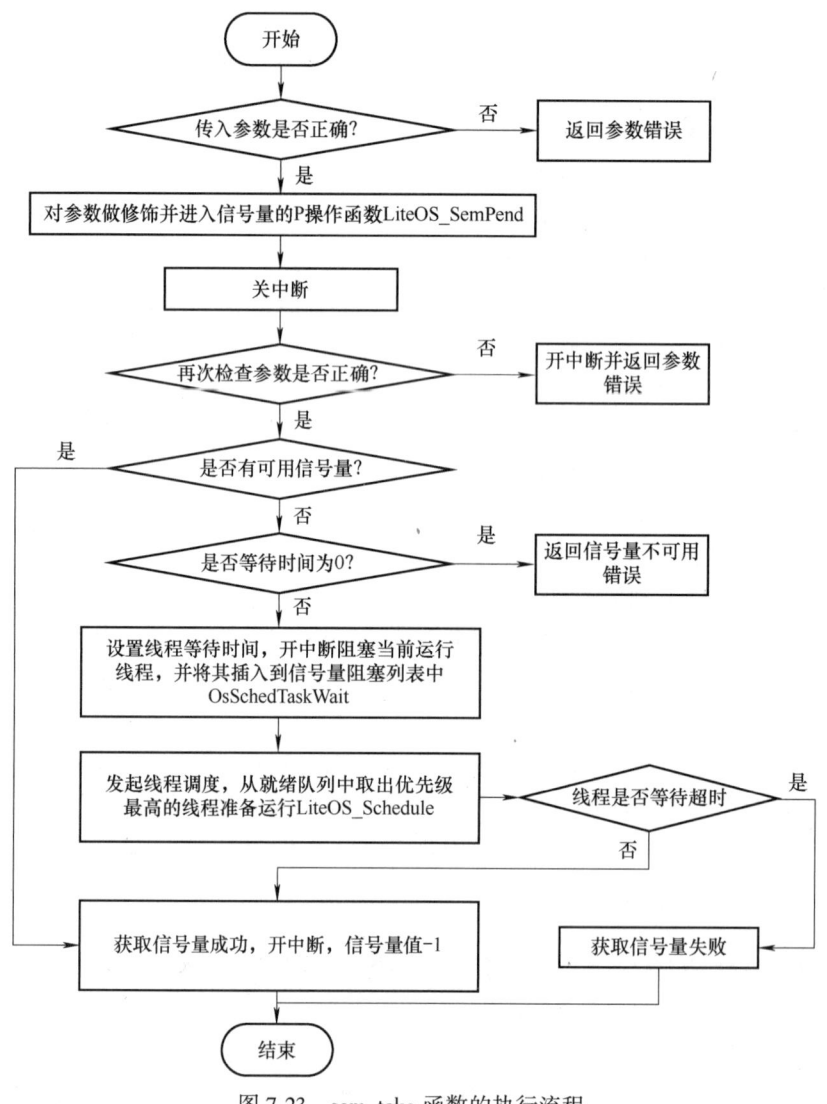

图 7-23 sem_take 函数的执行流程

（2）释放信号量函数 sem_release

sem_release 函数的主要功能：① 检查信号量阻塞列表中是否有等待信号量的线程，若有，则从信号量阻塞列表中唤醒第一个线程，并将此线程从延时列表中取出；② 若无，则释放信号量，信号量值加 1；③ 检查是否需要线程调度。在 LiteOS\kal\cmsis\cmsis_liteos2.c 文件中可查看 sem_release 函数的源代码（在文件中 sem_take 函数的名称为 osSemaphoreRelease）。sem_release 函数的执行流程如图 7-24 所示。

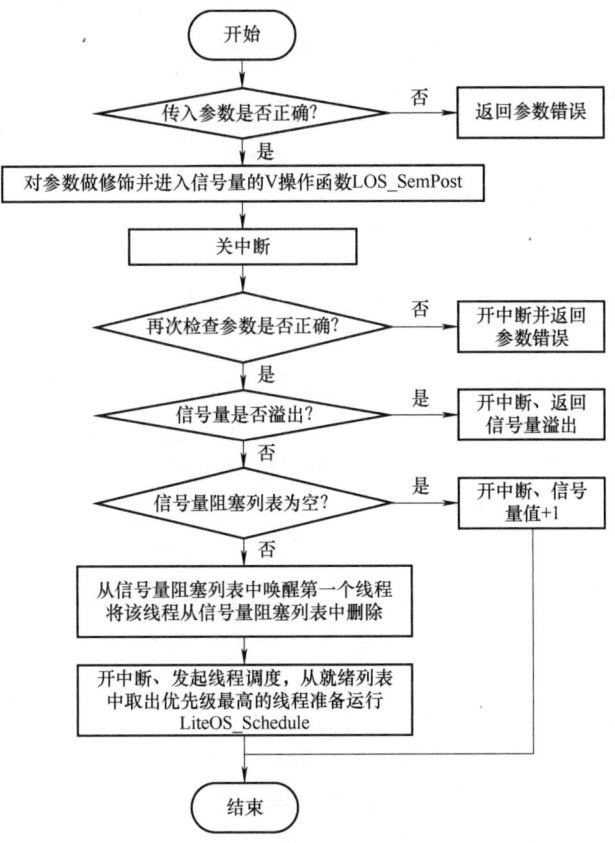

图 7-24　sem_release 函数的执行流程

2. 信号量调度实例分析

为了了解信号量的基本原理，在 4.4 节例子的基础上增加 printf 语句，串口输出运行过程信息，如图 7-25 所示。样例工程在 "03-Software\CH07\LiteOS-Semaphore"。本小节的工程由于加入了用于分析的 printf 语句，仅供原理分析使用。

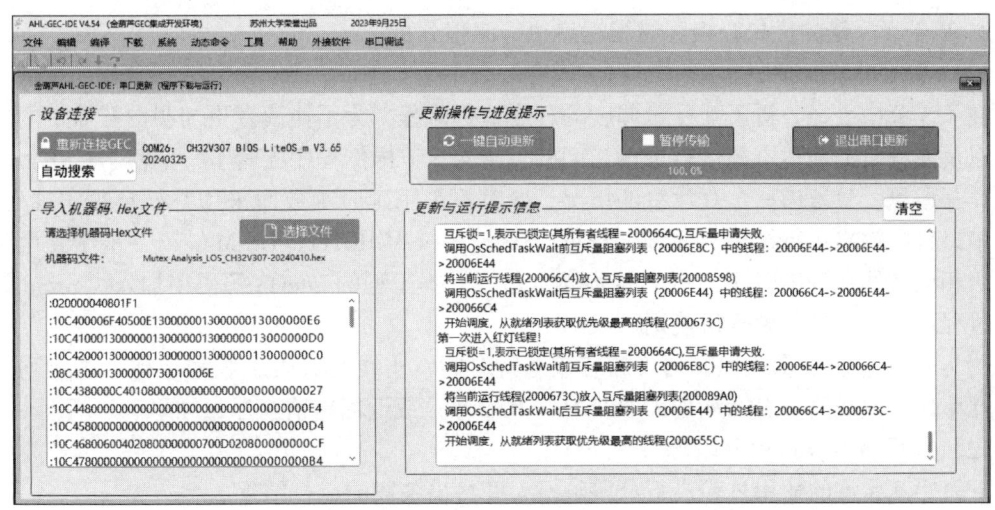

图 7-25　信号量调度实例

运行实例，查看 los_sched.c 源码中加入了哪些语句，体会运行过程。在运行过程中可以单击运行显示界面的"暂停传输"按钮，拖动显示信息栏右边的滚动条查看全面信息，有助于理解运行过程。

7.5.2 互斥量

1. 互斥量主要函数剖析

（1）获取互斥量函数 mutex_take

mutex_take 函数的主要功能：①检查互斥量是否上锁，若未上锁，则当前线程成功获取互斥量，并设置持有互斥量的原始优先级和持有次数，同时上锁；②若已上锁，判断当前获取互斥量的线程与持有互斥量的线程是否是同一线程，若是，则该互斥量的值加1而线程不会被挂起；③若不是，检查是否等待，若等待时间等于0，返回超时错误，否则将当前运行线程插入到互斥量阻塞列表中，若当前获取互斥量线程的优先级大于持有互斥量线程的优先级，则提升持有互斥量线程的优先级与当前获取互斥量线程的优先级相同，若等待时间大于0，同时需要设置线程等待时间并启动定时器将当前线程放入延时列表，并从就绪列表中取出优先级最高的线程准备运行。在 LiteOS\kal\cmsis\cmsis_liteos2.c 中可查看 mutex_take 函数的源代码（在文件中 sem_take 函数的名称为 osMutexAcquire）。mutex_take 函数的执行流程如图 7-26 所示。

（2）互斥量释放函数 mutex_release

mutex_release 函数的主要功能：①检查当前线程与互斥量持有线程是否是同一线程，只有互斥量持有线程才能释放互斥量；②若是同一线程，则持有互斥量的线程的持有次数减1；③若持有互斥量的线程的持有次数等于0，检查是否需要恢复线程的初始优先级，并检查互斥量阻塞列表中是否有等待当前互斥量的线程；④若有，则从互斥量阻塞列表中唤醒第一个线程，并将其从中取出，同时设置新的持有者线程、优先级和持有者数；⑤若无，则互斥量开锁，并清除互斥量所有者信息，恢复默认优先级；⑥检查是否需要线程调度。在 LiteOS\kal\cmsis\cmsis_liteos2.c 文件中可查看 mutex_release 函数的源代码。mutex_release 函数的执行流程如图 7-27 所示。

2. 基于互斥量的优先级相同线程程序执行流程分析

（1）互斥量调度时序分析

在 4.5 节中已经分析了互斥量调度的程序执行流程，为了让读者更加明白互斥量的使用方法以及线程是如何对资源进行独占访问的，给 4.5 节样例程序配套了一个演示程序，去掉了串口互斥量，只考虑一个互斥量的情况，同时不采用延时函数而采用空循环来实现延时，通过串口打印输出运行结果。样例工程见"03-Software\CH07\LiteOS-Mutex"，基于互斥量的优先级相同的线程调度时序如图 7-28 所示。注意：本工程的 LiteOS 源码中加入了 printf 语句输出过程信息，仅供原理分析使用。

图 7-28 中，□表示线程或列表的有效运行时间，实线箭头表示线程运行、进入列表或申请互斥量，虚线箭头表示从列表取线程（互斥量）或返回申请互斥量结果。

（2）互斥量调度过程分段解析

下面对互斥量的使用过程进行分段解析，并给出各段的运行结果。

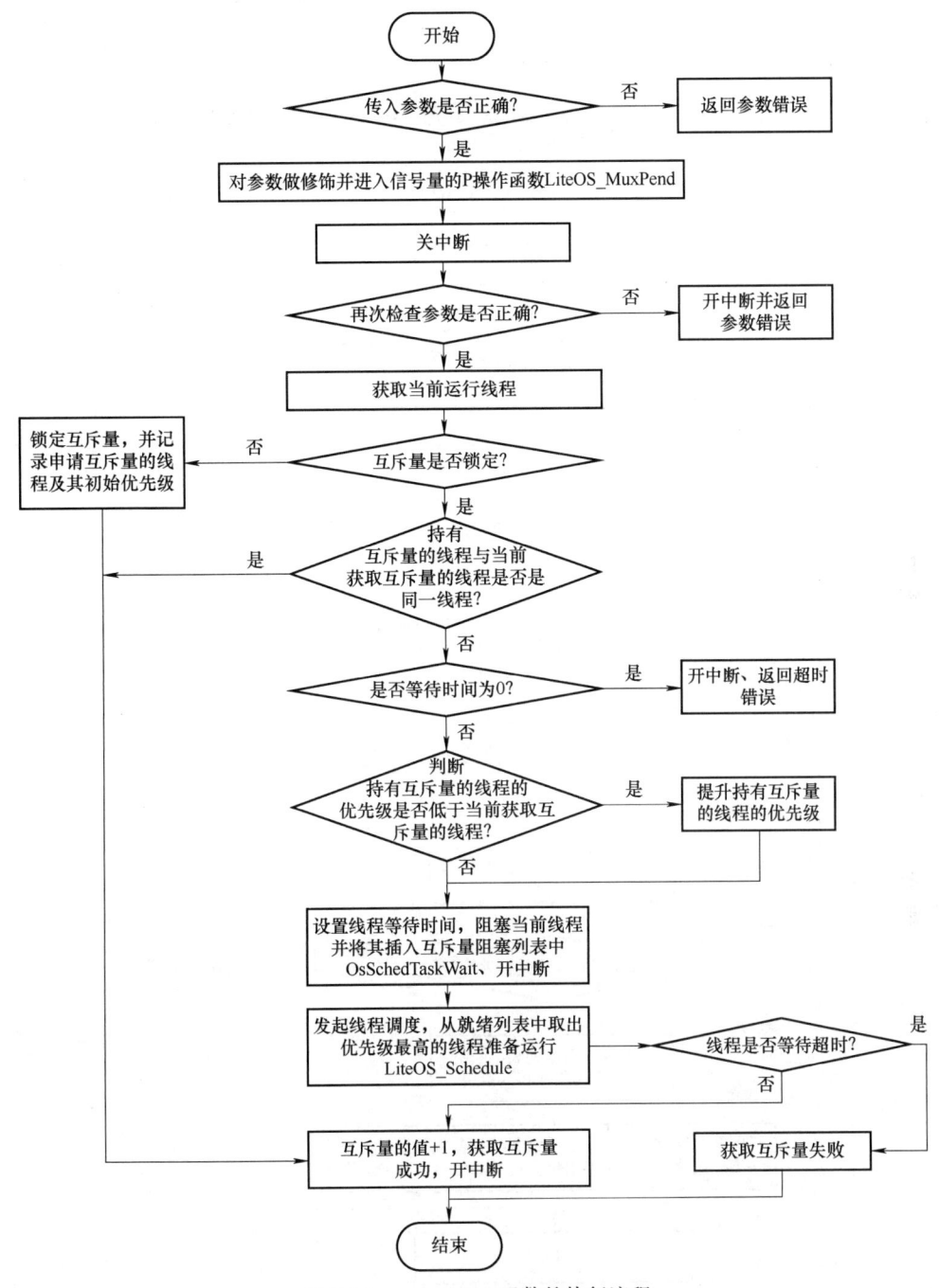

图 7-26 mutex_take 函数的执行流程

1）线程启动。第 1~3 步，芯片上电启动最后转到自启动线程函数 thread_auto 执行，在该函数中创建并先后启动红灯、蓝灯和绿灯三个用户线程，然后终止该函数的运行。

2）红灯线程申请锁定互斥量。第 4~7 步，终止自启动线程后，系统从就绪列表中取最高优先级的线程（此时为红灯线程）激活运行。由于互斥锁为 0，红灯线程申请锁定互斥量成功，锁定成功互斥锁变为 1，同时切换红灯亮暗。

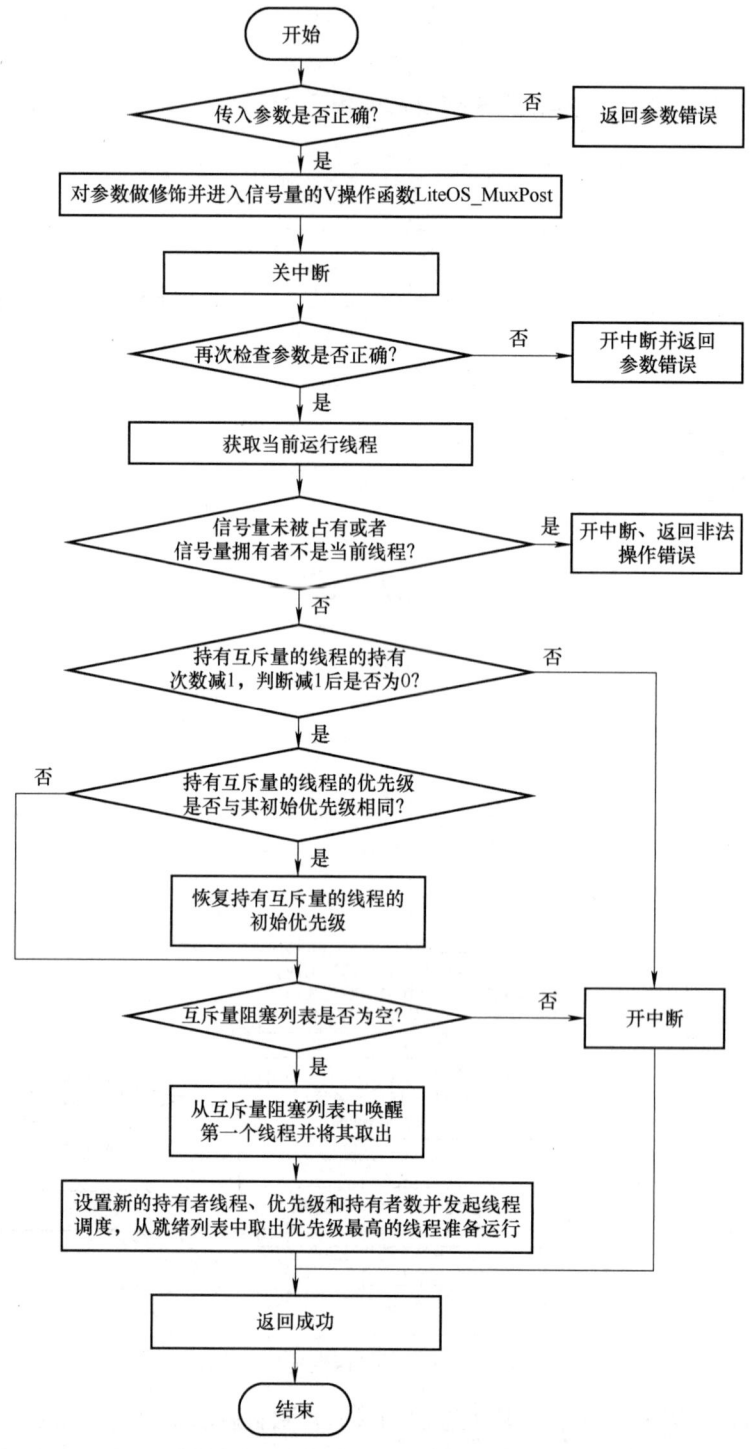

图 7-27 mutex_release 函数的执行流程

3)蓝灯线程申请锁定互斥量。第 10~13 步,由于互斥量已被红灯线程锁定(互斥锁为1),蓝灯线程申请互斥量失败,因此蓝灯线程会被放到互斥量阻塞列表中,并从就绪列表中取出绿灯线程准备运行。

第 7 章 初步理解 LiteOS 的调度原理

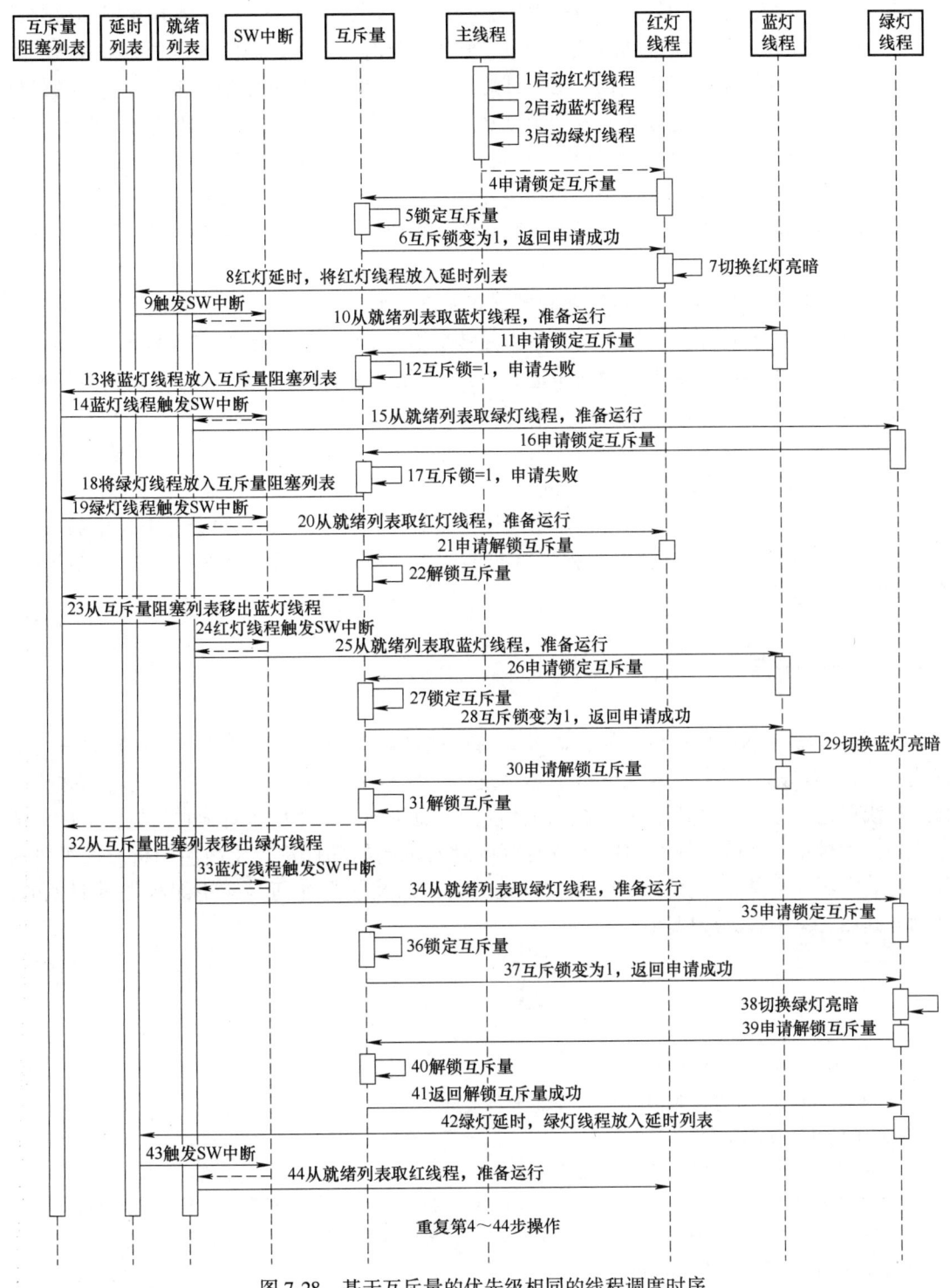

图 7-28 基于互斥量的优先级相同的线程调度时序

4)绿灯线程申请锁定互斥量。第 15~18 步,由于互斥量仍被红灯线程锁定(互斥锁为 1),绿灯线程申请互斥量也失败,因此绿灯线程同样也被放到互斥量阻塞列表中,并从就绪列表中取出红灯线程准备运行。

5）红灯线程解锁互斥量，蓝灯线程锁定互斥量。第21~29步，由于互斥量是由红灯线程锁定的，因此红灯线程能成功解锁互斥量，解锁后互斥锁为0。此时互斥量会被释放，并移转给正在等待互斥量的蓝灯线程，之后红灯线程又开始新一轮的申请锁定互斥量。蓝灯线程变为互斥量所有者，即蓝灯线程成功锁定互斥量，互斥锁变为1，同时切换蓝灯亮暗。

6）蓝灯线程解锁互斥量，绿灯线程锁定互斥量。第30~38步，蓝灯线程解锁互斥量成功（互斥锁=0），互斥量从互斥量列表移出并转交给绿灯线程，之后蓝灯线程又开始新一轮的申请锁定互斥量。绿灯线程变为互斥量所有者，即绿灯线程成功锁定互斥量，同时切换绿灯亮暗。

7）绿灯线程解锁互斥量，红灯线程锁定互斥量。第39~42步，绿灯线程解锁互斥量成功（互斥锁=0），互斥量从互斥量列表移出并转交给红灯线程，之后绿灯线程又开始新一轮的申请锁定互斥量。红灯线程变为互斥量所有者，即红灯线程成功锁定互斥量，同时切换红灯亮暗。此后，重复第4~38步。

说明：演示程序主要是在相关的代码之间通过插入printf函数的方式，打印输出相关信息，且执行printf函数需要占用一些时间。为了让灯的亮暗切换效果明显一些，加入了空循环语句，也会占用一些时间。同时，由于线程优先级相同，SysTick中断会每1ms中断一次，按每次时间片（10ms）到就会对线程进行轮询调度。因此，在串口实际输出执行结果时，会有些输出错位现象。

7.6 本章小结

要理解LiteOS的内部运行机制，需要具备一些基础知识，本章对这些基础知识进行了概述。在LiteOS启动部分，重点分析了芯片复位后执行第一条指令到操作系统启动并执行自启动线程这一过程，对其流程、主要函数进行了简明剖析。随后，对延时函数、事件、消息队列、信号量、互斥量等LiteOS中具有调度触发机制的部件进行了简明剖析。通过对这些内容的学习，可基本了解LiteOS是如何运行的，以及它是如何为应用编程提供服务的，做到知其然，又了解其所以然。

习　题

1. 简述RISC-V架构中SP寄存器的作用。
2. 用C语言定义一个学生类型结构体，该结构体成员不少于5个。
3. 简述LiteOS的启动过程。
4. 简述软件中断处理程序的执行过程。
5. 参考工程"03-Software\CH07\LiteOS_Analysis_A"，在.hex文件中，找到蓝灯线程函数存放处。
6. 参考工程"03-Software\CH07\LiteOS_Analysis_B"，编程给出线程栈空间更详细的信息。
7. 试简要分析延时函数的调度机制。
8. 试简要分析消息队列的调度机制。
9. 参考工程"03-Software\CH07\LiteOS_Analysis_B"，编程给出Flash及RAM的空间使用情况。

第 8 章　基于 WiFi 通信的物联网应用开发

实现物联网应用项目的快速开发具有重要的意义和价值。本章以 WiFi 通信为蓝本,阐述物联网快速开发方法。从技术科学角度,把物联网应用开发的知识体系归纳为终端(UE)、信息邮局(MPO)、人机交互系统(HCI)三个有机组成部分。对于终端,以通用嵌入式计算机(GEC)概念为基础,给出了应用程序模板。对于信息邮局,将其抽象为固定 IP 地址与端口,给出云侦听程序模板;对于人机交互系统,给出 Web 网页及微信小程序模板。这些工作为"照葫芦画瓢"地进行具体物联网应用开发提供了共性技术,形成以 GEC 为核心、以构件为支撑、以工程模板为基础的物联网应用开发生态系统,有效降低了物联网应用开发的技术门槛。

8.1　WiFi 应用开发概述

本节首先对 WiFi 进行概述,并给出由此延伸的基本概念;随后介绍 WiFi 应用开发所面临的问题,并给出解决这些问题的基本对策;最后对金葫芦 WiFi 开发套件进行基本描述。

8.1.1　WiFi 概述

WiFi 的发音是 ['waɪfaɪ],在生活中常被叫作"无线网络"。WiFi 起源于 1997 年,是一种基于 IEEE 802.11 标准的无线局域网通信技术。

从技术指标来看,WiFi 通信距离一般为 100m 左右。WiFi 初始版本,工作频段为 2.4GHz,最高速率 2Mbit/s;2022 年发布的 WiFi 7 版本,工作频段为 2.4GHz、5GHz、6GHz,最高速率可达 30Gbit/s;WiFi 模块的发射功率一般在 18dBm 左右。

WiFi 主要应用为无线上网,目前几乎所有笔记本计算机、智能手机、平板计算机都支持 WiFi 上网。这些设备只要具备 WiFi 功能,在有 WiFi 无线信号覆盖的区域,可以不通过电信运营商的网络上网,节省了流量费。实际上,多数 WiFi 无线上网的信息来自于有线宽带。例如,连接互联网的笔记本计算机配有 WiFi 无线网卡,它可把有线信号转换成 WiFi 信号,诸如手机等 WiFi 设备就可通过它接入互联网。我国多地实施"无线城市"工程,为民众提供 WiFi 信号;许多大学校园内覆盖 WiFi 信号,供在校师生使用。

8.1.2　WiFi 通信过程与应用开发相关的基础概念

许多工厂已实现 WiFi 全覆盖,设备可通过 WiFi 接入厂内局域网,进而经厂内网关访问公网。基于此场景,若嵌入式终端支持 WiFi 通信,则可以通过 WiFi 实现工厂设备与互联网的信息交互,这正是基于 WiFi 通信的物联网应用开发的核心方向。

在开展基于 WiFi 通信的物联网应用开发时,需掌握与终端、信息邮局、人机交互系统直接相关的基础概念。关于 WiFi 应用架构，以及终端、信息邮局、人机交互系统的定义将在 8.2 节阐述。

1. 与终端相关的基础概念

（1）WiFi 热点

WiFi 热点，在多数场景下与无线接入点（Wireless Access Point，WAP）含义相近，是一种可以把有线互联网转换为 WiFi 无线信号的设备，使附近支持 WiFi 的终端能够通过该热点接入互联网。大多数情况下，互联网是有线网络连接在一起的通信网络。简单来说，具备 WiFi 功能的终端要连接到 WiFi 热点，才能访问互联网。

（2）服务集标识

当 WiFi 终端开启无线功能后，终端会自动搜索并连接附近的热点。WiFi 终端可以通过 AT 指令⊖获取接入点的服务集标识符（Service Set Identifier，SSID），根据服务集标识符，WiFi 终端可以识别当前连接的热点。在 Windows 系统中，"设置→移动热点"界面将 SSID 称为"网络名称"。2.2.3 小节在进行 AHL-CH32V303-WiFi 开发板测试时用到过这个网络名称。

（3）WiFi 密码

WiFi 密码用于保障无线网络安全，通常在设置 WiFi 网络时创建。WiFi 终端需要输入正确密码才能接入该网络。WiFi 密码一般由字母、数字和特殊字符组成，且每个 WiFi 网络的密码都是唯一的。2.2.3 小节在进行 AHL-CH32V303-WiFi 开发板测试时用到过密码这个概念。

（4）WiFi 频段

频段指的是无线电波的一个特定频率范围，用于无线通信。为避免干扰，不同的无线通信技术会使用不同的频段。WiFi 常用频段有两个：2.4GHz 和 5GHz。2.4GHz 频段覆盖范围较广、穿透能力强，但可能较拥挤、易受干扰；5GHz 频段则具有更快的数据传输速度、干扰较少，但覆盖范围相对较小，且穿墙能力较弱。本书 WiFi 芯片所使用的频段为 2.4GHz。2.2.3 小节在进行 AHL-CH32V303-WiFi 开发板测试时用到过频段这个概念。

（5）WiFi 客户端

WiFi 客户端是指无线网络中连接到 WiFi 热点的设备，它可以是智能手机、平板计算机、计算机、智能家居等设备。这些设备可以通过 WiFi 和无线接入点之间进行通信，并通过接入点访问互联网。前面提到的 WiFi 终端就属于一种 WiFi 客户端。

（6）WiFi 热点给终端分配 IP 地址

当 WiFi 终端成功连接到一个热点，该热点会通过动态主机配置协议（Dynamic Host Configuration Protocol，DHCP）为终端分配一个 IP 地址，使其能够在网络中进行通信。

⊖ AT 指令：AT 即 Attention，一般用于终端设备与计算机之间的连接与通信，本书特指通信模组通过串口能够接收的指令。每条 AT 指令，以字符"AT"开头，以回车符结尾，最长为 1058 字节（含"AT"两个字符，有效内容为 1056 字节，包括最后的空字符）。通信模组生产厂家在参考手册中会给出其支持的 AT 指令集，供通信模组底层驱动开发人员使用。一般应用级编程人员，只需了解通信模组底层驱动构件（uecom）是通过 AT 指令实现的即可，重点掌握 uecom 构件的使用方法即可进行应用层面的程序设计。因此，本书不详细介绍具体的 AT 指令。

（7）使用介质访问控制地址作为终端的唯一标识

WiFi 设备是指具有 WiFi 通信功能的器件。本书所使用的具有 WiFi 通信的终端就是一种 WiFi 设备。

每个终端要有唯一的标识以便区分。可使用介质访问控制（Medium Access Control，MAC[一]）地址作为终端的唯一标识。每个 WiFi 模块都有唯一的标识，就像手机中的 SIM 卡号一样，本书使用"AHL+MAC 地址"作为通信时 WiFi 终端的标识。为了与 NB-IoT、Cat1、4G 等通信方式的编程逻辑一致，也把这个标识类比为 IMSI 号。

在 NB-IoT、Cat1、4G 等通信方式中，终端依赖 SIM 卡（如手机中的"手机卡"），这类终端也需要一个 SIM 卡，一般情况下它被直接封装在芯片内部，被称为 eSIM 卡。一般使用国际移动用户识别码（International Mobile Subscriber Identification Number，IMSI）唯一标识，其总长度不超过 15 位，存储于 SIM 卡中。每个 SIM 卡有一个国际移动用户识别码[二]。在 NB-IoT、Cat1、4G 系统中，IMSI 是终端用户的唯一标识，通信运营商通过这个号收取通信流量费用，欠费的 NB-IoT 终端是无法通信的。在研发过程中，开发人员通常以 IMSI 作为终端设备的唯一标识，为了交流方便，口语化称为 SIM 卡号，简称卡号。

2. 与信息邮局相关的基础概念

在 WiFi 终端通信编程中，需要提供一个固定 IP 地址和端口号，以供终端与信息邮局服务器建立连接并进行数据交互。目前，许多 IT 企业提供服务器租赁服务（即云平台服务），可提供有固定 IP 地址的服务器。在本书中，固定 IP 地址和端口号是对 WiFi 信息邮局的抽象化表达，用于定义通信目标与通道。

基于上述应用需求，下面对 IP 地址与端口号的基本概念做概括性说明。

（1）IP 地址

Internet 上的每台主机都有一个唯一的 IP 地址。IP 地址由网络号（Network ID）和主机号（Host ID）两部分组成。网络号标识的是 Internet 上的一个子网，由因特网协会的互联网名称与数字地址分配机构（Internet Corporation for Assigned Names and Numbers，ICANN）统一分配，以保证网络地址的全球唯一性。而主机号标识的是子网中的某台主机，由各个网络的系统管理员分配。网络地址的唯一性与网络内主机地址的唯一性确保了 IP 地址的全球唯一性。

[一] MAC 地址是由 IEEE（Institute of Electrical and Electronics Engineers，电气电子工程师学会）规定的用于标识网络设备地址的全球唯一标识符，用 48 位二进制数表示，分为 OUI（Organizationally Unique Identifier）和 NIC（Network Interface Controller）两部分。OUI 部分占 24 位，用于标识设备制造商。每个制造商都有唯一的 OUI，由 IEEE 进行分配管理。NIC 部分占 24 位（有时也被称为设备标识符），由设备制造商自行设置，用于对同一制造商的设备进行唯一标识。合并 OUI 和 NIC 两部分的 48 位二进制数构成了完整的 MAC 地址，例如 00:1A:2B:3C:4D:5E。MAC 硬件标识是 MAC 地址中与硬件设备及其制造商相关的部分，它能够提供关于设备制造商和设备类型的信息，并在无线和有线网络中用于寻址和通信识别。

[二] IMSI 由不超过 15 位的 0~9 的数字组成，在手机中，其结构是：前三位称为移动国家码（Mobile Country Code，MCC），由国际电信联盟（ITU）在全世界范围内统一分配和管理，唯一识别移动用户所属国家或地区，如中国为 460；随后的 2~3 位为移动网络码（Mobile Network Code，MNC），用于标识运营商，如中国电信（CDMA）为 03、4G 为 11；剩余位数为移动用户识别号码（Mobile Subscriber Identification Number，MSIN），用以识别同一运营商下的移动用户。

IPv4 的地址长度为 32 位，分为 4 段、每段 8 位，用十进制数字表示，每段数字的范围为 0~255（特殊地址如 0.0.0.0 和 255.255.255.255 有特定用途），段与段之间用句点"."隔开，例如 192.168.149.1。IP 地址就像是家庭住址一样，如果要写信给一个人，就要知道他（她）的地址，这样邮递员才能把信送到，计算机发送信息就好比邮递员送信，它必须知道唯一的"家庭地址"才能不把信送错。只不过一般的地址使用文字来表示，而计算机地址用数字来表示。

在计算机中，IP 地址是分配给网卡的，每个网卡有唯一的 IP 地址，如果一个计算机有多个网卡，则该台计算机拥有多个不同的 IP 地址，在同一个网络内 IP 地址不可重复。

（2）端口号

一台拥有 IP 地址的主机可以提供许多网络服务，比如 Web 服务、FTP 服务、SMTP 服务等，这些服务完全可以通过同一 IP 地址实现。就好比一座大楼里有许多不同的房间，每个房间的功能不同，大楼的名字相当于 IP 地址，房间号相当于端口号。那么，主机是怎样区分不同的网络服务呢？显然不能只靠 IP 地址，因为 IP 地址与网络服务的关系是一对多的关系。实际上是通过"IP 地址+端口号"来区分不同服务的。

为了在一台设备上可以运行多个程序，人为设计了端口（Port）这个概念，类似于公司内部的分机号码。一台设备最多支持 2^{16} = 65536 个端口，每个端口对应唯一的应用程序。每个网络程序，无论是客户端还是服务器端，都对应一个或多个特定的端口。0~1023 端口多被操作系统或标准服务占用，称为知名端口；1024~65535 端口可供用户程序使用，称为动态端口。下面是一些常见的服务对应的端口号：FTP—21，TELNET—23，SMTP—25，DNS—53，HTTP—80，HTTPS—443。

IP 地址和端口号的组合用于实现网络通信中的端到端连接。发送方通过指定目标设备的 IP 地址和目标应用程序的端口号，将数据包发送给接收方；接收方根据端口号将数据包路由给相应的应用程序。

（3）互联网

互联网是一个全球性的计算机网络系统，由众多物理网络、路由器、服务器和终端设备组成，它们之间通过标准的 TCP/IP（Transmission Control Protocol/Internet Protocol）协议簇实现数据的传输和交换。一旦终端成功连接 WiFi 并获得了有效的 IP 地址，它就可以通过 WiFi 热点接入互联网，与全球网络资源设备进行通信。

3. 与人机交互系统相关的基础概念

人机交互系统包含通过信息邮局接收终端数据的计算机，以及供人机交互使用的手机、平板计算机等。

（1）侦听程序与云服务器

终端主动向"固定 IP 地址;端口"发送数据时，可以把具有固定 IP 地址且负责接收数据的计算机器称为云服务器或云平台。要实现数据交互，云服务器上必须运行一个程序负责此项工作，这个程序就是侦听（Monitor）程序。它负责监视终端是否有数据发送过来，若有就把它接收下来并存入数据库，它还要负责把人机交互系统要发送给终端的数据发送给终端。

云服务器具有固定的 IP 地址和端口号，是侦听程序及数据库的物理支撑。侦听程序及数据库的运行和维护都在云服务器完成。对云服务器的访问需要通过有权限的用户名和密码验证，且通常需要向第三方服务提供商支付费用。

（2）数据库

数据库是驻留在云服务器上的存储数据的地方。数据库由若干张表组成，每张表又由若干个字段组成，对数据库的操作主要对表进行，基本操作包括增、删、改、查。

（3）客户端

客户端或称为用户端，是指与服务器相对应的、为客户提供本地服务的程序，一般安装在普通计算机（可称为客户机）上，需要与服务器端协同运行。常见的用户端包括网页浏览器、即时通信软件等。对于这类应用程序依赖服务器提供的服务（如数据库服务等），需要在客户机和服务器端建立特定的通信连接，以保证应用程序正常运行。

8.1.3 物联网应用开发所面临的问题及解决思路

物联网应用开发涉及传感器应用设计、微控制器编程、终端无线通信、数据库系统搭建、PC 端侦听程序设计、人机交互系统软件设计等，是一个融合多学科领域的综合性系统工程，因而具有较高的技术门槛。寻找降低物联网应用开发门槛的方法是本书的主要任务。

1. 物联网应用开发所面临的问题

在相当长的一段时间内，物联网智能制造系统已受到许多实体行业的广泛关注。然而，进行物联网智能系统的软硬件设计往往具有较高的技术门槛，主要体现在：需要软硬件协同设计，涉及软件、硬件及行业领域知识；一些系统具有较高的实时性要求；物联网智能产品必须具有较强的抗干扰性与稳定性；开发过程中需要持续进行软硬件联合测试等。因此，开发物联网智能产品常面临成本高、周期长、稳定性难以保证等困扰，对技术人员的综合开发能力提出了更高的要求。这些问题是许多中小型终端产品企业技术转型的重要瓶颈之一。

大多数具体的物联网智能系统是针对特定应用开发的，许多终端企业的技术人员往往从"零"做起，对技术移植与复用重视不足，导致新项目的大多数工作需要重新开发，不同开发团队之间也难以共享技术积累。通常，系统的设计、开发与维护由不同人员负责，由于设计思想不统一，易造成人员分工不明确、开发效率低下，给系统的开发与维护工作带来困难。

2. 解决思路

解决物联网应用开发所面临难题的基本思路是：从技术科学层面，研究抽象物联网应用系统的技术共性，加以提炼分析，形成可复用、可移植的构件、类、框架，实现整体建模，合理分层，达成软硬件可复用与可移植的目的。因此，本章给出物联网智能系统的应用架构及应用方法，依照软硬件模板（"葫芦"），技术人员可以基于此模板快速开展特定应用的开发（"照葫芦画瓢"）。具体通过抽象物联网智能系统的共性技术、厘清共性与个性的衔接关系、封装软硬件构件、实现软件分层与复用，有效降低技术门槛、缩短开发周期、降低开发成本、明确人员职责定位、减少重复劳动、提高开发效率。从形式上，可以把这些内容称为"中间件"，它不是终端产品，但为终端产品服务，有了它，可以显著降低技术门槛。

8.1.4 金葫芦 WiFi 开发套件简介

为了能够实现"照葫芦画瓢"这个核心理念，首先要设计好"葫芦"。为此，设计了金葫芦 WiFi 开发套件，也设计了 NB-IoT、Cat1、4G 等开发套件。本章以 WiFi 通信为蓝本，阐述了物联网应用开发的一般方法。该类套件不同于一般评估系统，它根据软件工程的基本原则设计了各类的标准模板（"葫芦"），为"照葫芦画瓢"打下坚实基础。该套件由文档、硬件、软件三个部分组成。

1. 金葫芦 WiFi 开发套件（AHL-CH32V303-WiFi）**的设计思想**

金葫芦 WiFi 开发套件的关键特点在于完全从实际产品可用角度设计终端板。一般，"评估板"与"学习板"仅为学习而用，并不能应用于实际产品。该套件的软件部分给出了各组成要素较为规范的模板，且注重文档的撰写。其设计思想及基本特点主要有：支持 WiFi 通信状态的即时检验、实现 WiFi 通信流程的透明化理解、实现复杂问题的简单化、兼顾物联网应用系统的完整性、考虑组件的可增加性及环境的多样性、考虑"照葫芦画瓢"的可操作性。

2. AHL-CH32V303-WiFi 的硬件资源

AHL-CH32V303-WiFi 的硬件部件主要有：5V 转 3.3V 电源芯片、三色灯、沁恒 CH32V303RCT6 微控制器和 TTL 串口-USB 芯片，以及乐鑫科技推出的 ESP8684H2 WiFi 模块。AHL-CH32V303-WiFi 正面集成了最小系统，反面为 WiFi 模块电路（见图 2-1）。用户只需自行配置一根标准 Type-C 数据线即可进行实时操作系统实践，也可实现基于 WiFi 通信的物联网实践。

金葫芦 WiFi 开发套件的硬件设计目标是：将 MCU、通信模组、MCU 硬件最小系统等集成一体于一个 SOC 片上，能够满足大部分终端产品的设计需求。软件方面的设计目标是：出厂时预装硬件检测程序（含基本输入/输出系统 BIOS 及基本用户程序），直接供电即可运行程序，实现联网通信功能；硬件驱动按规范设计好并固化于 BIOS，同时提供静态连接库及工程模板（"葫芦"），可节省大量开发时间；此外，还给出人机交互系统（HCI）的工程模板和实例，并开源全部用户级源代码，可以实现快速应用开发。

3. 面向 WiFi 通信的软件资源

金葫芦 WiFi 开发套件的软件资源见本书电子资源的"03-Software\CH08"文件夹，其主要内容见表 8-1。

表 8-1 金葫芦 WiFi 开发套件的软件资源

名 称	文 件 夹	说 明
终端用户程序	User-WiFi	终端用户程序（GEC 端），需要使用 AHL-GEC-IDE 下载
云侦听程序	CS-Monitor	可视为信息邮局的软件抽象，用于侦听 WiFi 终端运行的数据和状态等，使用 Visual Studio 2022 社区版（C#）开发
Web 网页程序	AHL-Web	使用 Visual Studio 2022（C#）开发
微信小程序	AHL-Wx-Client	使用微信开发者工具
远程更新程序	Update-PC	远程更新程序，用于更新 WiFi 终端运行的 BIOS 程序与 User 程序，使用 Visual Studio 2022 开发

8.2　WiFi 应用架构及通信基本过程

本节从 WiFi 应用开发共性技术的角度，把 WiFi 应用架构抽象为 WiFi 的终端、信息邮局、人机交互系统三个组成部分，并分别给出定义。理解这些概念，WiFi 应用开发技术的基本要素也就一目了然了。本节还给出从信息邮局角度阐述了终端与人机交互系统的基本通信过程。

8.2.1　建立 WiFi 应用架构的基本原则

运营商建立 WiFi 网络的目的是为 WiFi 应用产品提供信息传送的基础设施。有了这个基础设施，WiFi 应用开发研究及物联网工程专业教学就可以开展。但是，WiFi 应用开发涉及许多较为复杂的技术问题。8.1.3 小节中提出的解决 WiFi 应用开发所面临问题的基本思路是：从技术科学层面，探究抽象 WiFi 应用开发过程的技术共性。

本节将遵循人的认识过程由个别到一般、再由一般到个别的哲学原理，从技术科学范畴，以面向应用的视角，提炼 WiFi 应用开发的技术共性，建立起能涵盖 WiFi 应用开发知识要素的应用架构，为实现快速规范的应用开发提供理论基础。

由个别到一般，就是要把 WiFi 应用开发所涉及的软硬件体系的共性抽象出来，概括好、梳理好，建立与其知识要素适配的抽象模型，为具体的 WiFi 应用开发提供模板（"葫芦"），为"照葫芦画瓢"提供技术基础。

由一般到个别，就是要厘清共性与个性的关系，充分利用模板（"葫芦"），依据"照葫芦画瓢"方法，快速实现具体应用的开发。

8.2.2　终端、信息邮局与人机交互系统的基本定义

WiFi 应用架构（Application Architecture）是从技术科学角度整体描述 WiFi 应用开发所涉及的基本知识结构，主要体现开发过程所涉及的微控制器（MCU）、WiFi 通信、人机交互系统等层次。

从应用层面来说，WiFi 应用架构可以抽象为 WiFi 终端、WiFi 信息邮局、WiFi 人机交互系统三个组成部分，如图 8-1 所示。这种抽象为深入理解 WiFi 的应用层面开发共性提供了理论基础。

1. WiFi 终端

WiFi 终端（Ultimate-Equipment，UE）[一]是一种以微控制器（MCU）为核心的，具有数据采集、控制、运算等功能，且带有 WiFi 通信功能（甚至包含机械结构）的，用于实现特定功能的软硬件实体。例如，WiFi 智能家居、WiFi 工业控制系统等。

UE 一般以 MCU 为核心，辅以通信模组及其他输入/输出电路：MCU 负责数据采集、处理、分析，干预执行机构，通过板内通信连接通信模组；通信模组将 MCU 的板内连接转为 WiFi 通信，以便借助 WiFi 接入点与远程服务器通信。

[一] 终端的英文是 Ultimate-Equipment，简写为 UE，也称为 User-Equipment，简写仍为 UE，这只是一种巧合。因此，UE 可以代表终端设备，也可以代表用户设备，两者含义一致。

图 8-1　WiFi 应用架构

2. WiFi 信息邮局

WiFi 信息邮局（Mssage Post Office，MPO）是一种基于 WiFi 协议的信息传输系统，运行云侦听程序。由于终端通常工作在 2.4GHz 频段，因此接入点也必须工作在 2.4GHz 频段。首先需要提供一个 2.4GHz 频段的 WiFi 接入点，配置完接入点后，需要修改终端中接入点的信息，确保 UE 与接入点连通。WiFi 信息邮局在 WiFi 终端与 WiFi 人机交互系统之间起信息传送的桥梁作用。

信息邮局中的云服务器（Cloud Server，CS），可以是一个实体服务器，也可以是几处分散的云服务器，对开发者来说，它就是具有信息侦听功能的固定 IP 地址与端口。具有固定 IP 地址的计算机需要向互联网运营商或第三方机构申请并交纳费用。

3. WiFi 人机交互系统

WiFi 人机交互系统（Human-Computer Interaction，HCI）是实现人与 WiFi 信息邮局（WiFi 云服务器）之间信息交互、信息处理与信息服务的软硬件系统。其目标是使人们能够利用个人计算机、笔记本计算机、平板计算机、手机等设备，通过 WiFi 信息邮局，实现获取 WiFi 终端数据，并可对终端进行控制等功能。

从应用开发角度来看，人机交互系统就是通过与信息邮局的固定 IP 地址与端口通信，实现与终端的信息传输。

8.2.3　基于信息邮局初步了解 WiFi 基本通信流程

本小节基于信息邮局初步分析 WiFi 通信流程。这有助于构建 WiFi 应用开发的编程蓝图。

在建立了 WiFi 应用架构后，可类比邮局寄信过程理解 WiFi 的通信过程（虽然流程不完全一样，但仍然可以做一定的对比理解。注意取其意忘其形，避免机械类比）。

图 8-2 展示了基于信息邮局的 WiFi 通信流程，分为上行过程与下行过程。

设云服务器的 IP 地址为 IPa（如 192.168.137.1），面向终端的端口号为 Px（如 32225），面向人机交互系统的端口号为 Py（如 32226）。

1. 数据上行过程

UE"寄信"的上行过程可概括为：UE 通过其唯一标识——NIC 卡号（MAC 地址，即寄件人地址），将"信件"发往"中转站"（固定 IP 地址与端口，即收件人地址），信息邮局通过接入点接收"信件"并转发到固定 IP 地址与端口，人机交互系统侦听该端口，一旦来"信"，则把"信件"取走。具体流程简要描述如下：

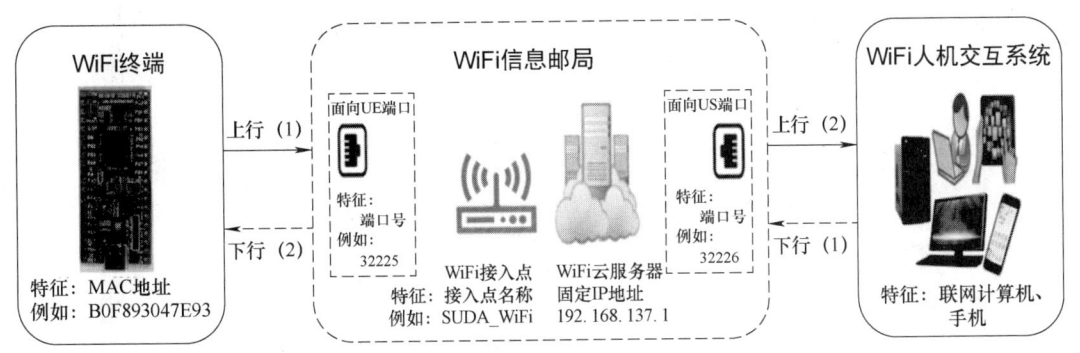

图 8-2 基于信息邮局的 WiFi 通信流程

1）在云服务器上运行云侦听程序 CS-Monitor，该程序中设定了云服务器面向终端的端口为"IPa:Px"，它把"耳朵竖起来"侦听着是否有终端发来数据；同时，该程序打开面向人机交互系统客户端的端口"IPa:Py"，等待客户端的请求。

2）在人机交互系统客户端计算机上运行客户端程序，建立与云服务器的连接。

3）终端会根据云服务器面向终端的端口"IPa:Px"，通过接入点与云服务器建立连接，并将数据发送给云服务器；云服务器将收到的数据存入数据库的上行表中。

4）人机交互系统客户端有一个专门负责侦听云服务器是否发送过来数据的线程，当侦听到有数据发送来时，对这些数据进行解析，并进行处理。

2. 数据下行过程

HCI"寄信"给终端的下行过程可概括为：把标有收件人地址（UE 的 NIC 卡号，即 MAC 地址）的"信件"送到固定 IP 地址与端口，信息邮局根据收件人地址送到相应的终端。

当然这个过程的实际工作要复杂得多，但从应用开发角度只需要关注：信息传送由信息邮局负责，WiFi 应用产品开发人员只需专注于终端的软硬件设计，以及人机交互系统的软件开发。

综上所述，WiFi 终端负责数据采集及基本运行，控制执行机构，并把数据送往信息邮局，此时信息邮局已经抽象成具有固定 IP 地址的云服务器的某一端口，信息邮局侦听并接收终端发来的数据，并将其存入数据库，这就是数据上行过程。反之，信息邮局下发数据到终端，触发终端内部中断接收数据，这就是数据下行过程。

8.3 终端及云侦听模板的适应性修改

本节通过运行模板程序深入理解 WiFi 通信过程。

8.3.1 了解终端程序中的通信接口信息

1. WiFi 连接的网络名称与密码

打开终端模板程序（03-Software\CH08\AHL-CH32V303-WiFi-UE），查看终端程序中的通信接口信息。

AHL-CH32V303-WiFi 终端硬件通过 2.4GHz 频率的 WiFi 无线通信连接热点，需要配置目标网络的名称与密码。相关位置位于终端工程 07_AppPrg\includes.h 文件的第 169~170 行，如图 8-3 所示。无线通信频率 2.4GHz 是由 AHL-CH32V303-WiFi 硬件开发板上的 WiFi 模块自身决定的，这里不需要设定。

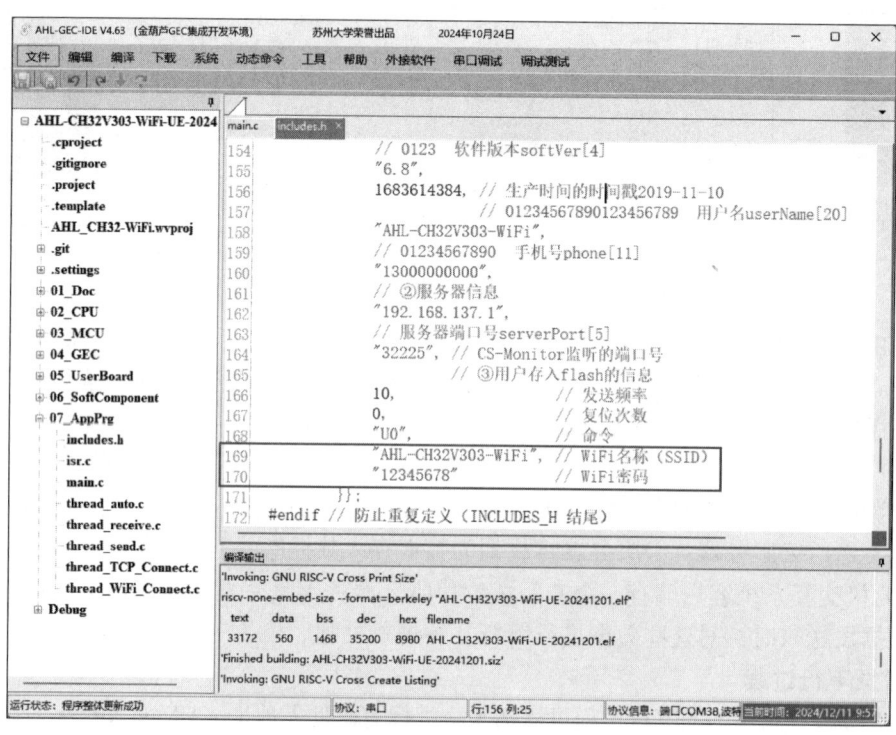

图 8-3　终端程序中 WiFi 名称与密码修改处

这样，编译下载程序到终端硬件运行后，终端将自动寻找 WiFi 网络名称为"AHL-CH32V303-WiFi"、密码为"12345678"的热点，以便进行通信。

2. 终端要访问的 IP 地址与端口

终端程序要访问的 IP 地址与端口在终端工程 07_AppPrg\includes.h 文件的第 162~164 行设定，如 192.168.137.1:32225，如图 8-4 所示。这个 IP 地址是 Windows 操作系统默认的 WiFi 共享网段，端口号是由用户自行设定，只要避免与一些特殊用途端口号冲突即可。

3. 运行过程中的注意事项

上面仅说明了终端程序中的通信接口信息，若需实际验证，可按以下步骤操作：在终端直接运行终端模板程序"03-Software\CH08\AHL-CH32V303-WiFi-UE"，在 PC 运行云侦听模板程序"03-Software\CH08\AHL-CS-Monitor"，在 PC 开启移动热点，查看通信流程。

注意：若周围有其他相同配置的设备，会导致 WiFi 网络名称发生冲突，因此，建议修改程序中的网络名称后再运行观察。

8.3.2　了解云侦听程序的通信接口信息

打开云侦听模板程序"03-Software\CH08\AHL-CS-Monitor"，查看云侦听程序的通信接口信息。

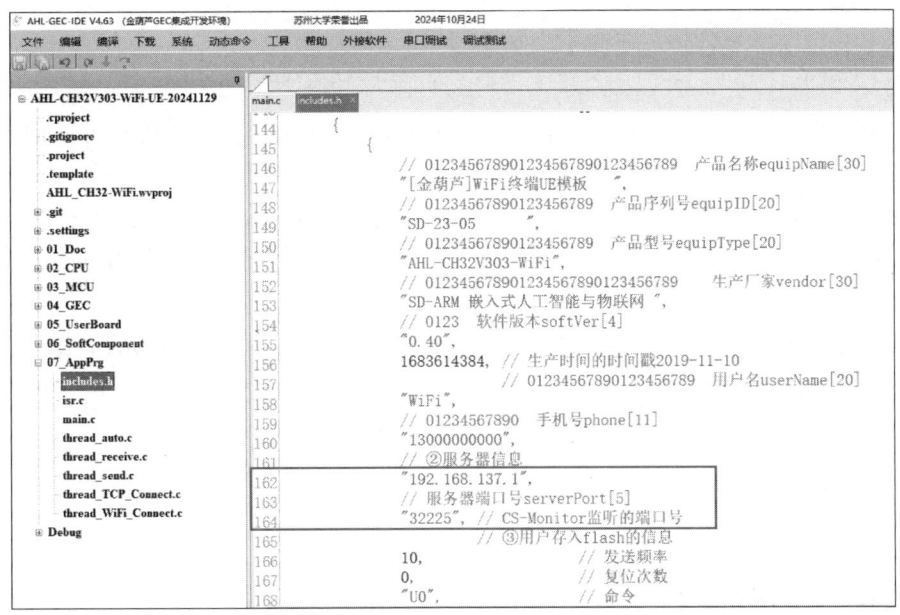

图 8-4　终端程序中要访问的 IP 地址及端口修改处

1. 云侦听程序 CS-Monitor 服务于终端的端口

云侦听程序 CS-Monitor 运行的计算机，其 IP 地址即为终端要访问的目标 IP 地址，服务于终端的端口，必须与终端程序中设置的端口一致。这个端口在 CS-Monitor 程序 04_Resource\AHL.xml 文件的第 12 行设定，如图 8-5 所示。若需要修改，必须与终端程序同时修改。

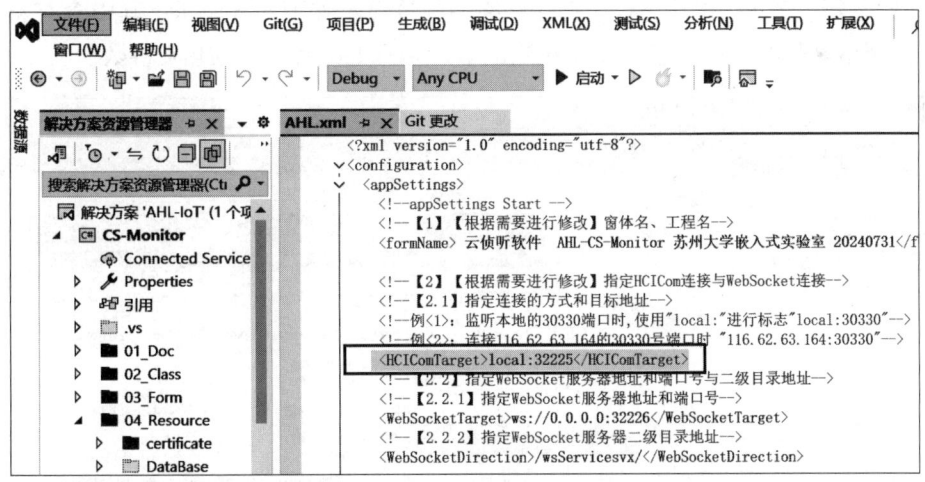

图 8-5　云侦听程序 CS-Monitor 服务于终端端口的修改处

2. 云侦听程序 CS-Monitor 服务于人机交互系统的端口

在云侦听 CS-Monitor 中，还有一个服务于人机交互系统（即 Web 网页、微信小程序等）的端口，在 04_Resource\AHL.xml 文件的第 13~17 行设定：

```
<!--【2.2】指定 WebSocket 服务器地址和端口号与二级目录地址-->
<!--【2.2.1】指定 WebSocket 服务器地址和端口号-->
```

```
<WebSocketTarget>ws://0.0.0.0:32226</WebSocketTarget>
<!--【2.2.2】指定 WebSocket 服务器二级目录地址-->
<WebSocketDirection>/wsServicesvx/</WebSocketDirection>
```

WebSocket[①]地址为 0.0.0.0 代表在 WebSocket 协议中服务器监听所有可用的 IP 地址，ws 为 WebSocket 的协议标识符，协议标识符是用于区分不同协议的唯一代码。WebSocket 服务器二级目录地址 wsServicesvx 主要服务于 AddWebSocketService 函数，作用是将 WebSocket 服务添加到指定的路径中，可以自行修改，但需与 Web 网页程序（如 Web.config 文件）中设置的子目录一致。

由此，运行这个模板程序，在终端程序运行正常、PC 开启移动热点的前提下，终端数据会被发送到云侦听界面显示。CS-Monitor 不仅侦听着终端数据，而且承担人机交互系统（Web 网页和微信小程序）的通信服务。

8.3.3 运行自己的终端程序

要运行自己的终端程序，步骤如下。

1. 复制终端模板并修改

首先将电子资源 "03-Software\CH06\AHL-CH32V303-WiFi-UE" 程序（注意芯片型号）复制并重命名为 UE-LX1-87654321-16666[②]，然后对它进行参数修改。例如，将 includes.h 文件中的端口号更改为 16666，将 WiFi 名称和密码分别修改为 WiFi-Test、87654321。修改好后删除 Debug 文件夹，重新编译并下载程序到终端运行。同步对 PC 移动热点做对应修改。

2. 下载运行

下载后运行，若 PC 移动热点未打开，终端屏幕显示如图 8-6 所示。其中含有希望要接入的 WiFi 网络名称及密码信息，需要在笔记本计算机上配置一致的热点参数。

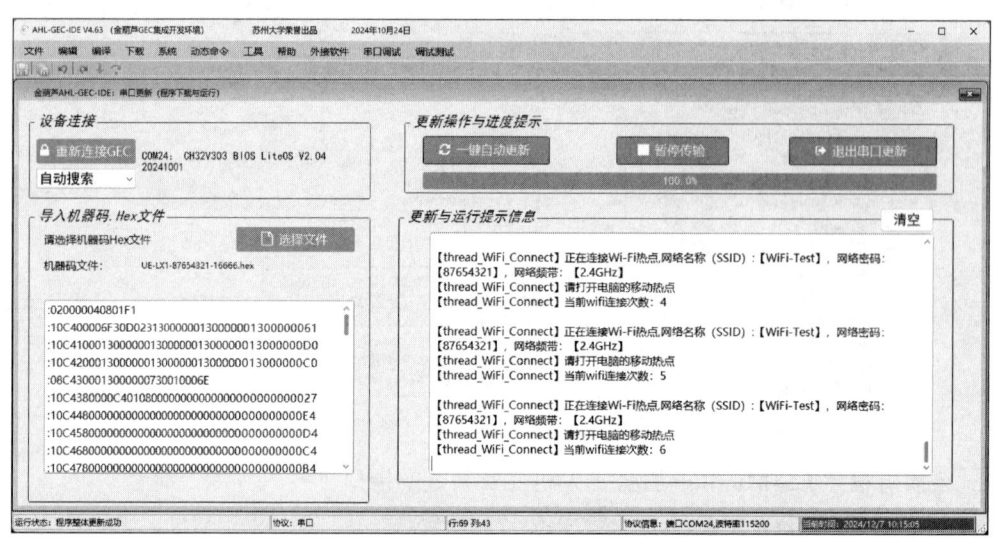

图 8-6　程序下载后的运行情况（PC 未打开移动热点）

---

① 云侦听程序与 Web 网页及微信小程序的通信，物理上基于以太网，逻辑上基于 WebSocket 协议。
② 文件名中包含网络名称、密码、端口等通信信息，以便程序运行时核对。

开通笔记本计算机的网络，设置并打开移动热点，终端显示如图8-7所示。

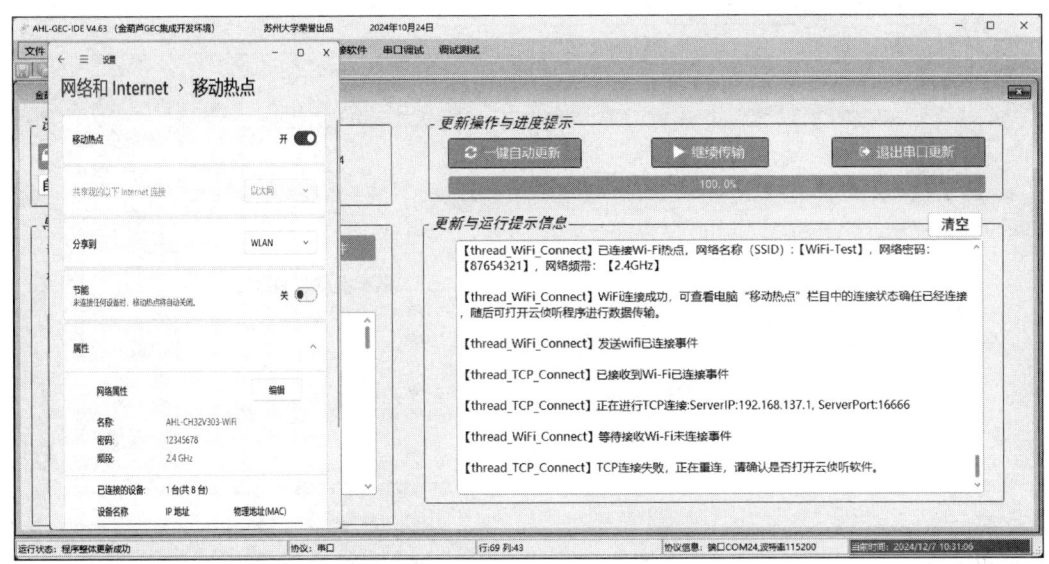

图8-7　移动热点开通后的显示情况

这表明WiFi终端已经连接笔记本计算机的移动热点，但尚未连接以太网目标地址（192.168.137.1:16666），这是因为云侦听程序还没有运行。接下来运行云侦听程序完成通信链路的建立。

8.3.4　运行自己的云侦听程序并连接终端

1. 复制云侦听模板并修改

首先将电子资源"03-Software\CH08\AHL-CS-Monitor"程序复制并重命名为CS-LX1-16666-16667[⊖]，然后对它进行参数修改。在04_Resource\AHL.xml文件中，将面向终端的端口号修改为16666，将面向人机交互系统HCI的端口号修改为16667，保存后运行该程序。

2. 基本操作步骤

在正确安装Visual Studio 2022（C#开发环境）的情况下，执行下列操作。

步骤1：运行云侦听程序。双击工程文件中的AHL-IoT.sln程序，进入该项目。打开04_Resource\AHL.xml文件，修改面向终端的端口和面向人机交互系统的端口，单击 ▶启动 - 按钮，运行该程序，等待数秒，系统会弹出云侦听程序的界面，如图8-8所示。

步骤2：等待终端发送数据。由于终端已经连接了移动热点并尝试连接云侦听程序，所以运行云侦听程序后，终端会自动连接到云侦听程序。等待数秒，云侦听程序就会收到并显示终端发来的数据，如图8-9所示。

步骤3：向终端回发数据。在收到终端数据后，可以通过云平台回发数据给终端。单击界面右上角的"回发"按钮，即可向终端回发数据。终端接收到回发的数据后，会解析此数据帧并根据此数据帧更新自身信息。此处将上传间隔修改为15s，单击"回发"按钮回发数据。

⊖　工程名中包含面向终端的端口号（16666）及面向人机交互系统的端口号（16667），以便运行时核对。

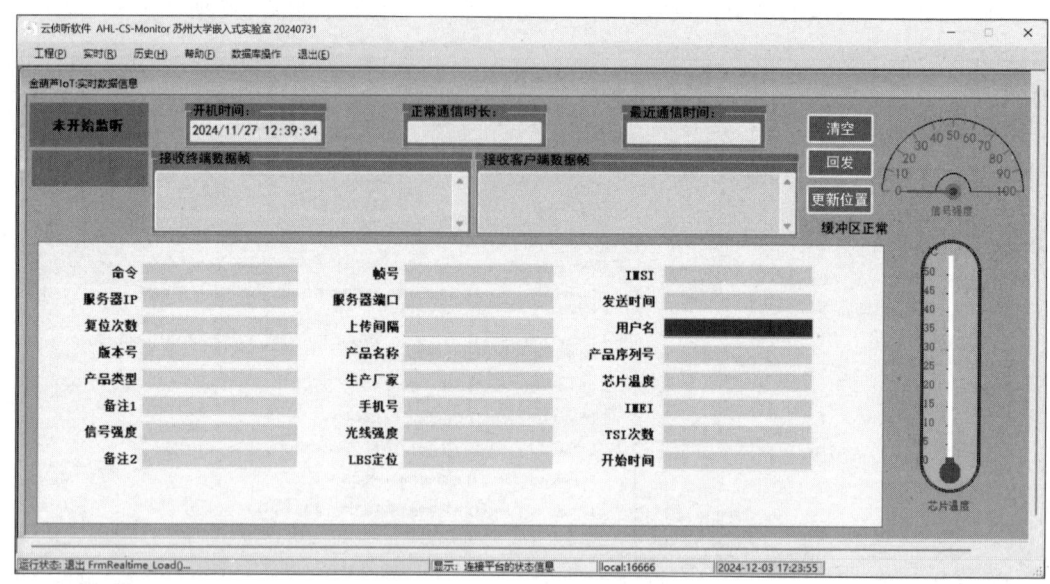

图 8-8　云侦听程序界面

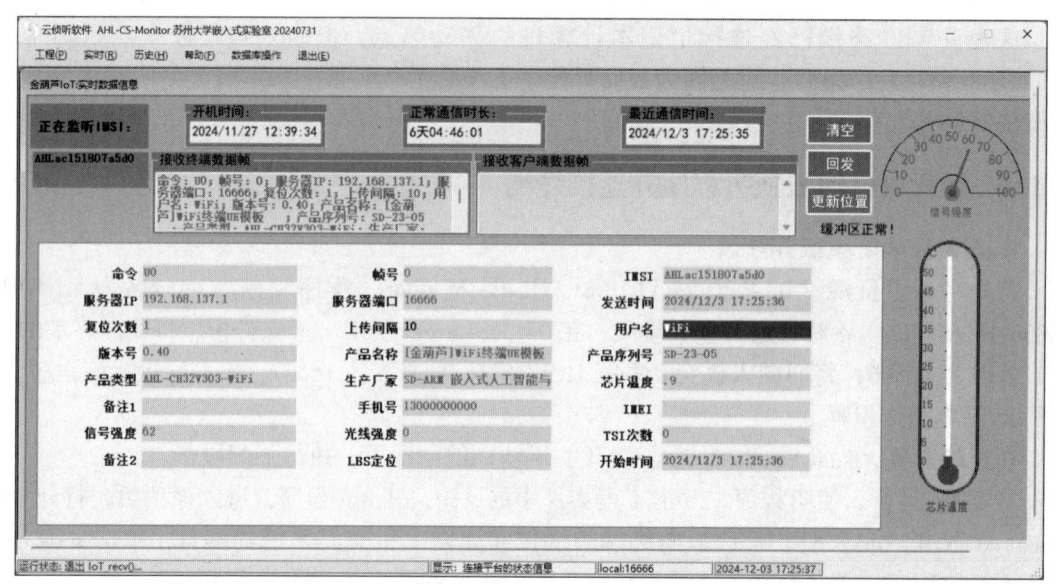

图 8-9　云侦听程序接收到数据

步骤 4：观察程序回发结果。等待 15s，云侦听程序会接收到终端数据发送的数据帧。观察云侦听程序收到的数据，可以看到，刚刚回发的数据确实被终端成功接收，上传间隔变为 "15"，如图 8-10 所示。这证明步骤 3 中回发的数据确实被成功接收并解析了。

云侦听程序界面的 "接收终端数据帧" 栏中，每收到一帧新的数据，其字符显示颜色变化，以便识别新的数据已经到来。

3. 关于使用 IMSI 号的说明

"IMSI" 文本框中显示的符号为 WiFi 终端的唯一标识，使用这个标识的目的是与 NB-IoT、Cat1、4G 等通信方式的编程逻辑一致，这里采用 AHL 后接 MAC 地址作为通信时 WiFi

终端的标识。IMSI（International Mobile Subscriber Identity）即国际移动用户识别码，是 GSM 系统分配给移动用户的唯一识别号。

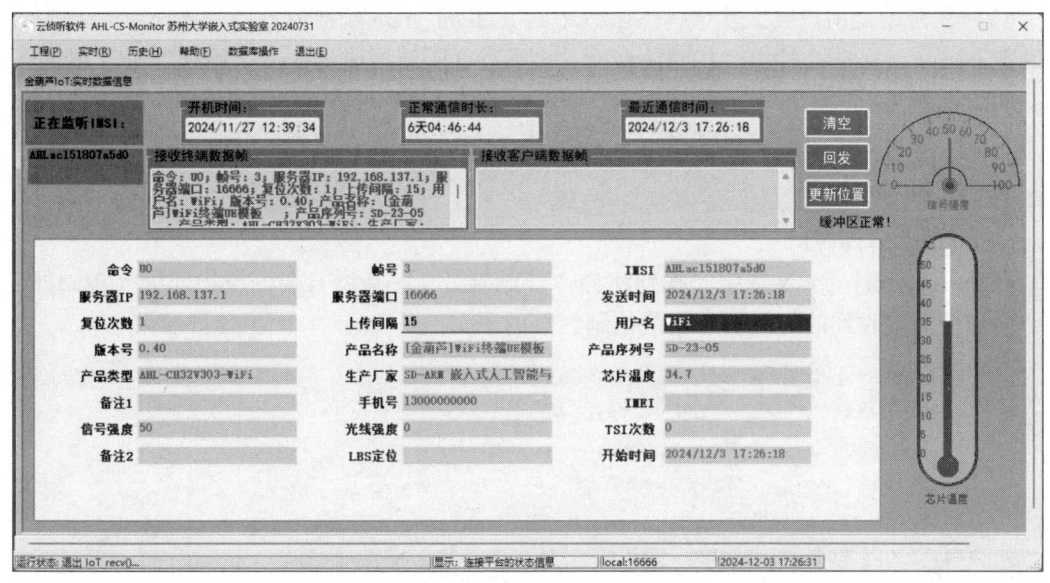

图 8-10　云侦听程序回发数据

至此，终端程序与云侦听程序已顺利运行，可以从云侦听程序界面观察有关物理量，体会物联网通信的基本流程。

8.3.5　新增一个物理量的方法

现要增加一个可以通过云端控制亮暗的红色小灯，下面给出终端程序及云端程序的修改步骤。

1. 终端新增一个物理量步骤

首先复制"UE-LX1-87654321-16666"工程，并重命名为"UE-LX2-87654321-16666"，然后在 AHL-GEC-IDE 环境下打开该工程，具体修改步骤如下。

（1）在 includes.h 头文件中增加一个变量声明

在 includes.h 头文件中，在 UserData 结构体的注释"【画瓢处1】-用户自定义添加数据"下添加红灯状态变量。

```
//【画瓢处1】-用户自定义添加数据
    uint8_t    redlight_state;        //红灯状态变量
```

也就是在用户数据帧结构体（UserData 结构体）中增加一个成员变量 redlight_state，用于表示红灯状态，这个状态可以通过这个结构体发送到云端（因为通信过程中收发的数据是整个结构体）。

（2）初始化红灯

在 thread_auto.c 文件中，找到注释"【画瓢处2】-初始化"处，增加对红灯初始化语句（实际干预硬件）。

```
//【画瓢处2】-初始化
    gpio_init(LIGHT_RED,GPIO_OUTPUT,LIGHT_OFF);    //初始化红灯为熄灭状态
```

(3) 在初始化用户数据帧结构体函数中给 redlight_state 赋初值

在 thread_auto.c 文件中，找到注释"【画瓢处3】-新增成员变量初始化"处，增加红灯状态初始化语句。

```
//【画瓢处3】-新增成员变量初始化
    data->redlight_state = 0;
```

(4) 控制红灯闪烁

在 thread_receive.c 文件中，找到注释"【画瓢处4】-新增云端可控物理量（控制处）"处，增加根据接收到的红灯状态变量控制红灯的语句。

```
//【画瓢处4】-新增云端可控物理量(控制处)
//根据接收到的红灯状态变量控制红灯------------------
    if (gUserData.redlight_state == 0)
        gpio_set(LIGHT_RED,LIGHT_OFF);
    else
        gpio_set(LIGHT_RED,LIGHT_ON);
//------------------------------------------------------------
```

(5) 编译并下载运行

至此，终端"画瓢"程序修改完毕。删除工程中原 Debug 文件夹，重新编译修改后的终端程序，下载到 GEC 中运行即可。下面介绍对 CS-Monitor "照葫芦画瓢"的修改过程。

2. 云端新增一个物理量的步骤

首先复制"CS-LX1-16666-16667"，并重命名为"CS-LX2-16666-16667"，然后在 Visual Studio 2022 环境下打开该工程，进行如下修改。

(1) 添加变量名和显示名

在工程的 04_Resource\AHL.xml 文件中，找到注释【画瓢处1】处，确认"画瓢处"的位置，添加显示新增红灯的字段。

```xml
<!--【画瓢处1】-此处可按需要增删变量,注意与MCU端帧结构保持一致-->
<!--【新增小灯】-添加显示新增红灯的字段-->
<var>
    <name>redlight_state</name>
    <type>byte</type>
    <otherName>红灯状态</otherName>
    <wr>write</wr>
</var>
```

其中，wr 表示可读写，即该变量的值改变后会被发回终端，以便终端根据该值控制红灯的亮暗。

(2) 添加该变量至命令"U0"中

继续在 AHL.xml 文件中找到注释【画瓢处2】处，找到命令 U0 后，将 redlight_state 变量添加到该命令的末端，这是云端发回终端的数据帧内容。

```xml
<!--【根据需要进行修改】通信帧中的物理量,注意与MCU端的帧结构保持一致-->
<!--【画瓢处2】-【新增小灯】添加变量至命令U0-->
<commands>
    ...
    <U0>cmd,sn,IMSI,serverIP,…,startTime,redlight_state</U0>
    …(此部分内容省略)
</commands>
```

3. 运行 CS-Monitor 测试控制红灯

添加完成后运行 CS-Monitor,显示图 8-11 所示的结果,界面中自动增加了一个"红灯状态"栏。在"红灯状态"文本框中输入 1,单击"回发"按钮,发现终端开发板上的红灯亮起;等下一轮数据更新后,若输入 0 再回发,红灯灭。由此可体会如何增加一个物理量以及数据的双向通信。注意:当"接收终端数据帧"列表框中的字符颜色发生改变时(表示接收到新数据),方可修改红灯状态并回发。

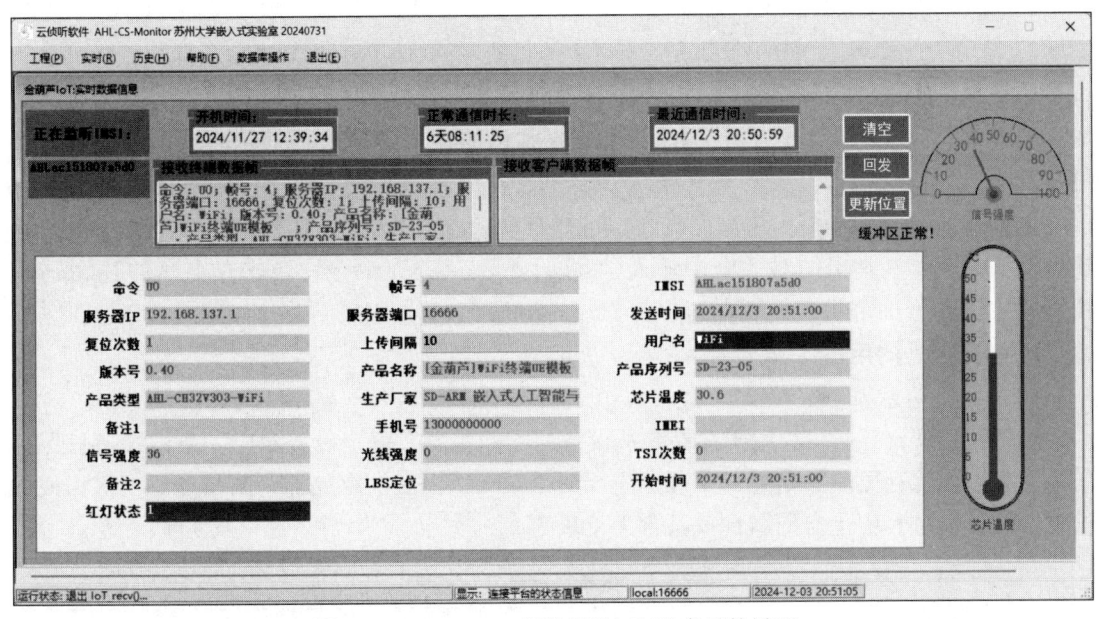

图 8-11　CS-Monitor 程序新增红灯状态后的界面

8.3.6　了解数据入库过程

终端上行的数据必须存储于合适的空间以便后期使用,人机交互系统下行的数据也需要中转存储,这些工作需要使用数据库实现。在计算机体系中,数据库的形式多种多样,本书选择 Microsoft SQL Server 数据库来存储系统数据。

1. 查看数据库与表的简单方法

在云侦听工程中,使用 AHL-IoT.mdf 文件存放数据,该文件位于工程的 04_Resource\DataBase 文件夹内(该文件夹内还有另一个文件 AHL-IoT_log.ldf,它是自动生成的日志文件)。

AHL-IoT.mdf 内包含多张数据表,每张数据表都由行和列组成,每一列称为一个字段,每一行称为一条记录。可以在 C#开发环境中查看数据库与表,具体步骤如下。

(1) 查看数据库

可以利用"服务器资源管理器"查看数据库。

1) 单击"视图"→"服务器资源管理器"命令,在弹出的"服务器资源管理器"窗口中右击"数据连接"项,在弹出的快捷菜单中单击"添加连接"命令,出现"添加连接"对话框。

2) 将"数据源"改为"Microsoft SQL Server 数据库文件",单击"浏览"按钮,根据工程路径选择需要查看的数据库文件 AHL-IoT.mdf。

3) 单击"测试连接"项,弹出"测试连接成功"对话框,依次单击"确定"按钮退出对话框。

此时,"服务器资源管理器"中的"数据连接"下会显示"AHL-IoT.mdf",这就是要查看的目录数据库。

(2) 查看数据库内的表

1) 单击"AHL-IoT.mdf"前的小箭头"▶",展开"▷ ■ 表 ▶"等栏目。

2) 单击"■ 表"前的小箭头"▷",即可查看 AHL-IoT 所含的表。例如,Device 为设备信息表、Down 为下行数据表、Up 为上行数据表。

以查看上行数据表 Up 为例,右击 Up 表在弹出的菜单中单击"显示表数据"命令,即可显示 Up 表的数据。

也可以采用 SQL(结构化查询语言)进行查询:右击 Up 表,在弹出的菜单中单击"新建查询"命令,在弹出的对话框中输入"select * from Up"命令,单击左上角 ▶ 按钮,执行 SQL 语句,即可实现数据查询。

2. 各数据表的用途

(1) 设备信息表

设备信息表(Device)用于存储终端设备的配置信息,每个设备对应一条记录,只保存最新信息,不保存更改的信息,主要记录存储于 GEC 内 Flash 存储器中的与设备配置相关的信息。设备信息表中包含的属性及其含义见表 8-2。

表 8-2 设备信息表(Device)

属 性 名	数 据 类 型	数 据 含 义	备 注
ID	int	主键	每增加一条数据自动加一
equipName	nvarchar(50)	产品名称	
equipID	nvarchar(50)	产品序列号	
equipType	nvarchar(50)	产品型号	
vendor	nvarchar(50)	生产厂家	
softVer	nvarchar(50)	版本号	
productTime	nvarchar(50)	生产时间	
userName	nvarchar(50)	用户名	
phone	nvarchar(50)	手机号	

(续)

属 性 名	数 据 类 型	数 据 含 义	备 注
serverIP	nvarchar(50)	服务器 IP	
serverPort	nvarchar(50)	服务器端口号	
sendFrequencySec	nvarchar(50)	上传间隔	
resetCount	nvarchar(50)	复位次数	
cmd	nvarchar(20)	识别命令	
frameCmd	nvarchar(20)	帧格式命令	

（2）上行数据表

上行数据表（Up）用于存储所有上行数据，支持存储多种格式的数据，如不同帧格式的数据，通过命令可筛选出有效字段。该表包含的字段及其含义见表 8-3。

表 8-3 上行数据表（Up）

字 段 名	数 据 类 型	数 据 含 义	备 注
ID	int	主键	每增加一条数据自动加一
sn	nvarchar(20)	帧号	
IMSI	varchar(500)	IMSI 号	
serverIP	varchar(500)	服务器 IP	
serverPort	varchar(500)	服务器端口	
currentTime	nvarchar(80)	发送时间	
resetCount	varchar(500)	复位次数	
sendFrequencySec	nvarchar(40)	上传间隔	
userName	varchar(500)	用户名	
softVer	varchar(500)	版本号	
equipName	nvarchar(300)	产品名称	
equipID	nvarchar(200)	产品序列号	
equipType	nvarchar(200)	产品类型	
vendor	varchar(500)	模板提供方	
mcuTemp	nvarchar(40)	芯片温度	
phone	nvarchar(110)	手机号	
IMEI	varchar(500)	IMEI 号	
signalPower	varchar(500)	信号强度	
touchNum	nvarchar(20)	TSI 触发次数	
lbs_location	nvarchar(250)	LBS 定位信息	

（3）下行数据表

下行数据表（Down）用于存储所有的下行数据，本表也支持多种格式的数据，如不同帧格式的数据，可通过命令筛选出有效字段。该表结构与上行数据表结构一致。

3. 操作数据库的基本编程方法

为了方便读者操作数据库，本书给出的模板程序中包含了封装好数据库的操作类 SQL-Command，通过使用该类可完成大部分的数据库操作，这里以查询 Device 表为例，说明其使用方法。

（1）获取数据库连接字符串

在 CS-Monitor 程序的 App.config 文件中，AppSettings 域提前存放好了数据库连接字符串。

```
string connectionString = System.Configuration.ConfigurationManager.AppSettings
["connectionString"];
```

（2）创建数据库操纵对象

```
SQLCommandsqlDevice = new SQLCommand(connectionString,"Device");
```

其中，connectionString 为数据库连接字符串，可参照样例工程书写，也可自行搜索资料。

（3）对数据库中表的基本操作

1）在数据表中新增一行数据。

```
sqlDevice.insert(column,value);    //column 为列名，value 为对应值
```

2）删除数据表中一行数据。

```
sqlDevice.deleteNeed(column,value);
```

3）修改数据表中一行数据。

```
sqlDevice.update(ID,column,value);    //ID 为数据行唯一标识
```

4）查询数据表中所有数据。

```
DataTable dt = sqlDevice.select();    //将查询结果存入 dt 对象中
```

至此，完成了查询数据表的操作，对于参数的详细说明及其他方法请参考类的说明文件。

8.4　运行 Web 网页

Web 网页程序是一种可以通过 Web 浏览器访问的应用程序，其最大优点是用户只需要通过联网计算机的 Web 浏览器即可进行访问，不需要安装其他软件。通过 Web 网页访问物联网终端、获取终端数据并实现对终端的干预，是物联网应用开发的重要一环，也是物联网应用开发生态体系的一个重要知识点。本节将从共性技术角度，阐述 WiFi 应用系统如何利用 Web 网页实现对 AHL-CH32V303-WiFi 终端的数据访问。

8.4.1 运行 Web 源码访问终端数据

Web 网页只与云侦听程序打交道，即使通过 Web 网页上的操作按钮干预终端设备也是通过云侦听程序完成的，它不能直接干预终端。因此，只存在基于以太网的 Web 网页程序与云侦听程序之间的通信。两者之间的通信基于 WebSocket 协议，在 Web 网页与云侦听程序建立 WebSocket 连接后，云侦听程序从终端收到的数据会主动发送给 Web 网页，Web 网页也可以做到数据回发。

1. Web 网页程序的适应性修改

Web 网页模板程序路径为"03-Software\CH08\AHL-IoT-Web"，读者需要将其修改为自定义的 Web 网页程序。例如，复制模板程序并重命名为"Web-LX1-16667"，然后进行与云侦听程序"CS-LX1-16666-16667"相匹配的适应性修改。建议在文件名字中显式包含云侦听程序服务于 Web 网页的端口，以避免运行的程序不配套。"Web-LX1-16667"工程修改步骤如下。

（1）修改 Web.config 的配置

双击解决方案文件.sln 进入工程的开发环境，单击配置文件 Web.config，参考下面的内容修改端口配置，注意要与云侦听 AHL.xml 文件中设定的 WebSocket 服务器地址和端口号保持一致。

```
<!--更改此处的 value 为自己的服务器域名加端口号-->
<add key="connectionPathString" value="ws://192.168.137.1:16667/wsServicesvx"/>
<!--用于网页显示，更改连接地址的时候要一起更改/>-->
<add key="connectionPathString1" value="192.168.137.1:16667"/>
```

（2）配置文件与云侦听程序的衔接

云侦听程序"CS-LX1-16666-16667"的 AHL.XML 文件中指定了地址、二级目录地址及端口号，需在 Web.config 配置文件中对地址和端口进行同步配置。其中，ws 为 WebSocket 协议标识符；云侦听程序"CS-LX1-16666-16667"的 AHL.xml 文件在 WebSocketDirection 节点指定了 WebSocket 服务器端的二级目录地址 wsServicesvx，该地址用于 Nginx 反向代理，只要云侦听程序与这里的设置一致即可，也就是说若改动需要同时改动。关于 Nginx 反向代理，读者可不必深入了解，WebSocket 通信可以作为 Web 程序编程的知识起点。

2. 运行 Web 网页程序观察终端实时数据

若要在 Web 网页观察到终端实时数据，步骤如下。

（1）下载并运行终端程序 UE-LX1-87654321-16666

这个程序需完成 8.3.3 小节的修改，运行后打开笔记本计算机的移动热点，并确认终端已经连接上。

（2）运行云侦听程序 CS-LX1-16666-16667

这个程序需完成 8.3.4 小节的修改。在终端程序正确运行并成功连接笔记本计算机的移动热点的基础上，运行本程序。若数据能够正常传输，将出现类似图 8-9 所示的界面，观察界面上显示的服务端口。

（3）运行 Web 网页程序

在终端程序、云侦听程序均正确运行的基础上，运行 Web 网页程序"Web-LX1-16667"。

单击顶部菜单 ▶ IIS Express (Microsoft Edge) （浏览器）⊖可运行该工程。进入首页之后单击"实时数据"选项卡，进入"实时数据"界面（见图 8-12），可以显示终端的实时数据。若网页无数据，进行如下排查。

图 8-12　Web 网页"实时数据"界面

1）保持移动热点正常连接，有显示终端设备的连接信息。

2）检查云侦听程序界面是否有数据显示，并关注界面中的上传时间是否更新。

3）确认 Web 网页程序与云侦听程序的接口设置是否一致。

继续运行观察，正常情况下，数据将在短时间内加载完成。

（4）确定 Web 网页的数据正确性

数据加载后，核对并观察以下内容。

1）通信基础信息。终端的唯一标识 IMSI（AHL 加上 WiFi 模块的 MAC 地址，可在移动热点的属性中查询到）、云侦听程序运行的 IP 地址、服务于终端的端口、服务于人机交互系统的端口。

2）终端的基本信息。例如，系统时间、产品类型、芯片温度（手按芯片，温度是否会改变）等。

（5）数据回发测试

在实时数据侦听网页在接收到数据后的上传时间间隔内，修改页面中白色背景文本框中的数据，单击"回发"按钮，即可将数据发送到终端。如果终端的数据得到更新，则表示数据已成功传输。

⊖　也可改用默认的浏览器，单击右侧的下拉箭头，选择"使用以下工具浏览"项，此时会弹出一个对话框，在对话框右侧选择常用的浏览器，并单击右侧的"设为默认值"按钮，接着单击"浏览"按钮，即可完成更改。

3. 终端增加一个红灯后 Web 页面实时数据

在 8.3 节中，终端程序 UE-LX2 是在 UE-LX1 的基础上增加了一个红色小灯，对应地，CS-LX1 被修改为 CS-LX2，需正确运行它们。

但 Web 网页程序不需要做任何修改，即可实现对新增"红灯状态"物理量的显示。这是因为 Web 程序的基本数据展示代码是根据从云侦听程序获得的数据动态生成的，对于不同的物理量使用场景具有良好的通用性。

当 UE-LX2、CS-LX2 正确运行后，继续运行网页程序 Web-LX1-16667，如图 8-13 所示。与图 8-12 相比，可以看到在该图的左下角处增加了"红灯状态"文本框。

图 8-13　增加红灯状态显示的 Web 实时数据界面

4. 运行 Web 网页程序的注意事项

在多人同时进行实验的场合，需要按照一个约定的规则设定 WiFi 网络名称、云侦听服务于终端及人机交互系统的端口号，避免发生冲突。

8.4.2 在实时数据界面增加控制按钮

对于添加了红灯物理量的终端和云侦听程序，Web 程序可以根据从云侦听程序获得的数据实现动态数据展示。本小节将介绍添加按钮并通过按钮实现控制红灯物理量的方法。

复制上一小节的"Web-LX1-16667"程序并重命名为"Web-LX2-16667"，在 Visual Studio 2022 环境下打开该工程，进行如下修改。

1. 添加小灯控制按钮

在工程的 03_Web\realtime.aspx 页面程序中，搜索注释【画瓢处 1】，在其下添加两个按钮标签，分别用于控制红灯物理量的亮灭。

```
<% --【画瓢处1】添加用户自己的按钮 --%>
<input id="btn_lighton" class="span2 offset8" style="margin-right: 70px;" type="button" value="点亮"
```

```
            data-action="on" onclick ="light_set(this)"/>
<input id="btn_lightoff" class="span2 offset10" style ="margin-right: 70px;" type=
"button" value="熄灭"
            data-action="off" onclick ="light_set(this)"/>
```

其中，data-action 属性用于设置小灯状态的参数，单击按钮触发的事件处理函数将根据该属性值设置回发命令中关于控制小灯亮灭的信息。

2. 编写设置小灯按钮的 light_set 事件

在工程的 03_Web\realtime.aspx 页面程序中，搜索注释【画瓢处 2】，在其下添加 light_set 事件的相关代码，用于处理当用户单击按钮时执行回发控制命令。

```
<%--【画瓢处2】添加开灯、关灯按钮事件--%>
// ==========================================================================
//函数名称：light_set
//函数参数：无
//函数返回：无
//函数说明：button 为按钮元素本身，利用它来获取按钮的各种属性信息
//         button.data.action="off"时熄灭小灯，button.data.action="on"时点亮小灯
// ==========================================================================
function light_set(button){
    //先将控件全部清除
    flag = 0;      //将全局标志初始化为 0
    var jsonObj = JSON.parse(g_JSon);
    var obj = jsonObj["data"];
    var count = obj.length;
    //遍历获取文本框中的当前值
    for (var i = 0; i < count; i++) {
        var str = "#txt_" + obj[i].name;
        if (str == "#txt_currentTime") {
            var timestamp = Date.parse(new Date()) + 8 * 3600 * 1000;
            obj[i].value = ("" + timestamp).slice(0, 10);
        }
        else if (str == "#txt_mcuTemp") {
            var temp = parseFloat( $(str).val()) * 10 + "";
            obj[i].value = temp;
        }
        else {
            obj[i].value = $(str).val();
        }
        //控制小灯状态
        if (obj[i].name == "redlight_state") {
            if (button.dataset.action === "on")
                obj[i].value = "1";              //点亮红灯
            if (button.dataset.action === "off")
                obj[i].value = "0";              //熄灭红灯
        }

    }
    //回发的 JSON 格式
    jsonObj["command"] = "send";                 //回发命令"send"
    jsonObj["source"] = "web";                   //来源"web"
    jsonObj["dest"] = g_IMSI;
    jsonObj["password"] = "";
```

```
        var last = JSON.stringify(jsonObj);    //转换为JSON格式发送
        ws.send(last);
        $("#inf_states").html("数据已回发");
    }
```

3. 运行 Web 程序测试控制红灯

添加完成后，运行 8.3.5 小节添加了红灯物理量的终端程序"UE-LX2-87654321-16666"和云侦听程序"CS-LX2-16666-16667"，以及本节添加了红灯控制按钮的 Web 程序"Web-LX2-16667"，出现图 8-14 所示的结果，界面中增加了"点亮"和"熄灭"按钮。若终端设备上的红灯亮起，单击"熄灭"按钮，等待命令回发完成，会看到红灯熄灭；反之亦然。

图 8-14　在 Web 实时数据界面增加了控制红灯的按钮

8.4.3　在 Web 网页程序中找到对应物理量

在 Web 程序中，物理量的监测和展示通常遵循一个固定的模式。以"芯片温度"物理量为例，其实现涉及以下几个关键步骤。

1. 数据获取：与云侦听程序实时交互

（1）建立 WebSocket 连接

WebSocket 是此系统实现实时通信的基础。通过调用 WebSocket() 方法，Web 网页主动向服务器发送握手请求，服务器响应后，Web 网页与服务器端建立双向连接。

```
        ws = new WebSocket(connectPath);
```

这里的 connectPath 是从 Web.config 配置中动态获取的链接地址，使系统可以适配不同的网络环境。连接成功会触发 ws.onopen 事件，完成初始化。

```
        $("#lblCloudMonitorStatus").html("云程序连接成功");
```

(2)数据的接收与解析

服务器通过 WebSocket 返回数据时,ws.onmessage 事件被触发。接收的数据为 JSON 格式,解析后转为对象以便处理。

```
var jsonObj = JSON.parse(event.data);
var obj = jsonObj["data"];
```

数据对象包含物理量的名称、值及可写权限等键值对。例如芯片温度(mcuTemp 字段):

```
if(obj[i].name == "mcuTemp"){
    ChipTemp = obj[i].value /10;    //转换为摄氏度
}
```

至此,系统成功获取到实时物理量数据,接下来进入展示和交互阶段。

2. 动态展示:控件的生成与数据填充

系统在接收到数据后,会根据数据结构动态生成前端展示控件,这种动态性确保界面能够适应不同设备或数据集。

(1)静态控件的自动生成

在进入实时数据界面时,系统首先使用循环根据物理量的数量和属性拼接 HTML 代码,生成一组与物理量对应的空白文本框控件。

```
str1 +='<div class="span3"><div class="control-group">'
    +'<label for="txt_'+ obj[i].name +'">'+ obj[i].otherName +'</label>'
    +'<input type="text" id="txt_'+ obj[i].name +'" value="'+ temvalue +'">'
    +'</div></div>';
```

最终将拼接好的 HTML 添加到界面容器中。

```
$('#DataShowDiv').html("");        //清除控件
$('#DataShowDiv').html(str1);      //生成控件
```

(2)数据动态更新

当实时数据被接收到时,系统会更新对应控件的值,使用户总能看到最新的设备状态。例如,对于芯片温度,系统将最新值填充到对应的文本框。

```
$('#txt_mcuTemp').val(ChipTemp);
```

如果某些物理量是只读的(wr == "read"),系统会自动禁用这些文本框并设置背景色。

```
if(obj[i].wr == "read"){
    var str = "#txt_" + obj[i].name;
    $(str).attr("disabled", "disabled");
    $(str).css("background-color", "#F0F5FC");}
```

3. 可视化展示:图表化物理量

为了增强数据展示的直观性,系统使用 ECharts 绘制了图表。例如,对于芯片温度,使用了仪表盘(Gauge)图表。

(1)图表初始化

在接收到数据后,首先初始化图表控件,绑定到界面的指定位置。

```
mychart3 = echarts.init(document.getElementById('PicShowDiv3'));
```

（2）获取温度值

```
if(obj[i].name == "mcuTemp")
    ChipTemp = obj[i].value/10;
```

（3）数据的图表化

通过设置图表的配置项，生成一个显示当前芯片温度的仪表盘。

```
option3 = {
    series: [
        {
            type:'gauge',
            min: 0,
            max: 50,
            detail:{formatter:'{value}℃'},
            data:[{ value: ChipTemp,name:'芯片温度'}]
        }
    ]
};
mychart3.setOption(option3);
Chart3(ChipTemp); //生成图表
```

当新的温度数据到来时，图表会动态更新以反映最新状态。

4. 数据交互：参数的修改与提交

除了展示物理量，系统还允许用户对某些参数进行修改，并通过 WebSocket 回发到服务器。可写的物理量会生成可编辑的文本框。

```
tableChangeHtml +='<input type="text" id="txt_'+ obj[i].name +'" value="'+ temvalue +'">';
```

当用户修改了参数并提交时，系统将这些值封装成 JSON 数据并发送至服务器。

```
jsonObj["command"] = "write";
jsonObj["value"] = updatedValue;
ws.send(JSON.stringify(jsonObj));
```

这种设计使得 Web 网页与服务器之间实现了双向交互。

8.5 运行微信小程序

2017 年 1 月 9 日，腾讯公司推出的微信小程序正式上线，这是一种不需要下载安装即可使用的应用。它实现了应用"触手可及"的梦想，用户通过扫码或者搜索小程序名即可打开应用。在联网状态下，可以在手机或者平板等移动设备上，借助微信打开微信小程序访问 WiFi-IoT 终端的数据，实现对终端数据的查询及控制。与普通手机 App 相比，微信小程序具有无须下载、不占用手机存储空间、加载速度快等优势，具有重要的应用价值。

8.5.1 下载并安装微信开发者工具

微信小程序的开发环境为微信开发者工具，这是一款支持小程序编辑、模拟和调试的工具。访问 https：//mp.weixin.qq.com/debug/wxadoc/dev/devtools/download.html，下载最新稳定版本。下载完成后直接运行安装程序，按照程序引导完成安装。

8.5.2 打开微信小程序源码

微信小程序和云侦听程序之间的通信同样基于 WebSocket 协议。在微信小程序与云侦听程序之间建立 WebSocket 连接后,云侦听程序从终端收到的数据会主动发给微信小程序,微信小程序也可以做到数据回发。

在正确运行终端程序"UE-LX1"、云侦听程序"CS-LX1"的基础上,运行微信小程序"Wx-LX1"。微信小程序模板程序路径为"03-Software\CH08\AHL-IoT-Wx"。复制模板程序并重命名为"WX-LX1-16667",然后进行与云侦听程序"CS-LX1-16666-16667"相匹配的适应性修改,步骤如下。

1. 进入微信小程序开发环境

首次导入工程,可按照下列步骤操作。

1)运行微信开发者工具,出现扫码登录界面,可选择游客模式进入开发环境⊖。进入后,单击右侧的"导入"按钮,导入刚才复制的 Wx-LX1 文件夹,进入导入项目界面(也可双击解决方案文件.wxss 打开工程)。

2)在导入界面,选中后端服务条目中的"不使用云服务"复选框,单击右下角的创建按钮,随后单击"信任并运行"按钮,即可进入开发环境,如图 8-15 所示。

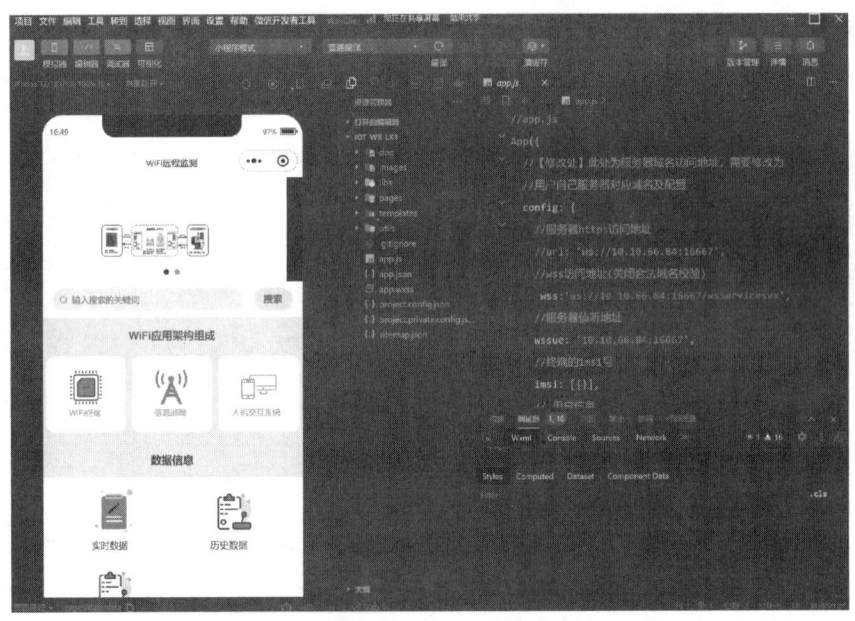

图 8-15 导入工程

2. 了解编辑界面

打开工程下 pages\data\data.wxml 文件,该文件用于构建左侧模拟器视图显示的界面,如图 8-16 所示。总共有三大区域,分别是模拟器视图、编辑器视图和调试器视图。编辑器视图又分为目录结构和代码编辑区。通过视图开关可以选择需要显示的视图区域。

⊖ 若需要进行微信小程序的发布,需要一些手续,本书只阐述物联网体系下微信小程序的开发方法。

第 8 章　基于 WiFi 通信的物联网应用开发

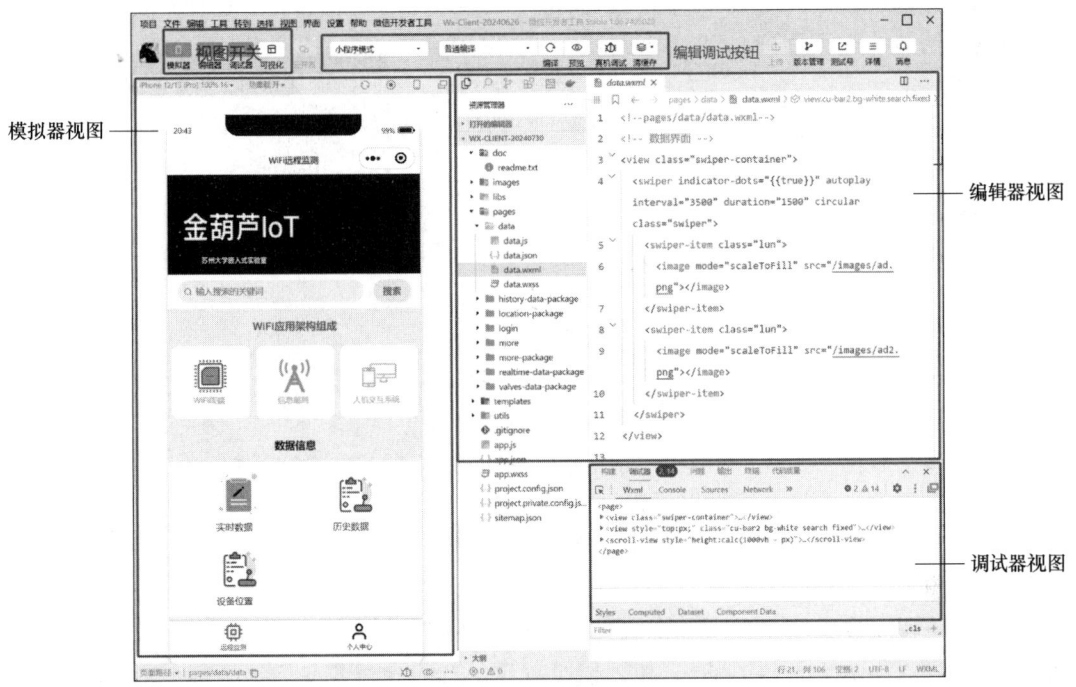

图 8-16　微信小程序工程编辑界面

3. 修改配置文件中的通信接口信息

双击解决方案文件 app.wxss 进入工程开发环境（须已安装微信开发者工具），单击配置文件 app.js，参考下面内容修改端口配置。注意：要与云侦听 AHL.xml 文件中设定的 WebSocket 服务器地址和端口号保持一致。

```
//wss 访问地址(关闭合法域名校验)
wss:'ws://192.168.137.1:16667/wsServicesvx',
//服务器侦听地址
wssue:'192.168.137.1:16667',
```

8.5.3　运行微信小程序观察终端实时数据

1. 运行微信小程序

单击开发环境界面上方的"编译"按钮，进行代码的编译与运行，可以看到左边的模拟器视图被刷新。至此，完成了样例工程在模拟器上的运行。

进入首页之后可单击"数据信息"选项区域中的"实时数据"按钮进入"实时数据"界面。在终端及云侦听程序正确运行的前提下，稍等片刻即可加载数据，如图 8-17 所示。

若无数据，进行如下排查。

1）检查云侦听界面是否有数据显示，并关注界面中的上传时间是否更新。

2）确认微信小程序与云侦听程序的接口设置是否一致。

再继续运行观察，正常情况下数据将自动加载。

2. 确定微信小程序的数据正确

数据加载后，核对并观察以下内容。

1）通信基础信息。例如，终端的唯一标识 IMSI（AHL 加上 WiFi 模块的 MAC 地址，可在移动热点的属性中查询到）、云侦听程序运行的 IP 地址、服务于终端的端口、服务于人机交互系统的端口。

2）终端的基本信息。例如，系统时间、产品类型、芯片温度（手按芯片，温度是否会改变）等。

3. 数据回发

微信小程序在接收到终端数据的 10s 内，可修改界面中的可编辑字段的值，滑动至界面最下方，单击右下方的"回发"按钮，回发数据给终端。如果终端数据得到相应的更新，则表示微信小程序已将数据回发给终端，此为下行数据过程。如果在几秒后微信小程序上更新了刚刚修改的数据，则表明终端成功将修改后的数据上传到微信小程序，此为上行数据过程。

4. 观察添加了红灯状态的微信小程序实时数据界面

同观察添加了物理量的 Web 实时数据界面相似，将终端和云侦听程序改为 8.3.5 小节中添加了物理量的终端程序"UE-LX2-87654321-16666"和云侦听程序"CS-LX2-16666-16667"。

相似地，对于微信小程序而言也不需要做任何修改，即可实现对新增"红灯状态"物理量的显示。这是

图 8-17 "实时数据"界面

因为微信小程序的数据展示代码是根据从云侦听获得的数据动态生成的，对于不同的物理量使用场景具有良好的通用性。

在终端程序、云侦听程序均正确运行的基础上，运行微信小程序"WX-LX1-16667"，进入"实时数据"界面，单击"设置"按钮，选中"红灯状态"显示条目，返回并观察红灯状态信息，如图 8-18 所示。

图 8-18　添加了红灯物理量的微信小程序实时数据界面

8.5.4 在实时数据界面增加按钮

对于添加了红灯物理量的终端和云侦听程序，微信小程序可以根据从云侦听程序获得的数据实现动态数据展示。本小节将介绍添加按钮并通过按钮实现控制红灯物理量的方法。

复制上一小节的"WX-LX1-16667"程序并重命名为"WX-LX2-16667"，在微信小程序开发者工具中，打开该工程，进行以下修改。

1. 添加小灯控制按钮

在工程的"pages/realtime-data-package/realtime-data/ realtime-data.wxml"页面程序中，搜索注释【画瓢处1】，在其下添加两个按钮标签，分别用于控制红灯物理量的亮灭。

```
<%--【画瓢处1】添加用户自己的按钮 --%>
<input id="btn_lighton" class="span2 offset8" style="margin-right:70px;"type=
"button" value="点亮"
    data-action="on" onclick="light_set(this)"/>
<input id="btn_lightoff"class="span2 offset10"style="margin-right:70px;"type=
"button" value="熄灭"
    data-action="off" onclick="light_set(this)"/>
```

2. 编写设置小灯控制按钮事件

在工程的"pages/realtime-data-package/realtime-data/ realtime-data.wxml"程序中，搜索注释【画瓢处2】，在其下添加单击控制小灯按钮的事件处理函数btn_light。

```
//<!--【画瓢处2】添加开关按钮事件-->
// ================================================================
//事件名称: btn_light
//触发条件: 点击"点亮"或"熄灭"按钮
//事件功能: 设置小灯
// ================================================================
btn_light: function(e) {
 var id;
 var that = this;
 var myarray = [];
 var dest;
 id = e.currentTarget.id;
 console.log(e)
 //(1)进行数据转换
 for (var i = 0; i < that.data.array.length; i++) {
  if (that.data.array[i].data.name == "IMSI") {
     dest = that.data.array[i].data.value}
  else if (that.data.array[i].data.name == "currentTime") {
     that.data.array[i].data.value = Date.parse(new Date())/1000 + 28800}
  else if (that.data.array[i].data.name == "mcuTemp") {
     that.data.array[i].data.value *= 10;}
  else if (that.data.array[i].data.name == "startTime") {
     that.data.array[i].data.value = Date.parse(new Date())/1000 + 28800}
  //小灯控制
  else if (that.data.array[i].data.name == "redlight_state") {
     console.log(e.currentTarget.dataset.light)
     that.data.array[i].data.value = e.currentTarget.dataset.light;}
  //存入数据保存
  var newarray = that.data.array[i].data;
```

```
        myarray = myarray.concat(newarray)
      }
      //(2)回发数据
      wx.sendSocketMessage({
       data:JSON.stringify({
        command: "send",          //回发命令"send"
        source: "WeChat",         //来源"微信"
        dest: dest,               //接收方"IMSI号"
        password: "",
        data: myarray             //全部数据
       })
      });
     }
```

3. 运行微信小程序测试控制红灯

添加完成后，运行 8.3.5 小节添加了红灯物理量的终端程序和云侦听程序及本小节添加了红灯控制按钮的微信小程序，出现图 8-19 所示的结果，界面中增加了"点亮"和"熄灭"的按钮。若终端设备上的红灯为亮，单击"熄灭"按钮并等待命令回发完成，可观察到终端设备红灯熄灭；反之亦然。

图 8-19　微信小程序新增红灯控制按钮后的实时数据界面

8.5.5　在微信小程序中找到对应物理量

在微信小程序中，物理量的监测和展示通常遵循一个固定的模式。以"芯片温度"物理量为例，其实现及以下几个关键步骤。

1. 数据获取：与云侦听程序实时交互

（1）建立 WebSocket 连接

WebSocket 是实现实时通信的基础。在微信小程序中，通过调用 wx.connectSocket 建立与服务器的双向连接。

```
//建立 socket 连接
  wx.connectSocket({
    url: that.data.wss,           //请求地址
    //连接成功，置接收成功标志位
    success: function(res){
      that.setData({
        isConnected: true
      });
      console.log("250success")
    },
    //连接失败，提示云侦听程序可能尚未打开
    fail: function(res){
      that.setData({
        state: "与服务器断开连接,请检查连接!",
        state_imsi: "当前时间:" + util.formatTime(new Date()),
        send_dis: true,
        isConnected: false
      });
      console.log("320fail")
    }
  })
```

（2）数据的接收与解析

当服务器通过 WebSocket 推送数据时，会触发 wx.onSocketMessage 事件。接收到的数据通常是 JSON 格式，通过解析获取目标物理量。

```
//将接收到的数据转化成 JSON 对象
  var jsonP = JSON.parse(res.data)
```

数据对象包含物理量的名称、值及可写权限等键值对。例如芯片温度（mcuTemp 字段）：

```
//数据为芯片温度，转化成实际温度
if(myarray[i].name == "mcuTemp"){
  var value = (myarray[i].value /10).toFixed(1);
  myarray[i].value = value;
  mcutempvalue = value;
  toolheight = 20 + (60-mcutempvalue) * 8;
  mercuryheight = 316.8-(60-mcutempvalue) * 8;
  if (mercuryheight < 0)
    mercuryheight = 0;
  mercurytop = 346-mercuryheight;
}
```

至此，系统成功获取到实时物理量数据，接下来进入展示和交互阶段。

2. 数据展示

在微信小程序中，数据展示是通过数据绑定来实现的，尤其是在动态展示芯片温度等实

时数据时。

（1）前端部分

WXML 文件通过 Mustache 语法（{{}}）绑定动态数据，例如芯片温度数据的展示代码为

```
<view class="tip-middle">
  <p>{{mcutemp}}</p>
  <p>℃</p>
</view>
```

其中，{{mcutemp}} 是一个数据绑定表达式，它会自动插入 data 的 mcutemp 字段，自动更新数据。通过这种方式，温度值会动态显示在<p>标签中。<p>℃</p>是静态文本，显示温度单位℃。

（2）后端部分

在后端 JS 中，调用了 setData 方法，并传入了一个包含多个键值对的对象。setData 方法是小程序框架中的核心 API，用于更新页面的状态并触发视图刷新。每个键（例如 send_dis、relay_time、mcutemp）对应的是页面中要显示的数据，更新这些数据后，相关绑定的视图元素会自动刷新。以芯片温度为例：

```
that.setData({
    ...
    mcutemp: mcutempvalue,
    ...
});
```

8.6 远程更新终端程序

在实际应用场景中，为适应需求变化或优化程序功能，有时需要对开发板的用户程序和 BIOS 程序进行升级，基于 WiFi 通信的远程更新功能可以较好地满足这一需求。

8.6.1 远程更新概述

远程更新是通过网络连接，将软件代码从服务器传输到客户端设备中。它主要涉及以下几个方面的内容。

1）客户端和服务器通信。远程更新的第一步是建立客户端和服务器之间的通信。客户端通过网络连接到服务器，发送更新请求并接收服务器的响应。

2）验证完整性。在进行远程更新时，验证数据的完整性是非常重要的。客户端会验证从服务器上接收到的更新文件是否完整。

3）更新应用和重启。一旦客户端完成更新文件的接收和验证，它会将更新应用到软件或系统中。根据不同的更新类型，更新可能需要重启设备或重新启动相应的应用程序，以使更新生效。

远程更新功能的设计是一个复杂的工程，涉及程序开发、通信通议、数据校验等内容，读者只需要掌握本书提供的远程更新步骤，通过实验了解远程更新的基本过程，以便在实际中应用即可。

8.6.2 远程更新操作过程

远程更新程序软件为"03-Software\CH08\Update-PC\bin\Debug\AHL-Update-PC.exe",也可以运行源码工程,通过 WiFi 通信在本地计算机上直接运行,步骤如下。

1) 为需要更新程序的终端上电,启动其终端程序(例如"UE-LX1-87654321-16666"),再根据 8.3.3 小节介绍的内容将 WiFi 终端连接到本地计算机的热点。

2) 打开"AHL-Update-PC.exe"远程更新软件,根据本次更新需求选择 BIOS 更新或 User 更新。需要注意的是,在 BIOS 更新过程中,WiFi 终端中的 User 程序会被擦除,所以在 BIOS 更新完成后,需要进一步对 User 程序进行更新。

3) 输入服务器的 IP 地址及和设备进行通信的端口号。这里在文本框中输入 IP 地址 192.168.137.1,由上而下分别输入端口号 16666 与 23335。其中,"16666"为终端和远程更新程序初次建立连接时用的端口号,当建立连接成功后,远程更新程序向终端发送请求帧,终端接收到后,重新启动 WiFi 模块并以端口号"23335"和远程更新程序重新建立连接再进行后续的操作,"23335"端口号为远程更新固定端口号[⊖]。单击"开启侦听"按钮,等待获取 WiFi 终端的 MAC 地址,如图 8-20 所示。

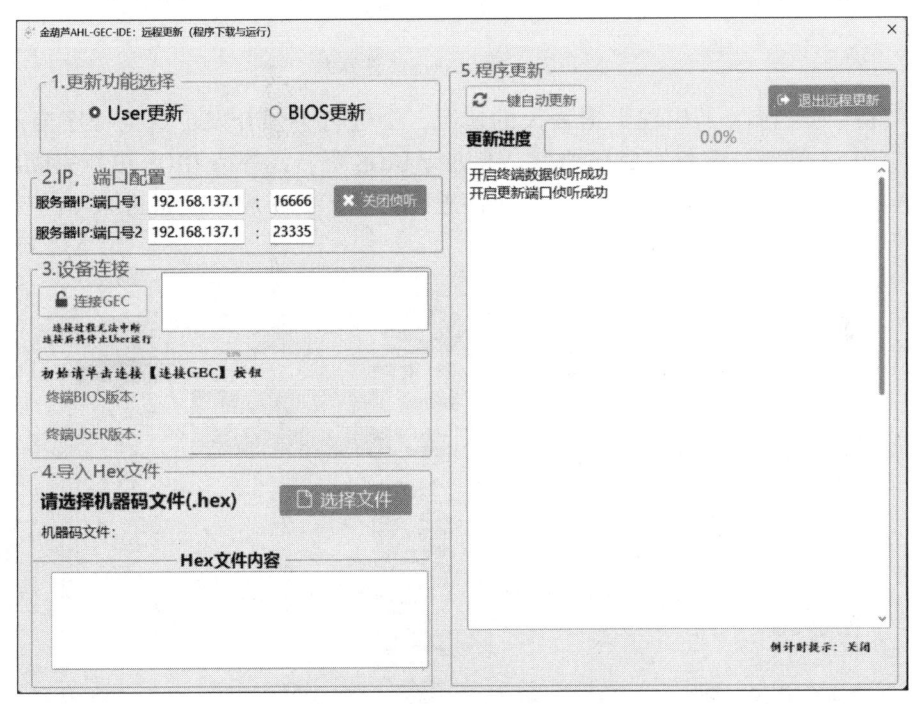

图 8-20 IP 地址及端口配置界面

4) 成功获取 WiFi 终端的 MAC 地址后,单击"连接 GEC"按钮,远程更新软件会与该 WiFi 终端重新建立连接。成功连接后单击"选择文件"按钮,导入需要更新的 BIOS 程序或 User 程序的 .hex 文件。单击"一键自动更新"按钮,远程更新软件将选定的 BIOS 程序或

⊖ 该端口号不可更改,否则无法进行远程更新。

User 程序更新至 WiFi 终端，如图 8-21 所示。

图 8-21　导入 .hex 文件界面

5）等待数据检测，若出现数据丢失的情况，会进行丢帧补发，直至程序全部更新完成。若进行 User 更新，更新完成即结束；若进行 BIOS 更新，等待 BIOS 更新完成后，需再次执行第 4）步，导入 User 程序的 .hex 文件进行更新，更新成功后将进入 User 程序，如图 8-22 所示。

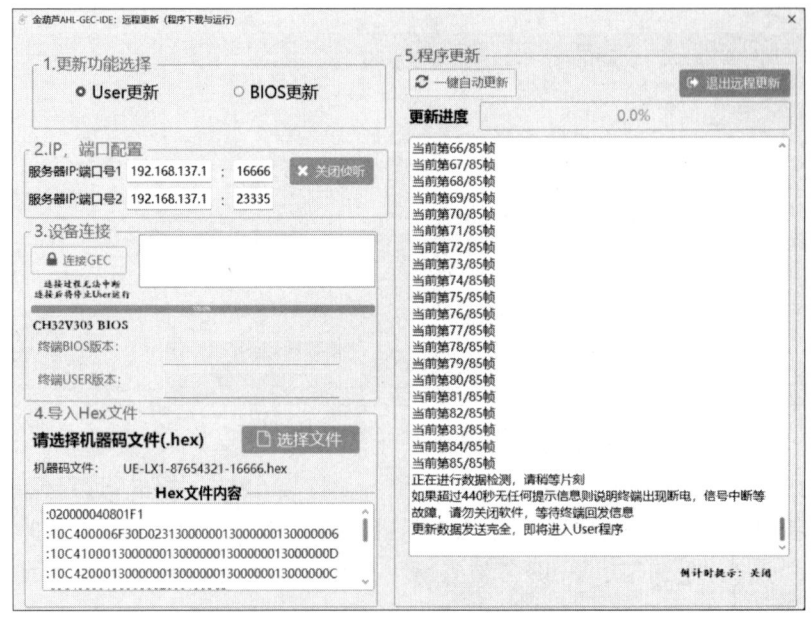

图 8-22　User 程序更新成功界面

8.7 本章小结

本章从技术科学角度，把 WiFi 应用知识体系归纳为终端、信息邮局、人机交互系统三个有机组成部分。从应用开发者视角来看，信息邮局抽象为固定 IP 地址与端口，从程序层面看就是云侦听程序。人机交互系统通过信息邮局与终端进行数据交互。本章介绍了以通用嵌入式计算机（GEC）为基础、以轻量级鸿蒙 LiteOS 实时操作系统为工具的终端应用模板，并给出了云侦听程序模板、Web 网页及微信小程序模板，为"照葫芦画瓢"地进行具体应用提供共性技术，形成以 GEC 为核心、以构件为支撑、以工程模板为基础的 WiFi 应用开发生态系统，为有效降低 WiFi 应用开发的技术门槛提供了支撑。

习　题

1. 简述 WiFi 通信中与编程相关的基础概念。
2. 简述信息邮局的含义与作用。
3. 简述数据上行与数据下行的基本过程。
4. 假设所用的云服务器地址为 10.10.10.116，云侦听服务于终端的端口号为 23331，云侦听服务于 HCI 的端口号为 23332，请问需要修改哪些文件中的哪些配置项，才能使终端–云–Web 网页（或微信小程序）之间可以传输信息？
5. 在通信接口信息不变的情况下，如何在终端增加一个状态类物理量？云端如何做适应性修改？
6. 在通信接口信息不变的情况下，如何在终端增加一个可控类物理量？云端如何做适应性修改？
7. 在通信接口信息不变的情况下，终端增加一个状态类物理量后，云端也做了适应性修改，Web 网页程序、微信小程序是否需要修改？请说明原因。
8. 在通信接口信息不变的情况下，终端增加一个状态类物理量后，云端也做了适应性修改，在 Web 网页程序中如何增加一个控制按钮？
9. 在通信接口信息不变的情况下，终端增加一个状态类物理量后，云端也做了适应性修改，在微信小程序中如何增加一个控制按钮？
10. 简述远程更新功能，说明需要哪些端口及原因。

附录 A LiteOS 在 CH32V303 上的移植方法

轻量级鸿蒙 LiteOS 的版本还处于不断更新阶段，这里给出在轻量级鸿蒙 LiteOS 发布升级版本后，一个含有 LiteOS 源码的用户工程的升级方法。

A.1 下载 LiteOS 的最新版源码

按照下列步骤下载轻量级鸿蒙 LiteOS 的最新版源码。
1. 进入 kernel_liteos_m 代码仓库
liteos-m 的代码仓库网址为 https://gitee.com/openharmony/kernel_liteos_m。在浏览器地址栏中输入上述网址，按<Enter>键，会进入 kernel_liteos_m 的网络代码仓库。
2. 下载源代码
若要在此网站下载源代码，需要先登录。若没有 Gitee 账号，可单击屏幕中的"注册"按钮创建属于自己的 Gitee 账号；若已有该网站的账号，单击"登录"按钮输入自己的账号和密码即可。

登录 Gitee 账号后，再次进入上一步中的网址，单击"克隆/下载"按钮，会进入"克隆/下载"界面，直接单击"下载ZIP"进行下载。
3. 选择下载源代码的版本
因操作系统内核有不同版本，不同版本之间存在差异，因此建议读者先明晰自己所使用的版本。若要下载特定版本，单击" master "→" 标签(49) "，选择目标版本即可获取 OpenHarmony 不同版本中所使用的内核版本。

这里使用的版本为 OpenHarmony-v5.0-Beta1。下载操作系统源码后，在下载文件夹中有一个名为"kernel_liteos_m-OpenHarmony-v5.0-Beta1.zip"的压缩文件，此压缩文件就是本书使用的操作系统源码文件。

A.2 将 LiteOS 最新源码加入 NOS 工程中

若要进行操作系统移植，首先需要准备一个没有使用操作系统的工程，将操作系统源码加入其中，进行修改和适配，成功后进行测试，若测试没问题则视为移植成功。

双击 A.1 节中下载的"kernel_liteos_m-OpenHarmony-v5.0-Beta1.zip"压缩文件，操作系统会自动打开此压缩文件。在任意目录新建一个名为"LiteOS"的文件夹，将"kernel_liteos_m-OpenHarmony-v5.0-Beta1.zip"压缩文件的内容解压缩到新建的"LiteOS"文件夹中，解压后"LiteOS"文件夹中的内容如图 A-1 所示。

复制电子资源中的"03-Software/CH02/NOS-Frame-CH32V303"文件夹到合适的地方

（如"03-Software/附录 A"），将复制后的文件夹重命名为"LiteOS-Frame-CH32V303-5.0"。将包含解压缩内容的"LiteOS"文件夹复制到"LiteOS-Frame-CH32V303-5.0/05_UserBoard"文件夹中。

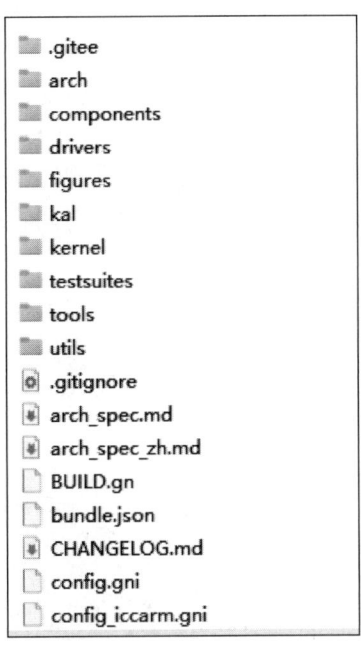

图 A-1 内核源码目录结构

上述操作完毕后，即可开始修改工程，将无操作系统（NOS）工程升级为带 LiteOS 的应用工程。

A.3 对源代码进行修改

RTOS 是一个非常庞大的系统，本文中所使用和移植的部分仅为操作系统内核核心代码，因此工程中会有许多冗余内容。修改源代码的工作主要分为三部分：删除无用代码、适配 MCU 内核，以及对部分细节代码做修改。

1. 删除无用代码

1）删除多余的处理器内核文件。删除 arch 文件夹下的 arm、csky、xtensa 这三个文件夹，删除 arch/riscv/riscv32 文件夹，删除 arch/riscv/nuclei/gcc/nmsis 文件夹。

2）删除测试套件。删除 testsuites 文件夹，此文件夹为测试套件，无需保留。

3）删除驱动文件和图片资源文件夹。删除 figures 和 drivers 两个文件夹。

4）删除多余的功能组件。components 文件夹包含各种功能组件，删除非必需的组件，只保留所需的 backtrace、cpup、power 三个文件夹。

5）删除工具文件夹。删除 tools 文件夹。

6）对 kal 文件夹进行更改。删掉 libc、libsec、posix 三个文件夹。

7）对 kal/cmsis 文件夹进行更改。删除 cmsis_os.h、hos_cmsis_adp.h、cmsis_os2.h 三个文件。

8）删除其他文件。删除其他无用的 Git 文件和脚本文件（如 Kconfig 和 buildGN 脚本）。

删除无用代码后，即可着手进行操作系统适配。因为不同版本系统之间代码差异较大，尤其是最新版与之前 3.0.0 LTS 版本的差异较大，因此本文以 3.0.0 版本为蓝本，在最新版本的基础上直接进行适配移植。

2. 适配定时器

首先进行芯片内核的适配，芯片内核适配最核心可以分为三部分：中断管理、定时器适配及上下文切换。RTOS 的时间调度与 MCU 中的定时器紧密相关。其中，RTOS 的时间基准、延时、定时及时间片等功能都要基于定时器来实现。CH32V303 芯片中有一个 64 位的内核定时器 SysTick，本书使用此定时器为 LiteOS 提供时间管理功能。

（1）关键代码解读

通过阅读最新版的内核代码可以发现，时间管理中存在一个关键定义——ArchTickTimer 结构体。在传统实现中，定时器相关代码通常以函数形式编写，通过调用函数实现相关功能。但在最新版 LiteOS 中，定时器相关内容被封装至 ArchTickTimer 结构体，可通过调用该结构体的成员变量来实现具体功能。

```
typedef struct {
    UINT32          freq;
    INT32           irqNum;
    UINT64          periodMax;
    UINT32          (*init)(HWI_PROC_FUNC tickHandler);
    UINT64          (*getCycle)(UINT32 *period);
    UINT64          (*reload)(UINT64 time);
    VOID            (*lock)(VOID);
    VOID            (*unlock)(VOID);
    HWI_PROC_FUNC tickHandler;
} ArchTickTimer;
```

该结构体有两个全局变量 g_archTickTimer 与 g_sysTickTimer。内核代码真正运行时调用的是 g_sysTickTimer，而 g_archTickTimer 是预先定义的静态变量，在内核初始化时将后者赋值给前者。此结构体中含有 5 个函数指针，这 5 个函数指针就是委托给结构体的相关功能，因此在移植时需要对这几个函数进行修改。

（2）修改全局定时器定义

内核定时器代码主要集中在 arch/riscv/nuclei/gcc/los_timer.c 文件中。下面代码为 g_archTickTimer 的定义，定时器移植的第一步就是要对此结构体的成员变量进行修改和适配，使其能够在 307/303 上运行，此处主要修改中断号的定义。

```
STATIC ArchTickTimer g_archTickTimer = {
    .freq = 0,
    .irqNum = SysTimer_IRQn,
    .periodMax = LOSCFG_BASE_CORE_TICK_RESPONSE_MAX,
    .init = SysTickStart,
    .getCycle = SysTickCycleGet,
    .reload = SysTickReload,
    .lock = SysTickLock,
    .unlock = SysTickUnlock,
```

```
    .tickHandler = NULL,
};
```

对 g_archTickTimer 结构体进行修改后的代码如下。

```
STATIC ArchTickTimer g_archTickTimer = {
    .freq = 0,
    .irqNum = SysTicK_IRQn,              //修改为 CH32V303 实际中断号
    .periodMax = LOSCFG_BASE_CORE_TICK_RESPONSE_MAX,
    .init = SysTickStart,
    .getCycle = SysTickCycleGet,
    .reload = SysTickReload,
    .lock = SysTickLock,
    .unlock = SysTickUnlock,
    .tickHandler = NULL,
};
```

将原版本中的 target_config.h 文件复制到新版本工程的 LiteOS 文件夹中,并在 los_timer.c 中引入 ch32v30x.h、core_riscv.h 头文件。

(3) 定时器功能函数修改

上面修改了全局定时器的定义,下面对于相关功能函数进行修改,以便全局定时器能够正确设定 SysTick 行为。

1) 修改 SysTickStart 函数。此函数会在定时器初始化时被调用,意味着 Systick 开始计时。其主要负责配置计数器寄存器的值、配置定时器中断优先级。这里要修改 SYSTICK_TICK_CONST 的值,相关代码在文件中的第 43 行,将其修改为

```
#define SYSTICK_TICK_CONST (OS_SYS_CLOCK /LOSCFG_BASE_CORE_TICK_PER_SECOND)
```

修改后的代码如下。

```
STATIC UINT32 SysTickStart(HWI_PROC_FUNC handler)
{
    ArchTickTimer *tick = &g_archTickTimer;
    tick->freq = OS_SYS_CLOCK;

    g_sysTickHandler = handler;

    SysTick->CTLR = (volatile uint32_t)0x00000000;      //控制寄存器复位
    SysTick->SR   = (volatile uint32_t)0x00000000;      //状态寄存器复位
    SysTick->CNT  = (volatile uint64_t)0x00000000;      //计数器复位,设置初始值为 0
    SysTick->CMP  = (volatile uint64_t)72000;           //给重加载寄存器赋值
    SysTick->CTLR |= (volatile uint32_t)0x0000000F;     //启动系统计数器 STK(HCLK/8 时基)
    NVIC_EnableIRQ(SysTicK_IRQn);
    NVIC_SetPriority(SysTicK_IRQn, 0xf);
    g_intCount = 0;
    return LOS_OK;        /* never return */
}
```

2) 修改 SysTickLock 函数和 SysTickUnlock 函数。这两个函数的功能是锁定和解锁计时器。更改后的函数代码如下。

```c
STATIC VOID SysTickLock(VOID)
{
    SysTick->CTLR &= ~(1<<0);
}

STATIC VOID SysTickUnlock(VOID)
{
    SysTick->CTLR |= (1<<0);
}
```

3) 修改 SysTickCycleGet 函数。此函数用于获取计数器当前值。

```c
STATIC UINT64 SysTickCycleGet(UINT32 *period)
{
    UINT64 ticks;
    UINT32 intSave = LOS_IntLock();
    ticks = SysTick->CNT;
    *period = SysTick->CMP;
    LOS_IntRestore(intSave);
    return ticks;
}
```

4) 修改 SysTickReload 函数。此函数的作用是重载计数器比较寄存器的值。

```c
STATIC UINT64 SysTickReload(UINT64 nextResponseTime)
{
    SysTickLock();
    uint64_t cur_ticks = SysTick->CNT;
    uint64_t reload_ticks = nextResponseTime + cur_ticks;

    if (reload_ticks > cur_ticks) {
        SysTick->CMP = reload_ticks;
    } else {
        /* When added the ticks value, then the MTIMERCMP < TIMER,
         * which means the MTIMERCMP is overflowed,
         * so we need to reset the counter to zero */
        SysTick->CNT = 0;
        SysTick->CMP = nextResponseTime;
        SysTick->SR = 0;
    }

    NVIC_ClearPendingIRQ(SysTicK_IRQn);
    SysTickUnlock();
    return nextResponseTime;
}
```

(4) SysTick 中断处理函数修改

修改中断处理函数，使其在 MCU 产生定时器中断时被正确调用。

```c
void SysTick_Handler (void) __attribute__((interrupt("WCH-Interrupt-fast")));
#define ArchTickSysTickHandler SysTick_Handler
void ArchTickSysTickHandler(void)
{
    /* Do systick handler registered in HalTickStart. */
```

```
        if ((void *)g_sysTickHandler ! = NULL)
        {
            SysTick->SR = 0;  //清除中断状态标志
            g_sysTickHandler();
        }
    }
```

至此，有关定时器的核心代码移植完毕。

3. 中断管理

RTOS（实时操作系统）的中断管理是确保系统能够及时响应外部事件并维持系统稳定运行的关键，其功能通常包括且不限于设置中断优先级、屏蔽中断、开放中断等。LiteOS 中有关中断管理的代码主要存放在 arch/riscv/nuclei/gcc/los_interrupt.c 文件中。

（1）初始化中断函数

修改 ArchHwiCreate 函数，此函数的功能是根据参数中给出的信息创建对应中断。由于硬件体系不同，难以完整地模仿原本函数的功能，例如，CH32V30X 系列芯片是不能够自定义中断处理函数的名称和模式的，能够做的就只有修改其优先级和开放/关闭中断。下面是修改过的 ArchHwiCreate 函数。

```
UINT32 ArchHwiCreate(HWI_HANDLE_T hwiNum,
                    HWI_PRIOR_T hwiPrio,
                    HWI_MODE_T hwiMode,
                    HWI_PROC_FUNC hwiHandler,
                    HwiIrqParam *irqParam)
{
    if (hwiNum > SOC_INT_MAX)
    {
        return OS_ERRNO_HWI_NUM_INVALID;
    }

    NVIC_SetPriority(hwiNum,(UINT8)hwiPrio);
    NVIC_EnableIRQ(hwiNum);
    return LOS_OK;
}
```

（2）开启和关闭中断函数

对于 ArchHwiDelete 函数而言，因芯片不支持删除中断处理函数，因此该函数仅关闭相应中断。

```
LITE_OS_SEC_TEXT UINT32 ArchHwiDelete (HWI_HANDLE_T hwiNum, HwiIrqParam *irqParam)
{
    NVIC_DisableIRQ(hwiNum);
    return LOS_OK;
}
```

修改 HwiUnmask 函数，将其使能中断代码改为 CH32V30X 系列能够识别的语句。

```
STATIC UINT32 HwiUnmask(HWI_HANDLE_T hwiNum)
{
    if (hwiNum >= OS_HWI_MAX_NUM) {
        return OS_ERRNO_HWI_NUM_INVALID;
```

```
        }
        NVIC_EnableIRQ(hwiNum);      //使能中断
        return LOS_OK;
    }
```

修改 HwiMask 函数，修改禁用中断的代码。

```
    STATIC UINT32 HwiMask(HWI_HANDLE_T hwiNum)
    {
        if (hwiNum >= OS_HWI_MAX_NUM) {
            return OS_ERRNO_HWI_NUM_INVALID;
        }
        NVIC_DisableIRQ(hwiNum);     //禁用中断
        return LOS_OK;
    }
```

（3）设置中断优先级函数

修改 HwiSetPriority 函数，修改设置优先级的代码。

```
    STATIC UINT32 HwiSetPriority(HWI_HANDLE_T hwiNum, UINT8 priority)
    {
        if (hwiNum >= OS_HWI_MAX_NUM) {
            return OS_ERRNO_HWI_NUM_INVALID;
        }
        NVIC_SetPriority(hwiNum, (UINT8)priority);
        return LOS_OK;
    }
```

其他不使用的函数无须修改，直接将其删除或者改为注释即可。

4. 上下文切换

RTOS 上下文切换是指当 RTOS 决定从当前运行的任务切换到另一个任务时，保存当前任务的状态（上下文），并恢复新任务的状态，以便新任务可以从上次中断的地方继续执行。切换的上下文内容通常为 CPU 寄存器的值、栈指针、程序计数器等。

（1）代码解读

在完成定时器和中断适配后，进行上下文切换适配。上下文切换适配较为复杂，先从栈空间定义着手。

```
    typedef unsigned long STACK_TYPE;

    typedef struct {
        STACK_TYPE epc;          /* epc  -epc      -程序计数器          */
        STACK_TYPE ra;           /* x1   -ra       -跳转返回地址        */
        STACK_TYPE t0;           /* x5   -t0       -临时寄存器 0        */
        STACK_TYPE t1;           /* x6   -t1       -临时寄存器 1        */
        STACK_TYPE t2;           /* x7   -t2       -临时寄存器 2        */
        STACK_TYPE s0_fp;        /* x8   -s0/fp    -保存寄存器 0/帧指针 */
        STACK_TYPE s1;           /* x9   -s1       -保存寄存器 1        */
        STACK_TYPE a0;           /* x10  -a0       -返回值/函数参数 0   */
        STACK_TYPE a1;           /* x11  -a1       -返回值/函数参数 1   */
```

```
        STACK_TYPE a2;          /* x12 - a2         - 函数参数 2            */
        STACK_TYPE a3;          /* x13 - a3         - 函数参数 3            */
        STACK_TYPE a4;          /* x14 - a4         - 函数参数 4            */
        STACK_TYPE a5;          /* x15 - a5         - 函数参数 5            */
#ifndef __riscv_32e
        STACK_TYPE a6;          /* x16 - a6         - 函数参数 6            */
        STACK_TYPE a7;          /* x17 - s7         - 函数参数 7            */
        STACK_TYPE s2;          /* x18 - s2         - 保存寄存器 2          */
        STACK_TYPE s3;          /* x19 - s3         - 保存寄存器 3          */
        STACK_TYPE s4;          /* x20 - s4         - 保存寄存器 4          */
        STACK_TYPE s5;          /* x21 - s5         - 保存寄存器 5          */
        STACK_TYPE s6;          /* x22 - s6         - 保存寄存器 6          */
        STACK_TYPE s7;          /* x23 - s7         - 保存寄存器 7          */
        STACK_TYPE s8;          /* x24 - s8         - 保存寄存器 8          */
        STACK_TYPE s9;          /* x25 - s9         - 保存寄存器 9          */
        STACK_TYPE s10;         /* x26 - s10        - 保存寄存器 10         */
        STACK_TYPE s11;         /* x27 - s11        - 保存寄存器 11         */
        STACK_TYPE t3;          /* x28 - t3         - 临时寄存器 3          */
        STACK_TYPE t4;          /* x29 - t4         - 临时寄存器 4          */
        STACK_TYPE t5;          /* x30 - t5         - 临时寄存器 5          */
        STACK_TYPE t6;          /* x31 - t6         - 临时寄存器 6          */
#endif
        STACK_TYPE mstatus;     /*                  - 机器状态寄存器        */
} TaskContext;
```

该结构体定义了线程切换时需要保存的上下文，寄存器按照上述顺序入栈/出栈。

在 LiteOS 中，原子操作是通过开关全局中断实现的。最新版 LiteOS 的开关全局中断操作被放到 arch/riscv/nuclei/gcc/los_dispatch.s 汇编文件中的 ArchIntLock、ArchIntUnLock、ArchIntRestore 三个函数中。此处代码无须修改。

（2）修改相关代码

在操作系统进行调度时，除了会用到定时器中断之外，还会用到软件中断，如遇到事件（例如事件字、信号量、互斥量）时，就会使用软件中断调度。此处对软件中断进行适配。

修改 arch/riscv/nuclei/gcc/los_context.c 文件中的 ArchTaskSchedule 函数。此函数的作用是挂起软件中断。当需要调度时，此函数运行，挂起软件中断。

```
VOID ArchTaskSchedule(VOID)
{
    NVIC_SetPendingIRQ(Software_IRQn);
}
```

修改 ArchInit 函数，删除内部实现，只保留函数声明。

修改 HalTaskSwitch 函数。前面的代码将上文保存完毕后，此函数将所需要运行的线程找出来，再由后面的代码切换至下文。

```
VOID HalTaskSwitch(VOID)
{
    SysTick->CTLR &= ~(1 << 31);
    OsSchedTaskSwitch();
    /* Set newTask to runTask */
```

```
            g_losTask.runTask = g_losTask.newTask;
    }
```

修改完上述代码之后,更改保存上下文的代码。在线程第一次运行时(第一次运行的一般为自启动线程),操作系统会找出系统中优先级最高的线程运行。在找到优先级最高的线程后,会找到此线程的栈空间,从栈空间中读取保存在其内的寄存器的值并分配给 riscv 寄存器,此过程叫作加载下文。第一次加载下文的代码存储在函数 HalStartToRun 中。因为不同芯片对于栈顶空间的定义不一样,这里主要对栈空间的使用进行更改。HalStartToRun 函数在 arch/riscv/nuclei/gcc/los_dispatch.s 汇编文件中。

```
HalStartToRun:
    /* Setup Interrupt Stack using
        The stack that was used by main()
        before the scheduler is started is
        no longer required after the scheduler is started.
        Interrupt stack pointer is stored in CSR_MSCRATCH */
    # la t0, _sp
    la t0, _eusrstack

    csrw CSR_MSCRATCH, t0
    /* get stack pointer */
    la t0, g_losTask
    LOAD t1, 0x0(t0)
    LOAD sp, 0(t1)
    //LOAD sp, 0x0(sp)                    /* Read sp from first TCB member */

    /* Pop PC from stack and set MEPC */
    LOAD t0,  0  * REGBYTES(sp)
    csrw CSR_MEPC, t0
    /* Pop mstatus from stack and set it */
    LOAD t0,  (portRegNum -1)  * REGBYTES(sp)
    csrw CSR_MSTATUS, t0
    /* Interrupt still disable here */
    /* Restore Registers from Stack */
    LOAD x1,  1  * REGBYTES(sp)            /* RA */
    LOAD x5,  2  * REGBYTES(sp)
    LOAD x6,  3  * REGBYTES(sp)
    LOAD x7,  4  * REGBYTES(sp)
    LOAD x8,  5  * REGBYTES(sp)
    LOAD x9,  6  * REGBYTES(sp)
    LOAD x10, 7  * REGBYTES(sp)
    LOAD x11, 8  * REGBYTES(sp)
    LOAD x12, 9  * REGBYTES(sp)
    LOAD x13, 10 * REGBYTES(sp)
    LOAD x14, 11 * REGBYTES(sp)
    LOAD x15, 12 * REGBYTES(sp)
#ifndef __riscv_32e
    LOAD x16, 13 * REGBYTES(sp)
    LOAD x17, 14 * REGBYTES(sp)
    LOAD x18, 15 * REGBYTES(sp)
    LOAD x19, 16 * REGBYTES(sp)
```

```
        LOAD x20, 17 * REGBYTES(sp)
        LOAD x21, 18 * REGBYTES(sp)
        LOAD x22, 19 * REGBYTES(sp)
        LOAD x23, 20 * REGBYTES(sp)
        LOAD x24, 21 * REGBYTES(sp)
        LOAD x25, 22 * REGBYTES(sp)
        LOAD x26, 23 * REGBYTES(sp)
        LOAD x27, 24 * REGBYTES(sp)
        LOAD x28, 25 * REGBYTES(sp)
        LOAD x29, 26 * REGBYTES(sp)
        LOAD x30, 27 * REGBYTES(sp)
        LOAD x31, 28 * REGBYTES(sp)
#endif

        addi sp, sp, portCONTEXT_SIZE

        mret
```

除了上述栈空间定义要修改,线程之间进行切换时的代码也要更改。当线程之间进行切换时,操作系统利用软件中断的手段进行上下文的切换和保存。因此,除了对第一次载入寄存器的代码进行修改之外,还要对切换上下文的代码进行修改。

在 los_sched.c 文件的 OsSchedStart 函数末尾添加启动和配置软件中断的代码。此函数位于 kernel/src/los_sched.c 文件的末尾。

```
VOID OsSchedStart(VOID)
{
    PRINTK("Entering scheduler \n");

    (VOID)LOS_IntLock();
    LosTaskCB *newTask = OsGetTopTask();

    newTask->taskStatus |= OS_TASK_STATUS_RUNNING;
    g_losTask.newTask = newTask;
    g_losTask.runTask = g_losTask.newTask;

    newTask->startTime = OsGetCurrSchedTimeCycle();
    OsSchedTaskDeQueue(newTask);

    OsTickSysTimerStartTimeSet(newTask->startTime);
#if (LOSCFG_BASE_CORE_SWTMR == 1)
    OsSwtmrResponseTimeReset(newTask->startTime);
#endif

    /*初始化调度时间线并启用调度*/
    g_taskScheduled = TRUE;

    g_schedResponseTime = OS_SCHED_MAX_RESPONSE_TIME;
    g_schedResponseID = OS_INVALID;
    OsSchedSetNextExpireTime(newTask->taskID, newTask->startTime + newTask->timeSlice);

    NVIC_EnableIRQ(Software_IRQn);              //使能软件中断
    NVIC_SetPriority(Software_IRQn, 0xf);       //设置中断优先级
}
```

Nuclei 对于此代码的定义在 eclic_msip_handler 函数里，将其修改为符合 CH32V30X 标准的名称 SW_Handler，再对函数内部进行些许修改。此函数在 arch/riscv/nuclei/gcc/los_dispatch.s 文件中 HalStartToRun 函数的下面。修改后的代码如下。

```
    .extern HalTaskSwitch
    .section .text.vector_handler, "ax", @ progbits
    .global SW_Handler
    .align 2
SW_Handler:
    addi sp, sp, -portCONTEXT_SIZE
    STORE x1,  1  * REGBYTES(sp)      /* RA */
    STORE x5,  2  * REGBYTES(sp)
    STORE x6,  3  * REGBYTES(sp)
    STORE x7,  4  * REGBYTES(sp)
    STORE x8,  5  * REGBYTES(sp)
    STORE x9,  6  * REGBYTES(sp)
    STORE x10, 7  * REGBYTES(sp)
    STORE x11, 8  * REGBYTES(sp)
    STORE x12, 9  * REGBYTES(sp)
    STORE x13, 10 * REGBYTES(sp)
    STORE x14, 11 * REGBYTES(sp)
    STORE x15, 12 * REGBYTES(sp)
#ifndef __riscv_32e
    STORE x16, 13 * REGBYTES(sp)
    STORE x17, 14 * REGBYTES(sp)
    STORE x18, 15 * REGBYTES(sp)
    STORE x19, 16 * REGBYTES(sp)
    STORE x20, 17 * REGBYTES(sp)
    STORE x21, 18 * REGBYTES(sp)
    STORE x22, 19 * REGBYTES(sp)
    STORE x23, 20 * REGBYTES(sp)
    STORE x24, 21 * REGBYTES(sp)
    STORE x25, 22 * REGBYTES(sp)
    STORE x26, 23 * REGBYTES(sp)
    STORE x27, 24 * REGBYTES(sp)
    STORE x28, 25 * REGBYTES(sp)
    STORE x29, 26 * REGBYTES(sp)
    STORE x30, 27 * REGBYTES(sp)
    STORE x31, 28 * REGBYTES(sp)
#endif
    li   t0,   0x20
    csrs 0x804, t0

    /* 将 mstatus 入栈 */
    csrr t0, CSR_MSTATUS
    STORE t0, (portRegNum -1) * REGBYTES(sp)

    /* 存储额外寄存器 */

    /* 将当前栈指针存入任务控制块 */
    la t0, g_losTask
    LOAD t0, 0(t0)
```

```
        STORE sp, 0(t0)

        csrr t0, CSR_MEPC
        STORE t0, 0(sp)

        /* 切换任务上下文 */
        jal HalTaskSwitch
        /* 加载新任务 */
        la t0, g_losTask
        LOAD t0, 0(t0)
        LOAD sp, 0x0(t0)                    /* 从任务控制块读取新栈指针 */

        /* PC 出栈并设置 MEPC */
        LOAD t0, 0  * REGBYTES(sp)
        csrw CSR_MEPC, t0
        /* 额外寄存器出栈 */

        /* mstatus 出栈并对它进行设置 */
        LOAD t0, (portRegNum -1)  * REGBYTES(sp)
        csrw CSR_MSTATUS, t0
        /* 此时中断仍处于禁用状态 */
        /* 从栈恢复寄存器 */
        LOAD x1,   1 * REGBYTES(sp)         /* RA */
        LOAD x5,   2 * REGBYTES(sp)
        LOAD x6,   3 * REGBYTES(sp)
        LOAD x7,   4 * REGBYTES(sp)
        LOAD x8,   5 * REGBYTES(sp)
        LOAD x9,   6 * REGBYTES(sp)
        LOAD x10,  7 * REGBYTES(sp)
        LOAD x11,  8 * REGBYTES(sp)
        LOAD x12,  9 * REGBYTES(sp)
        LOAD x13, 10 * REGBYTES(sp)
        LOAD x14, 11 * REGBYTES(sp)
        LOAD x15, 12 * REGBYTES(sp)
#ifndef __riscv_32e
        LOAD x16, 13 * REGBYTES(sp)
        LOAD x17, 14 * REGBYTES(sp)
        LOAD x18, 15 * REGBYTES(sp)
        LOAD x19, 16 * REGBYTES(sp)
        LOAD x20, 17 * REGBYTES(sp)
        LOAD x21, 18 * REGBYTES(sp)
        LOAD x22, 19 * REGBYTES(sp)
        LOAD x23, 20 * REGBYTES(sp)
        LOAD x24, 21 * REGBYTES(sp)
        LOAD x25, 22 * REGBYTES(sp)
        LOAD x26, 23 * REGBYTES(sp)
        LOAD x27, 24 * REGBYTES(sp)
        LOAD x28, 25 * REGBYTES(sp)
        LOAD x29, 26 * REGBYTES(sp)
        LOAD x30, 27 * REGBYTES(sp)
        LOAD x31, 28 * REGBYTES(sp)
#endif
```

```
        addi sp, sp, portCONTEXT_SIZE
        mret
```

5. 其他调整

完成核心代码的修改后，还需对 LiteOS 中的一些细微之处进行修改，例如一些与硬件设置有关的宏定义和项目配置信息等。

（1）补全缺失文件

此时项目工程还不完整。由于 LiteOS 默认在 Linux 环境下编译，有些内容 Windows 环境并不具备，因此要补全缺失的文件。首先，将"03-Software/附录 A/LiteOS-Mutex-3LED-CH32V303"工程下的"05_UserBoard/LiteOS/third_party"文件夹复制到新版本 LiteOS 文件夹下（A.1 节中下载的源代码不含文件夹。然后，将旧版工程中"LiteOS/kernel/arch/risc-v/V4A/gcc"文件夹下的 riscv_bits.h 和 riscv_encoding.h 两个文件复制到新工程的"arch/risc-v/nuclei/gcc"文件夹中。

（2）删除冗余代码

删除 los_arch_interrupt.h 文件中"#include "nuclei_sdk_soc.h""这行代码，以及"extern VOID HalHwiDefaultHandler（VOID）;"这行代码，并添加以下代码（删除此文件中原有的 OS_RISCV_SYS_VECTOR_CNT 宏定义）。

```
        #define SOC_INT_MAX   103
        #define OS_RISCV_SYS_VECTOR_CNT   16
```

删除 los_context.c 文件中"#include "nuclei_sdk_soc.h""这行代码，并引入 riscv_bits.h 和 riscv_encoding.h 两个头文件，修改此文件中 INITIAL_MSTATUS 宏定义为

```
        #define  INITIAL_MSTATUS   0x7880
```

修改 riscv_encoding.h 文件中引入 riscv_bits.h 头文件的方式，由绝对路径改为相对路径。

```
        #include "riscv_bits.h"
```

删除 los_interrupt.c 文件中"#include "nuclei_sdk_hal.h""这行代码。
删除 los_timer.c 文件中"#include "nuclei_sdk_hal.h""这行代码。
把 arch/riscv/nuclei/gcc 文件夹重命名为 arch/riscv/V4A/gcc。
修改 Makefile 编译优化等级，将优化等级修改为 O1，此处改动在 Makefile 文件的第 43 行。
删除 LiteOS/kernel/src/los_init.c 文件中关于软件定时器初始化的代码。

```
        ret = OsSwtmrInit();    //注释或删除此行
```

A.4 移植后测试

打开电子资源中的"03-Software/附录 A/LiteOS-Mutex-3LED-CH32V303"文件夹，复制其中的"07_AppPrg"文件夹到上文中的"LiteOS-Frame-CH32V303"文件夹中，并将原有的

文件覆盖；复制"LiteOS-Mutex-3LED-CH32V303/05_UserBoard"文件夹下的"Os_United_API.h"文件到"LiteOS-Frame-CH32V303/05_UserBoard"文件夹下。

删除"04_GEC/gec.c"文件中 Vectors_Init 函数下的中断继承代码。

```
    user[BIOS_SYSTICK_IRQn + 14] = (uint32_t)bios[BIOS_SYSTICK_IRQn];    //删除此行
    user[BIOS_SW_IRQn + 14]=(uint32_t)bios[BIOS_SW_IRQn];                //删除此行
```

完成上述操作后，删除工程中的 Debug 文件夹，对工程重新进行编译、下载。若串口有正常输出，意味着 LiteOS 移植成功。

附录 B　LiteOS 的升级方法

B.1　下载 V3.0.6-LTS 版本源代码

本附录将所使用的操作系统内核升级为 V3.0.6-LTS 版本，具体下载方法可参考附录 A.1，在选择版本时选择 3.0.6-LTS 即可。

与附录 A 相同，下载源代码后会得到名为"kernel_liteos_m-OpenHarmony-v3.0.6-LTS.zip"的压缩文件。双击该压缩文件，操作系统会自动打开此压缩文件。在任意目录新建一个名为"LiteOS"的文件夹，将该压缩文件的内容解压缩到新建的"LiteOS"文件夹中。

复制电子资源中的"03-Software/CH02/NOS-Frame-CH32V303"文件夹，将复制后的文件夹重命名为"LiteOS-Frame-CH32V303-3.0.6"。打开"LiteOS-Frame-CH32V303-3.0.6/05_UserBoard"文件夹，将包含解压缩内容的"LiteOS"文件夹复制到此文件夹中。

上述操作完毕后，即可开始更新操作系统。

B.2　对源代码进行修改

由于沁恒微电子并未在 CH32V303 芯片上对新版本的 LiteOS 进行适配，因此，若要使用新版本的操作系统内核，只能手动修改其代码，此过程即为操作系统更新过程。因附录 B 选取的操作系统版本与目前使用的操作系统版本相差不大，因此读者可参照现有源代码对其进行更改，若是选取的版本与 3.0.6-LTS 版本差距过大，可参考附录 A 对其进行适配。

1. 删除无用代码

1）删除多余的处理器内核文件。删除 kernel/arch/arm 文件夹、删除 kernel/arch/risc-v/riscv32 文件夹、删除 kernel/arch/risc-v/nuclei/gcc/nmsis 文件夹。

2）删除测试套件。删除 testsuites 文件夹，此文件夹为测试套件，不需要保留。

3）删除驱动文件和图片资源文件夹。删除 figures 文件夹。

4）删除多余的功能组件。components 文件夹包含各种功能组件，删除非必需的组件，只保留所需的 backtrace、cpup、power 三个文件夹。

5）删除工具文件夹。删除 tools 文件夹。

6）对 kal 文件夹进行更改。删除 posix 文件夹。

7）删除 targets 文件夹。

8）删除其他文件。将删除其他无用的 Git 文件和脚本文件，如 Kconfig 和 buildGN 脚本。

2. 适配定时器

首先进行芯片内核的适配，芯片内核适配的核心可以分为三部分：中断管理、定时器适配及上下文切换。

内核定时器的相关代码存放在 kernel/arch/risc-v/nuclei/gcc/los_timer.c 中。由于两个操作系统版本相差不大，因此大部分代码直接使用 3.0.0 版本的代码即可。

修改 HalTickStart 函数，对 SysTick 寄存器进行配置。

```c
WEAK UINT32 HalTickStart(OS_TICK_HANDLER handler)
{
    systick_handler = handler;

    SysTick->CTLR = (volatile uint32_t)0x00000000;       //控制寄存器复位
    SysTick->SR   = (volatile uint32_t)0x00000000;       //状态寄存器复位
    SysTick->CNT  = (volatile uint64_t)0x00000000;       //计数器复位，设置初始值为0
    SysTick->CMP  = (volatile uint64_t)72000;            //给重加载寄存器赋值
    SysTick->CTLR |= (volatile uint32_t)0x0000000F;      //启动系统计数器 STK(HCLK/8 时基)
    NVIC_EnableIRQ(SysTick_IRQn);
    NVIC_SetPriority(SysTick_IRQn, 0xf);
    g_intCount = 0;
    return LOS_OK;                                       /* 无返回 */
}
```

修改定时器中断定义，添加清除中断标志位的代码。

```c
void SysTick_Handler(void) __attribute__((interrupt("WCH-Interrupt-fast")));
#define ArchTickSysTickHandler SysTick_Handler
void ArchTickSysTickHandler(void)
{
    /*执行在 HalTickStart 中注册的系统滴答定时器处理函数 */
    if ((void *)systick_handler != NULL)
    {
        SysTick->SR = 0; //clear State flag
        systick_handler();
    }
}
```

定时器功能函数直接使用 3.0.0 版本的代码即可。

3. 中断管理

中断管理的代码存放在 kernel/arch/risc-v/nuclei/gcc/los_interrupt.c 和 los_dispatch.s 中。

先修改 los_interrupt.c 文件，将 HalHwiCreate 函数和 HalHwiDelete 函数中的内容全部删除，只保留函数声明。

修改 los_dispatch.s 中的内容，修改第 41 行代码，给代码段添加执行权限。

```
.section .text,"ax",@progbits
```

4. 上下文切换

1）先修改 kernel/arch/risc-v/nuclei/gcc/los_context.c 文件中的内容。

修改 HalTaskSchedule 函数，修改挂起中断的语句。

```c
VOID HalTaskSchedule(VOID)
{
```

```
        NVIC_SetPendingIRQ(Software_IRQn);
    }
```

修改 HalTaskSwitch 函数，加入清除软件中断标志位的代码。

```
VOID HalTaskSwitch(VOID)
{
    SysTick->CTLR &=~(1 << 31);
    OsSchedTaskSwitch();
    /*将 newTask 赋值给 runTask */
    g_losTask.runTask = g_losTask.newTask;
}
```

2）修改 los_dispatch.s 文件中的内容。

修改关于栈顶的定义，修改文件中第 80 行的内容。

```
    la t0,_eusrstack
```

修改关于软件中断处理函数的定义，将第 132~134 行代码修改为

```
    .section .text.vector_handler, "ax", @progbits
    .global SW_Handler
    .align 2
    SW_Handler:
```

在第 166 行后添加以下内容。

```
    li   t0,   0x20
    csrs 0x804, t0
```

在 los_sched.c 文件的 OsSchedStart 函数末尾加入以下代码。

```
    NVIC_EnableIRQ(Software_IRQn);
    NVIC_SetPriority(Software_IRQn, 0xf);
```

5. 其他调整

将 nuclei 文件夹重命名为 V4A。

（1）补全缺失文件

此时，项目工程还不完整。由于 LiteOS 的编译需要在 Linux 环境下进行，有些内容 Windows 环境并不具备，因此要补全缺失的文件。首先，将旧版工程中的 third_party 文件夹复制到新版本 LiteOS 文件夹下，之前下载的源代码中并不含此文件夹。

将旧版工程中 LiteOS/kernel/arch/risc-v/V4A/gcc 文件夹下的 riscv_bits.h 和 riscv_encoding.h 两个文件复制到新版工程的相同文件夹中。

（2）其他调整

1）删除头文件引用。

删除 los_arch_interrupt.h 文件中 "#include "nuclei_sdk_soc.h"" 这行代码。

删除 los_context.c 文件中 "#include "nuclei_sdk_soc.h"" 这行代码。

删除 los_timer.c 文件中 "#include "nuclei_sdk_hal.h"" 这行代码。

2）删除代码行。

删除 los_init.c 中第 177 行代码。

删除 kernel/src/los_tick.c 中第 45 行和第 55 行代码。

```
extern VOID platform_tick_handler(VOID);      //第 45 行
platform_tick_handler();                       //第 55 行
```

3）修改宏定义和头文件引入。

在 los_arch_interrupt.h 中添加以下代码，并删除此文件中原有的 OS_RISCV_SYS_VECTOR_CNT 宏定义。

```
#define SOC_INT_MAX   103
#define OS_RISCV_SYS_VECTOR_CNT   16
```

在 los_context.c 文件中引入 riscv_bits.h 头文件，并修改此文件中 INITIAL_MSTATUS 宏定义为

```
#define  INITIAL_MSTATUS   0x7880
```

修改 riscv_encoding.h 文件中引入 riscv_bits.h 头文件的方式，由绝对路径改为相对路径。

```
#include "riscv_bits.h"
```

在 los_arch_interrupt.h 中引入 ch32v30x.h 头文件。
在 los_context.c 中引入 ch32v30x.h 头文件。
在 los_timer.c 中引入 ch32v30x.h 头文件。

4）重制文件。

将旧版中的 target_config.h 文件复制到新版工程的 LiteOS 文件夹中。
将 OsFunc.h、OsFunc.c 两个文件从旧版工程中复制到新版工程中。

5）删除软件定时器初始化代码。

在 LiteOS/kernel/src/los_init.c 文件中删除下面的代码。

```
ret = OsSwtmrInit();
```

至此，LiteOS 的升级过程全部结束，可参考附录 A.3 中的步骤验证升级是否成功。

附录 C 金葫芦 AHL-CH32V303-WiFi 用户手册

本系统提供一种嵌入式开发的快速途径。学习一款新的 MCU 可从快速运行一个标准例程开始,首先需要了解其应用场景、配套书籍、硬件资源、软件资源等,随后编译、下载与运行第一个嵌入式程序。这个阶段的基本流程约需要一小时。

1. AHL-CH32V303-WiFi 概述

(1)什么是 AHL-CH32V303-WiFi

AHL-CH32V303-WiFi 是一套基于南京沁恒微电子推出的 RISC-V 架构 CH32V303RCT6 微控制器构建的通用嵌入式计算机(GEC)应用开发系统,具有 WiFi 通信功能,不仅适用于教学场景,也可直接用于实际项目开发。通用嵌入式计算机旨在降低嵌入式学习与开发的门槛,提供深浅自由裁量的技术方案,目前已形成包括硬件开发板、集成开发环境、标准软件框架、底层驱动构件、RTOS、配套书籍及教学资源等相对完备的学习生态系统,为嵌入式学习与应用开发提供了一种新模式。

(2)AHL-CH32V303-WiFi 配套书籍

AHL-CH32V303-WiFi 的配套书籍有两本:一本是《实时操作系统应用开发技术——基于轻量级鸿蒙与 RISC-V 的编程实践》,将由机械工业出版社出版;另一本是《物联网应用开发技术——基于 RISC-V 及轻量级鸿蒙的实践》,将由电子工业出版社出版。

2. AHL-CH32V303-WiFi 的硬件资源

(1)AHL-CH32V303-WiFi 的板载芯片概述

AHL-CH32V303-WiFi 使用的芯片型号为沁恒推出的 32 位 RISC-V 架构工业级通用微控制器 CH32V303RCT6,基于青稞 V4F 内核,最高主频为 144MHz,Flash 大小为 256KB,芯片温度范围为 $-40°C \sim 85°C$,封装形式为 64 引脚 L 形四侧引脚扁平封装(L Quad Flat Package,LQFP),配送形式为大卷带包装。其主要内部资源及技术指标见表 C-1,其他信息参见该芯片数据手册。

表 C-1 CH32V303-WiFi 芯片主要内部资源及技术指标

序号	名称	描述
1	芯片型号及引脚	芯片型号为 CH32V303RCT6,64 引脚 LQFP 封装
2	供电电压	3.3V 或 2.5V
3	温度范围	CH32V303RCT6,$-40°C \sim 85°C$
4	主频	最高 144MHz
5	程序空间(Flash)	Flash 存储器,256KB,地址范围为 0x08000000~0x08040000,分为 64 个扇区,每个扇区大小为 4KB

(续)

序号	名称	描述
6	RAM 空间	SRAM 存储器，64KB，地址范围为 0x2000_0000-0x2001_0000，堆栈空间的使用方向是从低地址向高地址增长
7	内部主要硬件模块	GPIO、UART、SysTick、Timer、PWM、Flash、2 单元 16 通道 12 位 ADC、2 组 12 位 DAC、3 组 SPI 模块、2 组 I2C 模块、DMA、看门狗等

（2）AHL-CH32V303-WiFi 的引脚排列图

金葫芦 AHL-CH32V303-WiFi 开发套件（AHL-CH32V303-WiFi）引脚排列如图 C-1 所示。标有"·"的为 1 脚，按逆时针方向依次为 1~20 脚、21~40 脚。VCC5 为 5V 输入，VCC33 为 3.3V 输出。

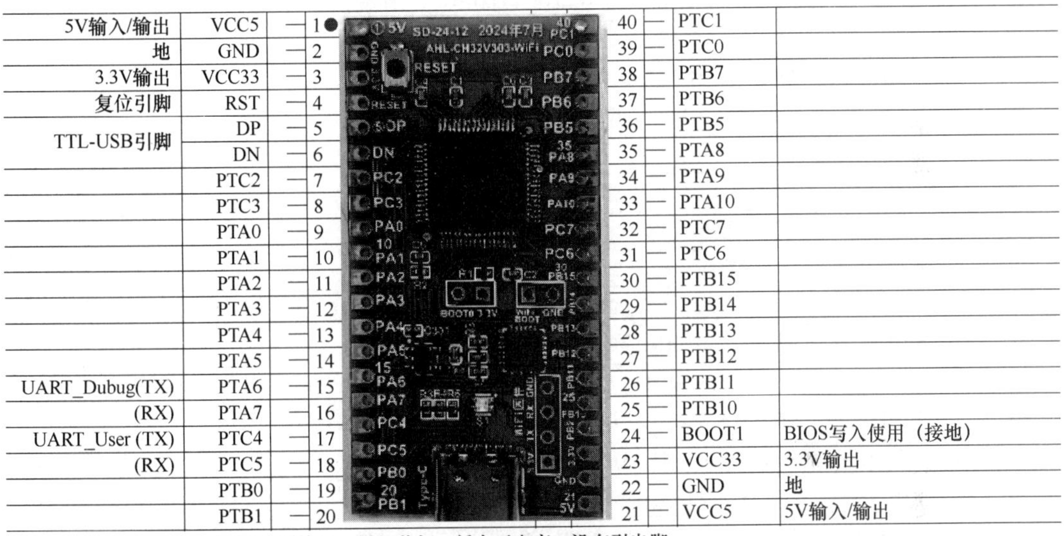

5V输入/输出	VCC5	1		40	PTC1		
地	GND	2		39	PTC0		
3.3V输出	VCC33	3		38	PTB7		
复位引脚	RST	4		37	PTB6		
TTL-USB引脚	DP	5		36	PTB5		
	DN	6		35	PTA8		
	PTC2	7		34	PTA9		
	PTC3	8		33	PTA10		
	PTA0	9		32	PTC7		
	PTA1	10		31	PTC6		
	PTA2	11		30	PTB15		
	PTA3	12		29	PTB14		
	PTA4	13		28	PTB13		
	PTA5	14		27	PTB12		
UART_Dubug(TX)	PTA6	15		26	PTB11		
(RX)	PTA7	16		25	PTB10		
UART_User (TX)	PTC4	17		24	BOOT1	BIOS写入使用（接地）
(RX)	PTC5	18		23	VCC33	3.3V输出
	PTB0	19		22	GND	地
	PTB1	20		21	VCC5	5V输入/输出

注：PTC14、PTB8、PTB9 分别接红、绿、蓝灯，低电平点亮，没有引出脚。

图 C-1　AHL-CH32V303-WiFi 引脚排列

（3）AHL-CH32V303-WiFi 的引脚功能表

金葫芦 AHL-CH32V303-WiFi 开发套件引脚功能见表 C-2。

表 C-2　AHL-CH32V303-WiFi 的引脚功能

编号	引脚名	功能
1	VCC5	5V（输入/输出）
2	GND	地
3	VCC33	3.3V（输出）
4	RST	复位引脚，板内已经上拉到 VCC，外部将其接地后放开即复位
5	DP	（TTL-USB 串口的 DP）
6	DN	（TTL-USB 串口的 DN）
7	PTC2	ADC_IN12/TIM9_CH3N/UART7_TX/OPA3_CH1N
8	PTC3	ADC_IN13/TIM10_CH3/UART7_RX/OPA4_CH1N

（续）

编号	引脚名	功能
9	PTA0	WKUP/USART2_CTS/ADC_IN0/TIM2_CH1/TIM2_ETR/TIM5_CH1/TIM8_ETR/OPA4_OUT0
10	PTA1	USART2_RTS/ADC_IN1/TIM5_CH2/TIM2_CH2/OPA3_OUT0
11	PTA2	USART2_TX/TIM5_CH3/ADC_IN2/TIM2_CH3/TIM9_CH1/TIM9_ETR/OPA2_OUT0
12	PTA3	USART2_RX/TIM5_CH4/ADC_IN3/TIM2_CH4/TIM9_CH2/OPA1_OUT0
13	PTA4	SPI1_NSS/USART2_CK/ADC_IN4/DAC_OUT1/TIM9_CH3/DVP_HSYNC
14	PTA5	SPI1_SCK/ADC_IN5/DAC_OUT2/OPA2_CH1N/DVP_VSYNC
15	PTA6	SPI1_MISO/TIM8_BKIN/ADC_IN6/TIM3_CH1/OPA1_CH1N/DVP_PCLK
16	PTA7	SPI1_MOSI/TIM8_CH1N/ADC_IN7/TIM3_CH2/OPA2_CH1P
17	PTC4	ADC_IN14/TIM9_CH4/UART8_TX/OPA4_CH1P
18	PTC5	ADC_IN15/TIM9_BKIN
19	PTB0	ADC_IN8/TIM3_CH3/TIM8_CH2N/OPA1_CH1P
20	PTB1	ADC_IN9/TIM3_CH4/TIM8_CH3N/OPA4_CH0N
21	VCC5	5V（输入）
22	GND	地
23	VCC33	3.3V（输出）
24	BOOT1	用于设定芯片的启动模式
25	PTB10	I2C2_SCL/USART3_TX/OPA2_CH0N/ETH_MII_RX_ER
26	PTB11	I2C2_SDA/USART3_RX/OPA1_CH0N
27	PTB12	SPI2_NSS/I2S2_WS/I2C2_SMBA/USART3_CK/TIM1_BKIN/OPA4_CH0P/CAN2_RX
28	PTB13	SPI2_SCK/I2S2_CK/USART3_CTS/TIM1_CH1N/OPA3_CH0P/CAN2_TX
29	PTB14	SPI2_MISO/TIM1_CH2N/USART3_RTS/OPA2_CH0P
30	PTB15	SPI2_MOSI/I2S2_SD/TIM1_CH3N/OPA1_CH0P
31	PTC6	I2S2_MCK/TIM8_CH1/SDIO_D6/ETH_RXP
32	PTC7	I2S3_MCK/TIM8_CH2/SDIO_D7/ETH_RXN
33	PTA10	USART1_RX/TIM1_CH3/OTG_FS_ID/DVP_D1
34	PTA9	USART1_TX/TIM1_CH2/OTG_FS_VBUS/DVP_D0
35	PTA8	USART1_CK/TIM1_CH1/MCO
36	PTB5	I2C1_SMBA/SPI3_MOSI/I2S3_SD
37	PTB6	I2C1_SCL/TIM4_CH1/USBHD_DM/DVP_D5/USBHS_DM
38	PTB7	I2C1_SDA/FSMC_NADV/TIM4_CH2/USBHD_DP/USBHS_DP
39	PTC0	ADC_IN10/TIM9_CH1N/UART6_TX
40	PTC1	ADC_IN11/TIM9_CH2N/UART6_RX

注：引导加载程序（Bootstrap Loader，BSL），用于支持进行器件配置，以及通过 UART 或 I2C 串行接口对器件存储器进行编程。通过 BSL 对器件存储器和配置的访问受 256 位用户定义的密码保护，如果需要，可以完全禁用器件配置中的 BSL。沁恒默认启用 BSL，以支持将 BSL 用于生产编程。

（4）AHL-CH32V303-WiFi 的硬件电路

硬件电路见电子资源"02-Hardware"文件夹中"AHL-CH32V303-WiFi 的硬件电路.pdf"文件。

3. 配套电子资源

配套电子资源包含芯片资料、《AHL-CH32V303-WiFi 用户手册》、硬件原理图、本书各章源程序及常用软件工具等。

1）电子资源的下载途径。通过百度搜索"苏州大学嵌入式学习社区"官网，根据使用的书籍进入"教材"→"轻量级鸿蒙教材"栏目获取。

2）AHL-CH32V303-WiFi 提供的程序样例，参见配套书籍。

4. AHL-CH32V303-WiFi 所需的环境资源

（1）下载与安装金葫芦 GEC 集成开发环境 AHL-GEC-IDE

进行嵌入式软件开发，需要配置交叉编译环境并下载程序到目标机。AHL-CH32V303-WiFi 开发板可免费使用金葫芦 GEC 集成开发环境 AHL-GEC-IDE。

AHL-GEC-IDE 由苏州大学研发，具有编辑、编译、链接等功能，尤其适配"金葫芦"硬件，可直接运行和调试程序，并兼容不同芯片型号的常用嵌入式集成开发环境。注意：PC 的操作系统需使用 Windows 10/ Windows 11 版本。

针对 AHL-CH32V303-WiFi 工程，AHL-GEC-IDE 在编辑编译方面兼容南京沁恒微电子提供的集成开发环境 MounRiver Studio。

AHL-GEC-IDE 下载途径：百度搜索"苏州大学嵌入式学习社区"官网，进入"金葫芦专区"→"AHL-GEC-IDE"。也可以直接访问网址 http:// sumcu. suda. edu. cn/AHLwGEC-wIDE/list. htm（注：该资源位于校内子网，需在工作时间下载）。

（2）可选项：下载沁恒 MounRiver Studio 开发环境

如需对编译后的机器码进行对比等高级操作，可下载沁恒 MounRiver Studio 开发环境（初次运行样例程序不建议安装）。

下载地址：http: //file-oss. mounriver. com/upgrade/MounRiver_Studio_Setup_V192. zip。

5. 运行第一个嵌入式程序

（1）测试硬件是否正常

可以通过以下简单步骤验证 AHL-CH32V303-WiFi 开发板硬件是否正常。出厂时已经将电子资源中"03-Software\CH01\AHL-CH32V303-WiFi-UE"工程的机器码下载到开发板内，只要给它供电，其中的程序就可以运行了。具体步骤如下。

步骤1：使用标准 Type-C 数据线⊖给开发板供电。将 Type-C 数据线的小端（USB-C 接口）连接开发板，另一端连接通用计算机的 USB 接口。

步骤2：观察蓝灯是否闪烁。开发板正面有个红、绿、蓝三色一体的小灯，若蓝灯闪烁，表明板子硬件基本正常。若蓝灯不闪烁，检查开发板反面，有一个代表 WiFi 模块电源的绿灯，观察绿灯是否亮起，若绿灯不亮，需检查 PC 机和数据线是否正常给开发板供电。

步骤3：编辑移动热点的网络信息。在计算机连接公网的条件下，进行如下操作：①在 Windows 界面左下角的搜索栏中输入"移动热点"四个字，并按<Enter>键，即可进入设置中的"移动热点"界面；②单击"编辑"按钮，在弹出的"编辑网络信息"界面中，将网

⊖ Type-C 数据线是 2014 年面市的基于 USB 3.1 标准接口的数据线，无正反方向区别，可承受 1 万次反复插拔，目前应用已普及（如华为手机数据线），请读者自备。

络名称、密码和频段分别设置为 AHL-CH32V303-WiFi、12345678、2.4GHz（需与开发板程序搜索的 WiFi 热点一致），单击"保存"按钮。完成后的界面如图 C-2 所示。

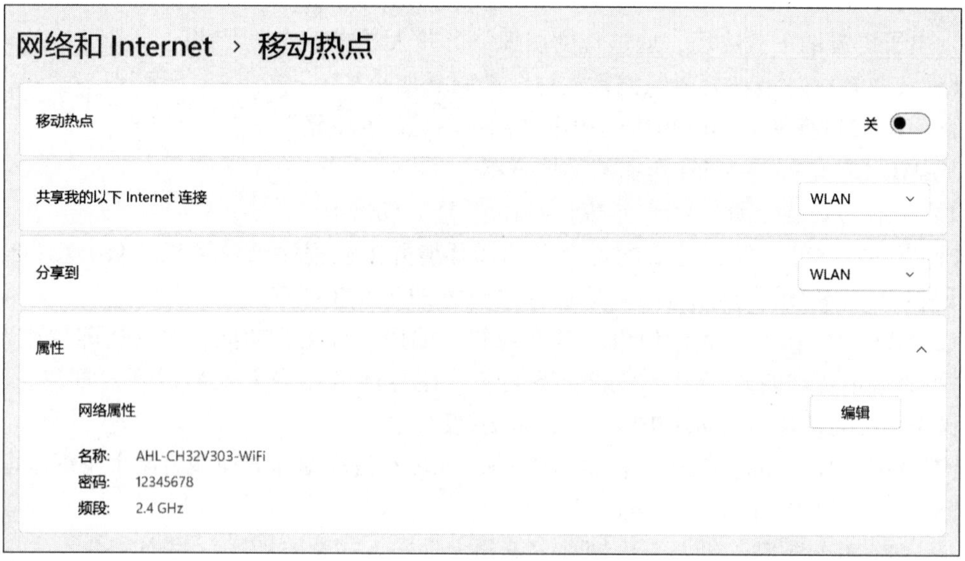

图 C-2　移动热点设置界面

步骤 4：打开移动热点。单击图 C-2 中的 关 ⬤ 按钮，打开移动热点。耐心等待几秒钟后，开发板将自动连接 WiFi，在移动热点界面下方会出现已经连接的 WiFi 终端的设备名称、IP 地址和物理地址（即 MAC 地址），连接后的显示信息类似图 C-3。

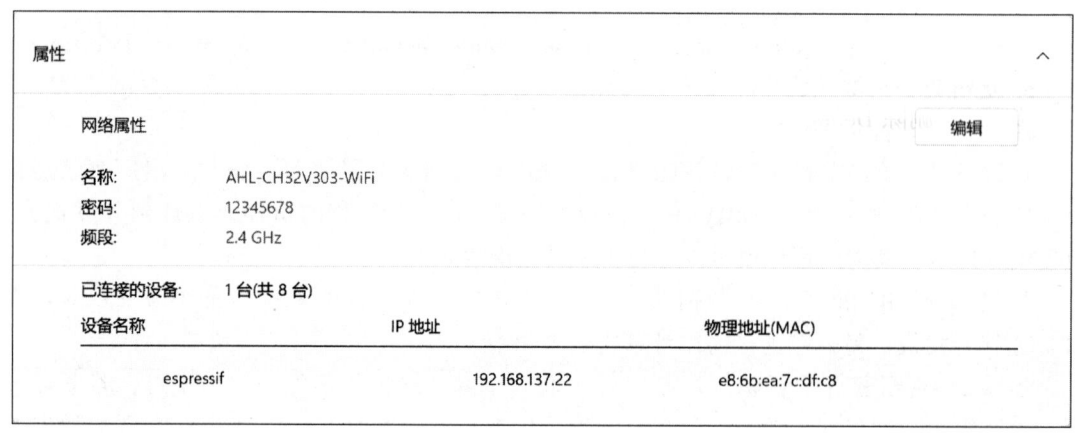

图 C-3　开发板连接热点后界面

至此，初步验证完成，确定了开发板硬件及 WiFi 通信功能正常，为后续学习奠定了基础。

（2）编译、下载与运行 WiFi 终端程序

步骤 1：硬件接线。将 Type-C 数据线的小端连接开发板的 Type-C 接口，另一端连接通用计算机的 USB 接口。

步骤 2：打开环境，导入工程。启动集成开发环境 AHL-GEC-IDE，单击菜单"文件"→

"导入工程"命令,选择电子资源中"03-Software\CH02\AHL-CH32V303-WiFi-UE"工程[⊖]。导入工程后,左侧为工程树形目录,右侧为文件内容编辑区,初始显示的内容为 main.c 文件,如图 C-4 所示。

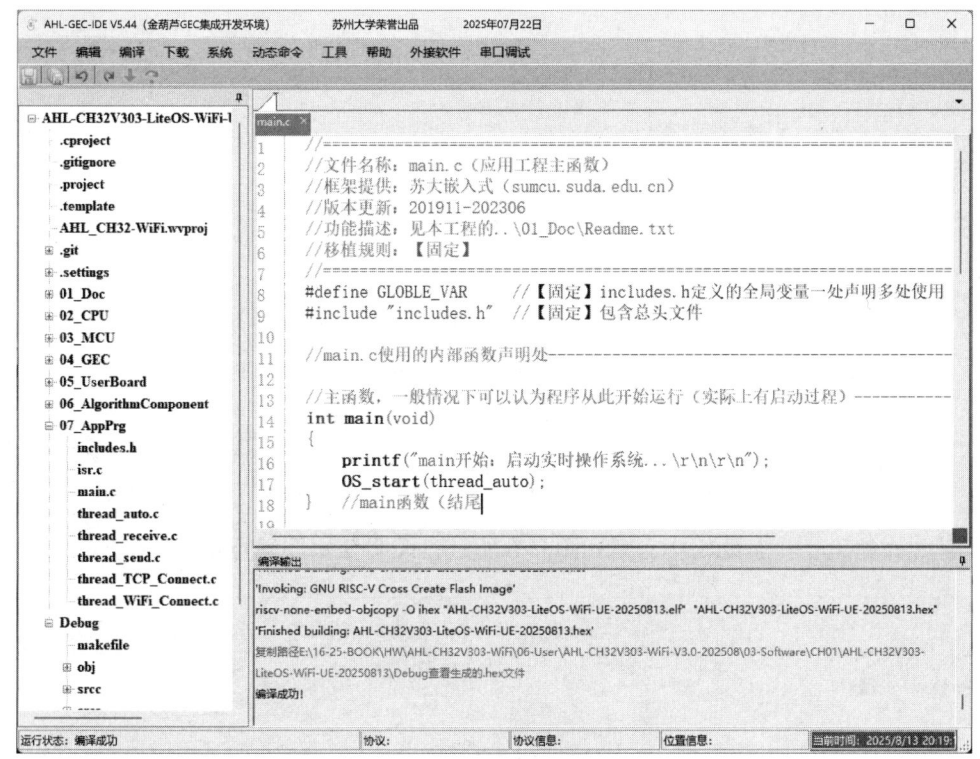

图 C-4 IDE 界面

步骤 3:删除 Debug 文件夹。第一次编译前,移动鼠标指针到左边工程树形目录结构中的 Debug 文件夹上,右击,利用菜单命令删除 Debug 文件夹(彻底删除)。

步骤 4:编译工程。单击菜单"编译"→"编译工程"命令,开始编译。正常情况下,编译后会显示"编译成功!"。

步骤 5:连接 GEC。单击菜单"下载"→"串口更新"命令,进入更新界面。单击"连接 GEC"查找目标 GEC。若连接成功,会显示芯片型号等信息,可进行下一步操作;若连接失败,可参阅后面的"常见错误及解决办法"排查。

步骤 6:下载机器码。单击"选择文件"按钮,导入编译生成的 .hex 文件(路径为工程目录下的 Debug 文件夹),然后单击"一键自动更新"按钮,等待程序自动更新。更新完成后,程序将自动运行。

步骤 7:观察运行结果。蓝灯闪烁表明程序正常运行,此为出厂时下载到芯片内部 Flash 存储器中的预装程序。若 PC 移动热点未打开,屏幕显示如图 C-5 所示。

⊖ 建议复制一份工程文件再进行实际操作,文件夹名可用工程名,并在工程名中加上日期,以便区分不同版本。
注意:路径中建议不包含汉字,且层级不宜过深。

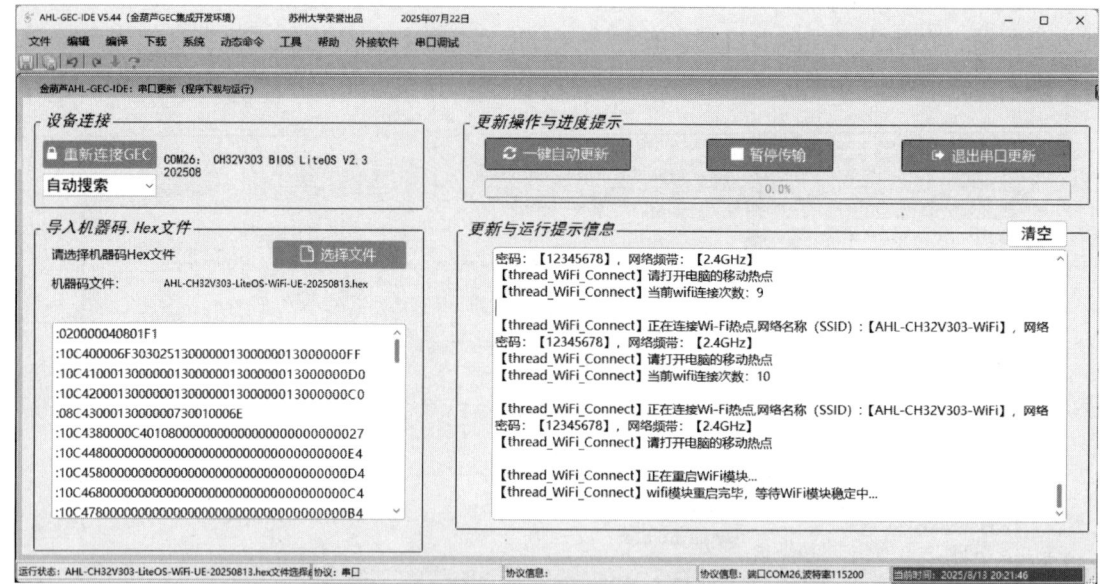

图 C-5　程序下载后移动热点未打开的运行情况

若打开移动热点并连接成功，则如图 C-6 所示，说明软硬件运行正常。

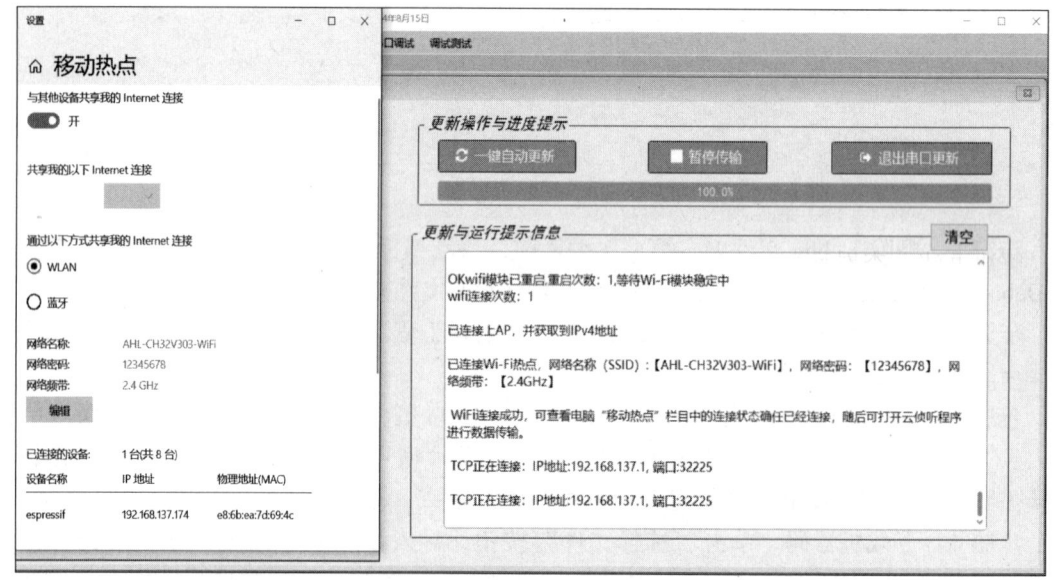

图 C-6　移动热点开启后的显示情况

6. 常见错误及解决办法

（1）编译问题：整体不能编译

若编译输出提示：'makeAHL'不是内部或外部命令，也不是可运行的程序（见图 C-7）。这是由于一些机器的环境变量未正确设置。可通过 IDE 手动设置环境变量。操作步骤：单击菜单"工具"→"环境变量设置"命令；单击"选择目录路径"按钮，选择路径 D:\AHL-GEC-IDE（4.55）\gcc\bin；单击"设置 Path 环境变量"按钮，按照提示操作即可（允许程序所有操作）；设置完成后重启计算机，通常即可解决此问题。

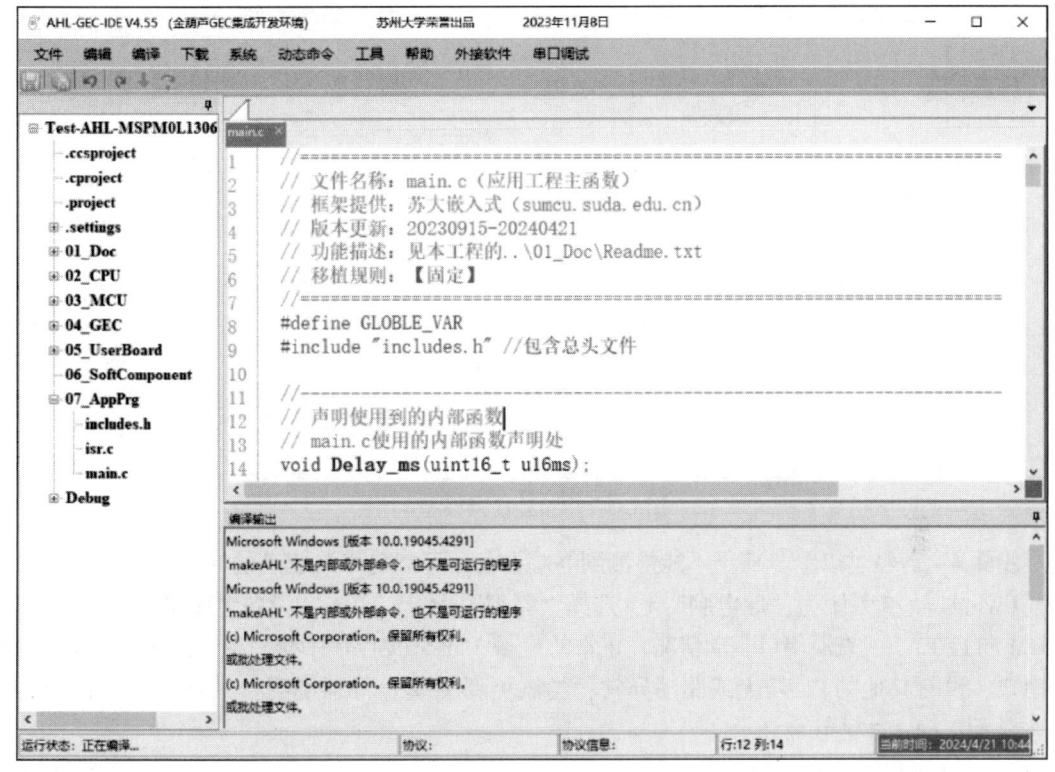

图 C-7　编译整体出错提示

（2）连接问题：没有找到串口

可能原因：没有找到驱动，或设备管理器中有蓝牙串口。

解决办法：查看计算机的 🖥 设备管理器 → ˅ 🖧 端口(COM和LPT) 是否有两路 CH342 串口。若未显示，运行电子资源 Tool 文件夹中的 CH343CDC.EXE 文件安装 CH342 串口驱动，重启计算机。若存在蓝牙串口等，需在设备管理器中将其禁用。

（3）连接问题：已连接串口 COMx，但未找到设备

现象：单击"连接 GEC"时，提示"已连接串口 COMx，但未找到设备"（见图 C-8）。

可能原因：①USB 串口未连接终端设备；②USB 串口驱动异常；③终端程序未运行。

可能原因排查步骤。

步骤 1：怀疑用户软件关闭了串口中断，导致 GEC 的 BIOS 串口中断没有产生。解决办法：若开发板上有复位按钮，则按复位按钮至少 6 次，直到绿灯闪烁（表示进入 BIOS 状态），重新操作即可；若开发板上无复位按钮，需要用导线短接复位引脚与地至少 6 次，直到绿灯闪烁（表示进入 BIOS 状态），重新操作即可。

步骤 2：检查 Type-C 线连接是否松动。重新连接串口线，单击"重新连接"按钮，若提示"成功连接 GEC-xxxx(COMx)"，则串口连接成功。

步骤 3：确认 MCU 是否运行。处于运行状态的终端模块指示灯应处于闪烁状态。若未运行，可尝试给终端重新上电，待指示灯闪烁后单击"重新连接"按钮，若提示"成功连

接 GEC-xxxx(COMx)",则串口连接成功。

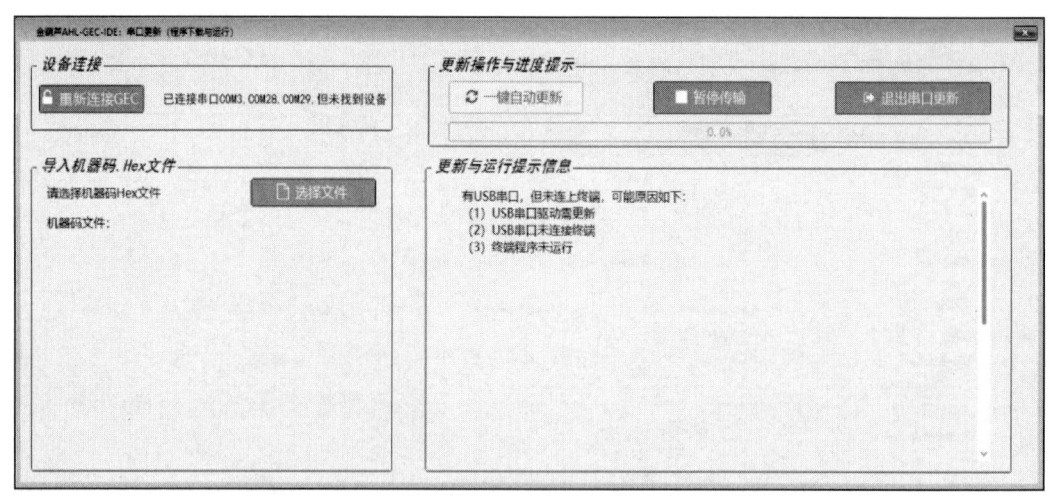

图 C-8　串口连接错误提示

步骤 4：若经过以上步骤仍不能检测到终端设备，可能是串口驱动的问题。右击"我的电脑"（Windows 10 系统为"此电脑"），选择"管理"命令，单击"设备管理器"，打开"端口（COM 和 LPT）"，查看串口驱动情况（正常的是 USB-SERIAL-A CH342、USB-SERIAL-B CH342 两个串口，没有其他的），若无或驱动异常，尝试更新驱动。特别说明：只有在设备管理器中串口显示正确，才能正常工作。

（4）操作问题：打开串口失败

可能原因：其他软件已经占用该串口。

解决办法：关闭正在使用该串口的软件，重新操作。

参 考 文 献

［1］ 葛非. HarmonyOS 物联网开发基础［M］. 北京：清华大学出版社，2023.
［2］ 魏杰. LiteOS 轻量级物联网操作系统实战：微课视频版［M］. 北京：清华大学出版社，2023.
［3］ 沁恒微电子. CH32V20x_30x 数据手册［Z］. 2021.
［4］ 沁恒微电子. CH32FV2x_V3x 系列应用手册［Z］. 2021.
［5］ 乐鑫信息科技. ESP8684 系列芯片技术规格书［Z］. 2024.
［6］ 王宜怀，李跃华，徐文彬，等. 嵌入式技术基础与实践［M］. 6 版. 北京：清华大学出版社，2021.
［7］ 王宜怀，史洪玮，孙锦中，等. 嵌入式实时操作系统：基于 RT-Thread 的 EAI&IoT 系统开发［M］. 北京：机械工业出版社，2021.
［8］ 王宜怀，朱仕浪，姚望舒. 嵌入式实时操作系统 MQX 应用开发技术［M］. 北京：电子工业出版社，2014.
［9］ 王宜怀，张建，刘辉，等. 窄带物联网 NB-IoT 应用开发共性技术［M］. 北京：电子工业出版社，2019.
［10］ Free Software Foundation Inc. Using as the GNU assembler［Z］. Version2.11.90.［s.l.］：［s.n.］，2012.
［11］ WATERMAN A，LEE Y，ASANOVICK. The RISC-V instruction set manual volume Ⅱ：privileged architecture version 1.7［Z/OL］.（2015-05-09）［2025-01-23］. https：//www2.eecs.berkeley.edu/Pubs/TechRpts/2015/EECS-2015-49.pdf